U0342115

冶金专业教材和工具书经典传承国际传播工程

普通高等教育"十四五"规划教材

"十四五"国家重点
出版物出版规划项目

深部智能绿色采矿工程
金属矿深部绿色智能开采系列教材
冯夏庭　主编

智能矿山测绘技术

Intelligent Mine Surveying and Mapping Technology

车德福　马保东　主编

扫码看本书
数字资源

北　京
冶金工业出版社
2024

内 容 提 要

本书以矿山测量的主要任务为出发点，全面阐述了测量学基础、井下控制测量、矿井联系测量、井巷及采区测量、矿区地表监测、智能矿山建设测绘技术等内容。本书面向矿山测量人才培养，既保留了测角量边等部分传统矿山测量内容，又加入了三维激光扫描、无人机倾斜摄影等新型测绘技术方法，矿山测绘基本原理和新技术方法兼顾。

本书为测绘地理信息、采矿工程、生态环境监测等专业的本科生教材，也可供相关专业研究生和工程技术人员阅读参考。

图书在版编目(CIP)数据

智能矿山测绘技术/车德福，马保东主编 .—北京：冶金工业出版社，2022.6（2024.1 重印）

（深部智能绿色采矿工程/冯夏庭主编）

"十四五"国家重点出版物出版规划项目

ISBN 978-7-5024-9194-9

Ⅰ.①智… Ⅱ.①车… ②马… Ⅲ.①智能技术—应用—矿山测量—高等学校—教材 Ⅳ.①TD17-39

中国版本图书馆 CIP 数据核字(2022)第 107584 号

智能矿山测绘技术

出版发行 冶金工业出版社		**电 话** (010)64027926	
地 址 北京市东城区嵩祝院北巷 39 号		**邮 编** 100009	
网 址 www. mip1953. com		**电子信箱** service@ mip1953. com	

责任编辑 刘小峰　美术编辑 彭子赫　版式设计 郑小利　孙跃红
责任校对 李 娜　责任印制 窦 唯
三河市双峰印刷装订有限公司印刷
2022 年 6 月第 1 版，2024 年 1 月第 2 次印刷
787mm×1092mm　1/16；13.25 印张；317 千字；194 页
定价 45.00 元

投稿电话 (010)64027932　投稿信箱 tougao@cnmip. com. cn
营销中心电话 (010)64044283
冶金工业出版社天猫旗舰店 yjgycbs. tmall. com
(本书如有印装质量问题，本社营销中心负责退换)

冶金专业教材和工具书经典传承国际传播工程
总　序

钢铁工业是国民经济的重要基础产业，为我国经济的持续快速增长和国防现代化建设提供了重要支撑，做出了卓越贡献。当前，新一轮科技革命和产业变革深入发展，中国经济已进入高质量发展新时代，中国钢铁工业也进入了高质量发展的新时代。

高质量发展关键在科技创新，科技创新离不开高素质人才。党的二十大报告指出："教育、科技、人才是全面建设社会主义现代化国家的基础性、战略性支撑。必须坚持科技是第一生产力、人才是第一资源、创新是第一动力，深入实施科教兴国战略、人才强国战略、创新驱动发展战略，开辟发展新领域新赛道，不断塑造发展新动能新优势。"加强人才队伍建设，培养和造就一大批高素质、高水平人才是钢铁行业未来发展的一项重要任务。

随着社会的发展和时代的进步，钢铁技术创新和产业变革的步伐也一直在加速，不断推出的新产品、新技术、新流程、新业态已经彻底改变了钢铁业的面貌。钢铁行业必须加强对科技进步、教育发展及人才成长的趋势研判、规律认识和需求把握，深化人才培养体制机制改革，进一步完善相应的条件支撑，持续增强"第一资源"的保障能力。中国钢铁工业协会《"十四五"钢铁行业人力资源规划指导意见》提出，要重视创新型、复合型人才培养，重视企业家培养，重视钢铁上下游复合型人才培养。同时要科学管理，丰富绩效体系，进一步优化人才成长环境，造就一支能够支撑未来钢铁行业高质量发展的人才队伍。

高素质人才来源于高水平的教育和培训，并在丰富多彩的创新实践中历练成长。以科技创新为第一动力的发展模式，需要科技人才保持知识的更新频率，站在钢铁发展新前沿去思考未来，系统性地将基础理论学习和应用实践学习体系相结合。要深入推进职普融通、产教融合、科教融汇，建立高等教育+职业教育+继续教育和培训一体化行业人才培养体制机制，及时把钢铁科技创新成果转化为钢铁从业人员的知识和技能。

一流的专业教材是高水平教育培训的基础，做好专业知识的传承传播是当代中国钢铁人的使命。20 世纪 80 年代，冶金工业出版社在原冶金工业部的领导支持下，组织出版了一批优秀的专业教材和工具书，代表了当时冶金科技的水平，形成了比较完备的知识体系，成为一个时代的经典。但是由于多方面的原因，这些专业教材和工具书没能及时修订，导致内容陈旧，跟不上新时代的要求。反映钢铁科技最新进展和教育教学最新要求的新经典教材的缺失，已经成为当前钢铁专业人才培养最明显的短板和痛点。

为总结、提炼、传播最新冶金科技成果，完成行业知识传承传播的历史任务，推动钢铁强国、教育强国、人才强国建设，中国钢铁工业协会、中国金属学会、冶金工业出版社于 2022 年 7 月发起了"冶金专业教材和工具书经典传承国际传播工程"（简称"经典工程"），组织相关高校、钢铁企业、科研单位参加，计划用 5 年左右时间，分批次完成约 300 种教材和工具书的修订再版和新编，以及部分教材和工具书的对外翻译出版工作。2022 年 11 月 15 日在东北大学召开了工程启动会，率先启动了高等教育和职业教育教材部分工作。

"经典工程"得到了东北大学、北京科技大学、河北工业职业技术大学、山东工业职业学院等高校，中国宝武钢铁集团有限公司、鞍钢集团有限公司、首钢集团有限公司、河钢集团有限公司、江苏沙钢集团有限公司、中信泰富特钢集团股份有限公司、湖南钢铁集团有限公司、包头钢铁（集团）有限责任公司、安阳钢铁集团有限责任公司、中国五矿集团公司、北京建龙重工集团有限公司、福建省三钢（集团）有限责任公司、陕西钢铁集团有限公司、酒泉钢铁（集团）有限责任公司、中冶赛迪集团有限公司、连平县昕隆实业有限公司等单位的大力支持和资助。在各冶金院校和相关钢铁企业积极参与支持下，工程相关工作正在稳步推进。

　　征程万里，重任千钧。做好专业科技图书的传承传播，正是钢铁行业落实习近平总书记给北京科技大学老教授回信的重要指示精神，培养更多钢筋铁骨高素质人才，铸就科技强国、制造强国钢铁脊梁的一项重要举措，既是我国钢铁产业国际化发展的内在要求，也有助于我国国际传播能力建设、打造文化软实力。

　　让我们以党的二十大精神为指引，以党的二十大精神为强大动力，善始善终，慎终如始，做好工程相关工作，完成行业知识传承传播的使命任务，支撑中国钢铁工业高质量发展，为世界钢铁工业发展做出应有的贡献。

中国钢铁工业协会党委书记、执行会长

2023 年 11 月

金属矿深部绿色智能开采系列教材
序　言

　　新经济时代，采矿技术从机械化全面转向信息化、数字化和智能化；极大程度上降低采矿活动对生态环境的损害，恢复矿区生态功能是新时代对矿产资源开采的新要求；"四深"（深空、深海、深地、深蓝）战略领域的国家部署，使深部、绿色、智能采矿成为未来矿产资源开采的主趋势。

　　为了适应这一发展趋势对采矿专业人才知识结构提出的新要求，依据新工科人才培养理念与需求，系统梳理了采矿专业知识逻辑体系，从学生主体认知特点出发，构建以地质、测量、采矿、安全等相关学科为节点的关联化教材知识结构体系，并有机融入"课程思政"理念，注重培育工程伦理意识；吸纳地质、测量、采矿、岩石力学、矿山生态、资源综合利用等相关领域的理论知识与实践成果，形成凸显前沿性、交叉性与综合性的"金属矿深部绿色智能开采系列教材"，探索出适应现代化教育教学手段的数字化、新形态教材形式。

　　系列教材目前包括《金属矿山地质学》《深部工程地质学》《深部金属矿水文地质学》《智能矿山测绘技术》《金属矿床露天开采》《金属矿床深部绿色智能开采》《井巷工程》《智能金属矿山》《深部工程岩体灾害监测预警》《深部工程岩体力学》《矿井通风降温与除尘》《金属矿山生态-经济一体化设计与固废资源化利用》《金属矿共伴生资源利用》，共13个分册，涵盖地质与测量、采矿、选矿和安全4个专业、近10个相关研究领域，突出深部、绿色和智能采矿的最新发展趋势。

　　系列教材经过系统筹划，精细编写，形成了如下特色：以深部、绿色、智能为主线，建立力学、开采、智能技术三大类课群为核心的多学科深度交叉融合课程体系；紧跟技术前沿，将行业最新成果、技术与装备引入教材；融入课程思政理念，引导学生热爱专业、深耕专业，乐于奉献；拓展教材展示手段，采用全新数字化融媒体形式，将过去平面二维、静态、抽象的专业知识以三维、动态、立体再现，培养学生时空抽象能力。系列教材涵盖地质、测量、开采、智能、资源综合利用等全链条过程培养，将各分册教材的知识点进行梳理与整合，避免了知识体系的断档和冗余。

系列教材依托教育部新工科二期项目"采矿工程专业改造升级中的教材体系建设"（E-KYDZCH20201807）开展相关工作，有序推进，入选《出版业"十四五"时期发展规划》，得到东北大学教务处新工科建设和"四金一新"建设项目的支持，在此表示衷心的感谢。

主编　冯夏庭

2021 年 12 月

前　　言

　　矿山测量是矿业开发与测绘技术方法结合的产物，是典型的交叉学科。矿山测量的发展历史悠久。我国的矿山测量事业在新中国成立后，走上了规范化、专业化的发展道路。在行业上，依托有色金属勘察设计院、煤矿设计院和铁矿设计院等矿业勘察设计部门，制定了相应的行业规范标准；在人才培养上，依托中国矿业大学、东北大学、中南大学等高校招收矿山测量专业学生，实现专门人才的培养，为我国矿山测量事业的长足发展奠定了坚实基础。

　　矿山测量技术的发展，得益于我国矿业开发的规模和水平，更得益于测绘技术的革命性变革。从地面的三脚架到空天的飞机和卫星，测绘平台不断更新；从光学读数到自动照准，测绘设备不断发展；从离散的有限点到面状的影像覆盖和立体的激光点云，测绘数据不断丰富；从以前的跋山涉水到如今的一日千里，测绘效率不断提高……可以说，测绘技术是近年来变革程度最大的技术之一。面对变化如此之快的技术手段，当前的矿山测量教学该如何进行、如何满足学生对知识的需求，是编者时常思考的问题。

　　与一般的测绘应用相比，矿山测量有其自身特点，例如实施环境阴暗潮湿、地面无法布设控制点、巷道拐角多弯度大、井下无法接收卫星信号、需要从地面向井下引导控制点。此外，面对智能采矿和智慧矿山建设需要，又使得矿山测量在空间数据采集与处理方面必须借助智能测绘的优势，否则将无法满足行业发展需求。这使得我们既要秉承传统，又要不断跟上时代潮流。因此，面向新工科矿山测量人才培养，本教材既保留了测角量边等部分传统矿山测量内容，又加入了三维激光扫描、无人机倾斜摄影等新型测绘技术方法，以期达到基本原理和新技术方法二者兼得的目的。本教材适用于采矿、测绘等专业领域的本科生和工程技术人员。编者希望学生可以将测绘的基本概念、基本原理和新型测绘技术融会贯通，为智慧矿山建设做出应有的贡献。

本书在编写过程中，中国工程院院士、东北大学校长冯夏庭教授给予了指导，东北大学资源与土木工程学院、深部金属矿山安全开采教育部重点实验室同仁提供大力支持和帮助，编者团队的研究生投入了大量时间和精力，在此致以真诚的感谢。

由于编者水平所限，书中不足之处敬请广大读者批评指正。

编　者

2021 年 11 月

目　　录

1 绪 论

本章课件

1.1 矿山测量的定义

矿山测量学（Mine Surveying）是采矿科学的一个分支学科，是采矿科学的重要组成部分。它是综合运用测量、地质及采矿等多种学科的知识，来研究和处理矿山地质勘探、建设和采矿过程中由矿体到围岩、从井下到地面在静态和动态下的各种空间几何问题。因此，它是一门边缘学科。

矿山测量是开发矿业过程中不可缺少的一项重要的基础技术工作。在勘探、设计、建设、生产各个阶段直到矿井报废为止，都要进行矿山测量工作。

在矿床勘探阶段，要建立勘探区域的地面控制网，测绘 1∶5000 比例尺的地形图，标定设计好的勘探工程，例如钻孔、探槽、探井及探巷等，并将它们测绘到平面图上。还要与地质人员共同测绘、编制图纸资料和进行储量计算。

在矿山设计阶段，需要测绘比例尺为 1∶1000、1∶2000 的地形图，供工业广场、建（构）筑物、线路等设计用。还应进行土方量计算等工作。

在矿山建设阶段，主要是进行一系列施工测量。例如标设井筒或露天矿开挖沟道位置、工业与民用建（构）筑物放样、凿井开巷测量、设备安装测量及线路测量等。

在矿山生产阶段，需要进行巷道标定与测绘、储量管理、开采监督、岩层与地表移动观测与研究、露天矿边坡稳定性的观测与研究，参加采矿计划编制和环境保护与土地复垦的工作。

当矿山报废时，还须将全套矿山测量图纸、测量手簿及计算资料转交给有关单位长期保存。

综上所述，尽管金属矿和煤矿、地下开采与露天开采的具体工作任务各有特点，但按其工作性质，可将矿山测量任务归纳为以下几项：

（1）建立矿区地面和井下（露天矿）测量控制系统，测绘大比例尺地形图；

（2）矿山基本建设中的施工测量；

（3）测绘各种采掘工程图、矿山专用图及矿体几何图；

（4）对资源利用及生产情况进行检查和监督；

（5）观测和研究由于开采所引起的地表及岩层移动的基本规律，以及露天矿边坡的稳定性，组织开展"三下"（建筑物下、铁路下、水体下）采矿和矿柱留设的实施方案；

（6）进行矿区土地复垦及环境综合治理研究；

（7）进行矿区范围内的地籍测量；

（8）参与本矿区（矿）月度、季度、年度生产计划和长远发展规划的编制工作。

在贯彻执行安全、经济、合理地最大限度采出有用矿物的基本方针的过程中，矿山测量部门在采矿企业中起下列主要作用：

第一，在均衡进行生产方面起保证作用。在这一方面主要是通过及时提供反映生产状况的各种图纸资料，准确掌握各种工业储量变动情况，参与采矿计划的编制和检查其执行情况来实现的。

第二，在充分开采地下资源和采掘工程质量方面起监督作用。矿山测量人员应依据有关法令和规定，经常检查各种已完成的采掘工程质量，对充分合理地采出有用矿物执行监督，以减少各种浪费，特别是地下资源的浪费。

第三，在安全生产方面起指导作用。充分利用测绘的各种矿山测量图，发挥较全面地熟悉采掘工程的特点，及时正确地指导，使采矿巷道不掘入危险区内。同时，要尽量准确地预测由于地下采空后所引起的岩层与地表移动的范围，以避免建筑物的破坏和人身安全事故的发生。

综上可知，矿山测量常被誉为矿山的"眼睛"是有一定道理的。

1.2 矿山测量发展简史

矿山测量是一门应用科学。它是从采矿实践中产生和发展起来的。我国春秋战国时代，随着矿业的发展而产生了原始的矿山测量技术。《周礼·地宫》记载："矿人掌金玉锡石之地……若以时取之，则物其地图而授之。"这说明那时已使用矿山测量图。到了近代，矿山测量技术有了长足发展，1899 年，开滦矿区建设第一对矿井——唐山矿时，就设立了测量机构，测绘了井田地形图和采掘工程图。当时各矿均是采用以立井中心为坐标原点，以锁口盘平台为高程零点，以磁北为坐标纵轴的独立坐标系统，1908 年，清政府颁布实施的《大清矿务章程》中已经有了矿图绘制程式的要求。

我国在测绘科学历史上也是有巨大贡献的，1973 年长沙马王堆出土的地图就是最有力的例证。它是目前世界上发现最早的一幅地图。该图所表示的内容相当丰富，绘制技术也达到了相当熟练的程度。我国又是发明指南针的国家，在矿山测量的发展上也应该是有很大贡献的，但在这一方面我们还缺乏系统的研究。

在国外，公元前 13 世纪，埃及有了按比例缩小绘制的巷道图。公元前 1 世纪，希腊学者 R. 亚历山德里斯基已对地下测量和定向进行了叙述。在 1556 年出版的德国学者 G. 阿格里科拉（G. Agricola）的《论矿业和冶金》一书中，论述了用罗盘仪进行井下巷道测量的方法和矿山开采中的某些问题。1742 年，俄国学者 M. B. 罗蒙诺索夫在《冶金和采矿基础》一书中专门写了一章"矿山测量"，不仅介绍了各种测量仪器，而且还研究了诸如立井和平巷贯通等各种具体测量问题。19 世纪中叶，开始由经纬仪取代挂罗盘进行井下测量和用误差理论处理测量数据及精度评估。

19 世纪中叶到 20 世纪初，是矿山测量发展较快的时期，出现了许多优秀学者，对矿山测量发展作出了突出贡献。1885 年，德国建立了矿山测量师协会并出版了世界上第一种矿山测量的定期刊物《矿山测量学通报》。1904 年，俄国在托姆斯克工学院成立了世界上第一个培养矿山测量师的矿山测量专业。1921 年，苏联召开全俄矿山测量员代表大会，大会决定在各采矿企业建立矿山测量机构。1932 年，成立中央矿山测量科学研究局，1945年改为全苏矿山测量科学研究院，现改为全俄矿山地质力学和矿山测量科学研究院。在国际上，1969 年 8 月在捷克斯洛伐克的布拉格召开了第一届国际矿山测量学术会议（International Symposium for Mine Surveying，ISM）。中国于 1979 年首次派专家参加了在德国亚琛召开的第Ⅳ届国际矿山测量学术会议。随后还参加了以后各届 ISM 会议。

我国矿山测量的迅速发展始于中华人民共和国成立以后。根据采矿业发展的需要，1953 年，北京矿业学院（即今中国矿业大学）首先设置了矿山测量专业。1954 年，燃料工业部全国煤矿管理总局成立测量处（后合并为地质测量处），并于同年 12 月在唐山市召开了第一次全国煤炭系统矿山测量会议。1956 年，唐山煤炭科学研究院建立了中国第一个矿山测量研究机构——矿山测量研究室（即今煤炭科学研究总院唐山分院矿山测量研究所）。与此同时，各大、中型矿山企业相继成立了矿山测量机构，进行矿图改革，对矿区地面控制网进行了全面的改建或重建，统一了矿区坐标系统。1981 年，中国煤炭学会矿山测量专业委员会成立，同年召开了第一届矿山测量学术会议。

20 世纪 50 年代以后，电子、激光等新技术的迅速发展，推动了矿山测量仪器的研制工作。在国际上相继出现了陀螺经纬仪、光电测距仪、电子经纬仪等，并将计算机应用到矿山测量工作中，使传统的矿山测量学理论和技术发生了巨大变革。我国矿山测量科学技术从 20 世纪 70 年代初开始进入一个新的发展时期，在一些主要矿区先后将摄影测量、陀螺定向、激光指向和计算机技术用于地面和井下控制测量、地形测量、施工测量和贯通测量工作中，并能有效地解决地质勘探、采矿工程设计与施工、开采沉陷损害与防护等方面的矿山测量问题。不少矿区开发了计算机绘制采掘工程平面图技术，建立了矿山测量数据库及处理系统。部分矿区应用了全站仪和全球定位系统（GPS）。这些都极大地改变了传统的测量方法，并朝着数据采集、存储、计算和绘图自动化的方向发展。

进入 21 世纪后，计算机、大型无轨设备、通信技术、网络技术、软件技术等研究成果进入矿业领域，使矿山生产方式发生了显著变化，现代高新技术便一直在引领和推动着矿业发展。大数据、互联网、遥感探测等新技术与矿业不断交叉融合，为矿业发展带来日益强劲的新动能。新时代背景下，智能化是彻底解决矿山安全隐患、提高效率、节约能耗、降低成本、提升企业竞争能力的关键，成为矿业发展的必由之路，也是提高矿企核心竞争力、实现可持续发展的必然选择，是矿业发展的方向。据不完全统计，正在开展地下矿山智能化遥控采矿试验和技术应用的有南非、澳大利亚、瑞典、芬兰、加拿大、智利等 10 多个国家。在我国，一批具有远见卓识的企业，已把信息化列为矿山的基础设施工程并取得突出成绩，初步建成了集多功能于一体的矿山综合信息平台。近年来，随着微电子技术和卫星通信技术的飞速发展，采矿设备的自动化和智能化的进程明显加快，以开采环境数字化、采掘装备智能化、生产过程遥控化、信息传输网络化和经营管理信息化为基本内涵，以安全、高效、经济、环保为目标的集约化、规模化的采矿工程，构成了智能化采矿的核心内容。在智能采矿和智慧矿山的建设过程中，离不开测绘技术的支持。在矿山空间数据采集与处理分析方面，目前已经形成了传统测绘技术与人工智能技术并存的局面。

2 测量学基础

本章提要

矿山测量是将测绘技术在矿山中应用的过程，因此有必要介绍测量学的基础知识。本章内容包括了地球形状和大小、测量常用坐标系和参考椭球定位、地图投影和高斯平面直角坐标系，为矿山测量提供框架和轮廓基础；还介绍了一些常用的测绘常用仪器和地面的水准测量及导线测量方法，为深入学习矿山测量知识奠定基础。

2.1 地球形状和大小

2.1.1 大地水准面

测量学的主要研究对象是地球的自然表面，但地球表面极不规则，有高山、丘陵、平原、河流、湖泊和海洋。世界第一高峰珠穆朗玛峰高达 8848.86m，而位于太平洋西部的马里亚纳海沟深达 10909m。尽管有这样大的高低起伏，但相对地球庞大的体积来说仍可忽略不计。地球形状是极其复杂的，通过长期的测绘工作和科学调查，人们了解到地球表面上海洋面积约占 71%，陆地面积约占 29%。因此，测量中把地球形状看作是由静止的海水面向陆地延伸并围绕整个地球所形成的某种形状。

地球表面任一质点都同时受到两个作用力：其一是地球自转产生的惯性离心力；其二是整个地球质量产生的引力。这两种力的合力称为重力。引力方向指向地球质心，如果地球自转角速度是常数，惯性离心力的方向垂直于地球自转轴向外，重力方向则是两者合力的方向（见图 2-1）。重力的作用线又称为铅垂线。用细绳悬挂一个垂球，其静止时所指示的方向即为铅垂线方向。处于静止状态的水面称为水准面。由物理学可知，这个面是一个重力等位面，水准面上处处与重力方向（铅垂线方向）垂直。在地球表面重力的作

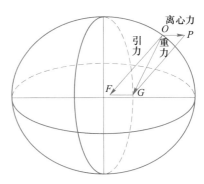

图 2-1 引力、离心力和重力

用空间，通过任何高度的点都有一个水准面，因而水准面有无数个。其中，把一个假想的、与静止的平均海水面重合并向陆地延伸且包围整个地球的特定重力等位面称为大地水准面。

大地水准面和铅垂线是测量外业所依据的基准面和基准线。

2.1.2 参考椭球体

由于地球引力的大小与地球内部的质量有关，而地球内部的质量分布又不均匀，致使地面上各点的铅垂线方向产生不规则的变化，因而大地水准面实际上是一个略有起伏的不规则曲面，无法用数学公式精确表达（见图 2-2）。

经过长期测量实践研究表明，地球形状极近似于一个两极稍扁的旋转椭球，即一个椭圆绕其短轴旋转而成的形体。旋转椭球面可以用数学公式准确地表达，因此，在测量工作中用这样一个规则的曲面代替大地水准面作为测量计算的基准面（见图 2-3）。

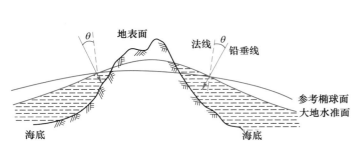

图 2-2　大地水准面

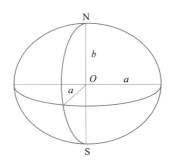

图 2-3　旋转椭球体

代表地球形状和大小的旋转椭球称为"地球椭球"。与大地水准面最接近的地球椭球称为总地球椭球；与某个区域如一个国家大地水准面最为密合的椭球称为参考椭球，其椭球面称为参考椭球面。由此可见，参考椭球有许多个，而总地球椭球只有一个。

在几何大地测量中，椭球的形状和大小通常用长半轴 a、短半轴 b 和扁率 f 来表示：

$$f = \frac{a - b}{a} \tag{2-1}$$

几个世纪以来，许多学者曾分别测算出参考椭球体的参数值，表 2-1 为几次有代表性的测算成果。

表 2-1　地球椭球几何参数

椭球名称	年代	长半轴 a/m	扁率 f	备注
德兰布尔	1800	6 375 653	1∶334.0	法国
白塞尔	1841	6 377 397.155	1∶299.152 812 8	德国
克拉克	1880	6 378 249	1∶293.459	英国
海福特	1909	6 378 388	1∶297.0	美国
克拉索夫斯基	1940	6 378 245	1∶298.3	苏联
1975 年大地测量参考系统	1975	6 378 140	1∶298.257	IUGG 第 16 届大会推荐值
1980 年大地测量参考系统	1979	6 378 137	1∶298.257	IUGG 第 17 届大会推荐值
WGS84 系统	1984	6 378 137	1∶298.257 223 563	美国国防部制图局（DMA）

注：IUGG—国际大地测量与地球物理联合会（International Union of Geodesy and Geophysics）。

由于参考椭球体的扁率很小，当测区面积不大时，在普通测量中可把地球近似地看作圆球体，其半径为：

$$R = \frac{1}{3}(a + a + b) \approx 6371 \text{km} \tag{2-2}$$

2.2 测量常用坐标系和参考椭球定位

2.2.1 测量常用坐标系

为了确定地面点的空间位置，需要建立坐标系。一个点在空间的位置需要三个坐标量来表示。

在一般测量工作中，常将地面点的空间位置用平面位置（大地经纬度或高斯平面直角坐标）和高程表示，它们分别从属于大地坐标系（或高斯平面直角坐标系）和指定的高程系统，即是用一个二维坐标系（椭球面或平面）和一个一维坐标系（高程）的组合来表示。

由于卫星大地测量的迅速发展，地面点的空间位置也采用三维的空间直角坐标表示。

2.2.1.1 大地坐标系

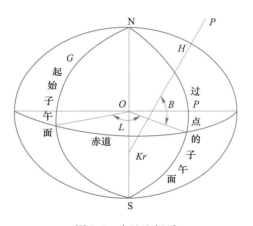

图 2-4 大地坐标系

地面上一点的空间位置可用大地坐标（B, L, H）表示。大地坐标系是以参考椭球面作为基准面，以起始子午面和赤道面作为在椭球面上确定某一点投影位置的两个参考面。

图 2-4 中，过地面点 P 的子午面与起始子午面之间的夹角，称为该点的大地经度，用 L 表示。规定从起始子午面起算，向东为正，由 0° 至 180° 称为东经；向西为负，由 0° 至 180° 称为西经。

过地面点 P 的椭球面法线与赤道面的夹角称为该点的纬度，用 B 表示。规定从赤道面起算，由赤道面向北为正，从 0° 到 90° 称为北纬；由赤道面向南为负，由 0° 到 90° 称为南纬。

P 点沿椭球面法线到椭球面的距离 H，称为大地高，从椭球面起算，向外为正，向内为负。

P 点的大地经度、大地纬度可用天文观测方法测得 P 点的天文经度、天文纬度，再利用 P 点的法线与铅垂线的相对关系（称为垂线偏差）改算为大地经度 L、大地纬度 B。在一般测量工作中，可以不考虑这种改化。

2.2.1.2 空间直角坐标系

以椭球体中心 O 为原点，起始子午面与赤道面交线为 X 轴，赤道面上与 X 轴正交的方向为 Y 轴，椭球体的旋转轴为 Z 轴，构成右手直角坐标系 $O\text{-}XYZ$，在该坐标系中，P 点的点位用 OP 在这三个坐标轴上的投影 x、y、z 表示如图 2-5 所示。

地面上同一点的大地坐标和空间直角坐标之间可以进行坐标转换。由大地坐标转换为空间直角坐标，可采用下式：

$$\begin{cases} x_P = (N + H)\cos B\cos L \\ y_P = (N + H)\cos B\sin L \\ x_P = [N(1 - e^2) + H]\sin B \end{cases} \qquad (2\text{-}3)$$

式中 e——第一偏心率。

$$e^2 = \frac{a^2 - b^2}{a^2} \qquad (2\text{-}4)$$

$$N = \frac{a}{\sqrt{1 - e^2\sin^2 B}} \qquad (2\text{-}5)$$

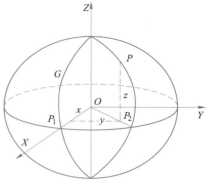

图 2-5　空间直角坐标系

由空间直角坐标转换为大地坐标，可采用下式：

$$\begin{cases} L = \arctan\dfrac{y}{x} \\ B = \arctan\dfrac{z + Ne^2\sin B}{\sqrt{x^2 + y^2}} \\ H = \dfrac{\sqrt{x^2 + y^2}}{\cos B} - N \end{cases} \qquad (2\text{-}6)$$

用式（2-3）计算大地纬度 B 时，通常采用迭代法。迭代时取 $\tan B_1 = \dfrac{z}{\sqrt{x^2 + y^2}}$，用 B 的初值 B_1 计算 N_1 和 $\sin B_1$，然后按式（2-6）进行第二次迭代，直至最后两次 B 值之差小于允许值为止。

2.2.1.3　WGS-84 坐标系

WGS-84 坐标系是全球定位系统（GPS）采用的坐标系，属地心空间直角坐标系。WGS-84 坐标系采用 1979 年国际大地测量与地球物理联合会第 17 届大会推荐的椭球参数（见表 2-1），WGS-84 坐标系的原点位于地球质心；Z 轴指向 BIH1984.0 定义的协议地球极（CIP）方向；X 轴指向 BIH1984.0 的零子午面和 CIP 赤道的交点；Y 轴垂直于 X、Z 轴，X、Y、Z 轴构成右手直角坐标系。

2.2.1.4　平面直角坐标系

由于工程建设规划、设计是在平面上进行的，需要将点的位置和地面图形表示在平面上，通常需采用平面直角坐标系。测量中采用的平面直角坐标系有：高斯平面直角坐标系、独立平面直角坐标系以及建筑施工坐标系。

测绘工作中所用的平面直角坐标系与解析几何中所用的平面直角坐标系有所不同，测量平面直角坐标系以纵轴为 x 轴，表示南北方向，向北为正；横轴为 y 轴，表示东西方向，向东为正；象限顺序依顺时针方向排列（见图 2-6）。这是由于测绘工作中以极坐标表示点位时其角度值是以北方向为准顺时针方向计算，而解析几何中则从横轴起按逆时针方向计算的缘故。当 x 轴与 y 轴如此互换后，全部平面三角公式均可用于测绘计算中。

一般情况下应采用高斯平面直角坐标系。将球面坐标和曲面图形转换成相应的平面坐标和图形必须采用适当的投影方法。投影方法有多种，我国测绘工作中通常采用高斯-克

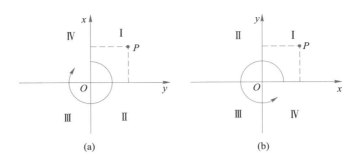

图 2-6　两种平面直角坐标系

（a）测量平面直角坐标系；（b）数学平面直角坐标系

吕格投影，根据高斯-克吕格投影建立起来的平面直角坐标系称高斯平面直角坐标系。建立高斯平面直角坐标系的方法在 2.3 节"地图投影和高斯平面直角坐标系"中阐述。

当测区范围较小时（如小于 $100km^2$），常把球面看作平面，建立独立平面直角坐标系，这样地面点在投影面上的位置就可以用平面直角坐标来确定。建立独立坐标系时，坐标原点有时是假设的，假设的原点位置应使测区内各点的 x、y 值为正。

在建筑工程中，为了计算和施工放样方便，使所采用的平面直角坐标系的坐标轴与建筑物主轴线重合、平行或垂直，此时建立起来的坐标系，因为是为建筑物施工放样而设立的，故称建筑坐标系或施工坐标系。施工坐标系与测量坐标系往往不一致，在计算测设数据时需进行坐标换算。如图 2-7 所示，设 xOy 为测量坐标系，AOB 为施工坐标系，$(x_O，y_O)$ 为施工坐标系原点 O 在测量坐标系中的坐标，α 为施工坐标系的坐标纵轴 A 在测量坐标系中的方位角。若 P 点的施工坐标为 $(A_P，B_P)$，可按下式将其换算为测量坐标 $(x_P，y_P)$：

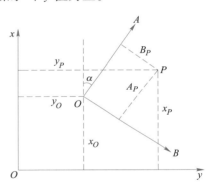

图 2-7　施工坐标与测量坐标的换算

$$\begin{cases} x_P = x_O + A_P\cos\alpha - B_P\sin\alpha \\ y_P = y_O + A_P\sin\alpha + B_P\cos\alpha \end{cases} \tag{2-7}$$

式中，x_O、y_O 与 α 值可由设计人员提供。

同样，若已知 P 点的测量坐标 $(x_P，y_P)$，可按下式将其换算为施工坐标 $(A_P，B_P)$：

$$\begin{cases} A_P = (x_P - x_O)\cos\alpha + (y_P - y_O)\sin\alpha \\ B_P = -(x_P - x_O)\sin\alpha + (y_P - y_O)\cos\alpha \end{cases} \tag{2-8}$$

2.2.2　参考椭球定位

确定参考椭球面与大地水准面的相关位置，使参考椭球面在一个国家或地区范围内与大地水准面最佳拟合，称为参考椭球定位。如图 2-8 所示，在一个国家适当地点选定一地面点 P 作为大地原点，并在该点进行精密天文测量和高程测量。将 P 点沿铅垂线方向投影到大地水准面上得到 P' 点，设想大地水准面与参考椭球面在 P' 点相切，椭球面上 P' 点的法线与该点对大地水准面的铅垂线重合，令椭球短轴与地球自转轴平行，其赤道面与地球赤道面平行。这样的定位方法实际上可用三个要求表示：大地原点上的大地经度和纬度分别等于该点上的天文经、纬度；由大地原点至某一点的大地方位角等于该点上同一边的天文方位角；大地原点至椭球面的高度恰好等于其至大地水准面的高度。这样的定位方法称为单点定位法。

在领土辽阔的国家，在国家大地控制网布设到一定阶段，掌握了一定数量的天文大地和重力测量数据后，就可利用天文大地网中许多天文点的天文观测成果和已有的椭球参数进行椭球定位，这种方法称为多点定位法。多点定位的结果使在大地原点处椭球的法线方向不再与铅垂线方向重合，椭球面与大地水准面不再相切，但在定位中所利用的天文大地网的范围内，椭球面与大地水准面有最佳的密合。1949 年以后，我国采用了两种不同的大地坐标

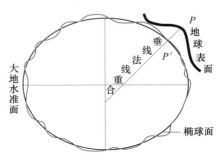

图 2-8　参考椭球体的定位

系，即 1954 年北京坐标系和 1980 年国家大地坐标系。1954 年我国完成了北京天文原点的测定，采用了克拉索夫斯基椭球体参数（见表 2-1），并与苏联 1942 年坐标系进行联测，建立了 1954 年北京坐标系。1954 年北京坐标系可认为是苏联 1942 年坐标系的延伸，大地原点位于苏联的普尔科沃。

为了适应我国经济建设和国防建设发展的需要，我国在 1972～1982 年期间进行天文大地网平差时，建立了新的大地基准，相应的大地坐标系称为 1980 年国家大地坐标系。大地原点地处我国中部，位于陕西省西安市以北 60km 处的泾阳县永乐镇，简称西安原点。椭球参数采用 1975 年国际大地测量与地球物理联合会第 16 届大会的推荐值（见表 2-1），应用多点定位法定位。该坐标系建立后，实施了全国天文大地网平差，平差后提供的大地点成果属于 1980 年国家大地坐标系，它与原 1954 年北京坐标系的成果是不同的，使用时必须注意所用成果相应的坐标系统。

2.3　地图投影和高斯平面直角坐标系

2.3.1　地图投影

2.3.1.1　地图投影的概念

椭球面是测量计算的基准面。然而实践证明，在它上面进行各种计算并不简单，甚至可以说还是相当复杂和烦琐的。若要在平面图纸上绘制地形图，就需要将椭球面上的图形转绘到平面上。另外，在椭球面上表示点、线位置的经度、纬度、大地线长度及大地方位角等这些大地坐标元素，对于工程建设中的经常性的大比例尺测图控制网和工程建设控制网的建立及应用也很不方便。因此，为了便于测量计算和生产实践，我们需要将椭球面上的元素化算到平面上，就可以在平面直角坐标系中采用简单公式计算平面坐标。将球面上的点的位置或图形转换到平面上，就要采用地图投影方法。

地图投影简称投影，简略说来就是将椭球面上各元素（包括坐标、方向和长度）按一

定的数学法则投影到平面上。这里所说的一定的数学法则，可用两个方程式表示：

$$\begin{cases} x = F_1(L, B) \\ y = F_2(L, B) \end{cases}$$ (2-9)

式中　L，B——椭球面上某点的大地坐标；

　　　x，y——该点投影后的平面直角坐标，这里所说的平面通常也叫投影面。

式（2-9）表示了椭球面上一点同投影面上对应点之间坐标的解析关系，它也叫坐标投影公式，根据它可以求出相应的方向和长度的投影公式。由此可见，投影问题也就是建立椭球面元素与投影面相对应元素之间的解析关系式。

我们知道，椭球面是一个凸起的、不可展平的曲面。如果将这个曲面上的元素，比如一段距离、一个角度、一个图形投影到平面上，就会和原来的距离、角度、图形呈现差异，这一差异称为投影变形。

地图投影必然产生变形。投影变形一般分为角度变形、长度变形和面积变形三种。在地图投影时，尽管变形是不可避免的，但是人们可以根据需要来掌握和控制它，选择适宜的投影方法，可以使某一种变形为零，也可以使全部变形都减小到某一适当程度。因此，在地图投影中产生了许多种类的投影法。

2.3.1.2　地图投影的分类

地图投影的分类方法很多，总的来说，基本上可以依外部的特征和内在的性质进行分类。前者体现了投影平面上经纬线投影形状的不同，后者则体现了地图投影的变形实质。

A　按正轴投影时经纬网的形状分类

在正轴投影中，投影面的中心线与地轴一致。地图投影中采用的投影面有圆锥面、圆柱面、平面。按正轴投影时经纬网的形状，投影可分为圆锥投影、圆柱投影、方位投影，如图 2-9 所示。

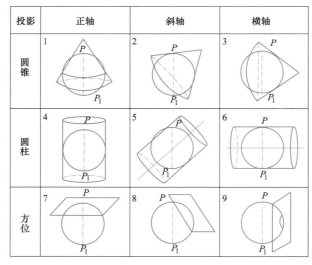

图 2-9　地图投影类型

（1）圆锥投影：设想用一个圆锥套在地球椭球上而把地球椭球上经纬线网投影到圆锥面上，然后沿某一条母线（经线）将圆锥面剪开展成平面，就得到圆锥投影。投影中纬线为同心圆圆弧，经线投影后为相交于一点的直线束，且夹角与经差成正比。

（2）圆柱投影：设想圆锥顶点延伸到无穷远时，即成为一个圆柱面。从几何意义上看，圆柱投影是圆锥投影的一个特殊情况。在圆柱面展开成平面后，投影中纬线为一组平行直线，经线为垂直于纬线的另一组平行直线。

（3）方位投影：将一个平面切于椭球极点，再将经纬线网投影到此平面上，在正轴方位投影中，纬线投影后为同心圆，经线投影后为同心圆的半径，且两经线间的夹角与实地经度差相等。

B　按内在的变形特征分类

（1）等角投影：任何点上两微分线段所组成的角度在投影后仍保持不变，即投影前后对应的微分面积保持图形相似，所以也称为正形投影。

（2）等积投影：某一微分面积投影前后保持相等。

（3）任意投影：既不能保持等角（正形）又不能保持等面积的投影，统称为任意投影。在任意投影中，有一种常用的投影称为等距离投影，它使沿某一特定方向的距离投影前后保持不变。通常在正轴投影时，是在沿经线方向上等距离。

在地图投影应用的实践中，为了使投影中变形较小，并达到变形分布较均匀的效果，除采用正轴投影外，地球椭球面与投影面的相对位置还可采用其他不同位置。按照地球椭球面与投影面不同的相对位置，可以分为：

（1）正轴投影：投影面的中心线与地轴相重合时的投影。

（2）斜轴投影：投影面的中心线与地轴斜交所得的投影。

（3）横轴投影：投影面的中心线与地轴垂直所得的投影。

除此之外，为调整变形分布，投影面可以和地球相切或相割。

对于一个投影，较完整的名称宜包含上述分类。如横轴等角切椭圆柱投影，即著名的高斯-克吕格（Gauss-Krüger）投影；横轴等角割椭圆柱投影，即通用横轴墨卡托（UTM）投影，它们都广泛用于编制大比例尺地形图。

2.3.1.3　地形图测绘对地图投影的要求

选择地图投影时，应根据测绘工作任务和目的来进行。对于测绘各种比例尺地形图而言，对地图投影提出了以下要求。

应当采用等角投影（又称为正形投影）。我们测制的地图主要是为国防和国民经济建设服务，采用这种等角投影可以保证在有限的范围内使得地图上图形同椭球上的原形保持相似。正形投影有两个基本条件：一是保角性，即投影后角度大小不变；二是伸长的固定性，即长度投影后会产生变形，但是任一点在所有方向上的微分线段，投影前后长度之比——长度比，为一常数。这将给识图用图带来很大便利，在测量工作中免除了大量投影计算工作。

在所采用的正形投影中，还要求长度和面积变形不大。因此，为了测量目的的地图投影应该限制在不大的投影范围内，从而控制变形，并能以简单公式计算由它引起的改正数。测量上往往是将大的区域按一定规律分成若干小区域（或带）。每个带单独投影，并组成本身的直角坐标系，然后再将这些带用简单的数学方法连接在一起，从而组成统一的系统。因此，要求投影能很方便地分带进行，并能按高精度的、简单的、同样的计算公式把各带连成整体。

2.3.2 高斯平面直角坐标系

2.3.2.1 高斯-克吕格投影

由于高斯投影完全能满足地形图测绘的要求，因此，我国现行的大于 1∶50 万比例尺的各种地形图都采用高斯投影。高斯投影是德国测量学家高斯于 1825～1830 年首先提出的。实际上，直到 1912 年，由德国另一位测量学家克吕格推导出实用的坐标投影公式后，这种投影才得到推广，所以该投影又称高斯-克吕格投影。

如图 2-10 所示，设想有一个椭圆柱面横套在地球椭球体外面，使它与椭球上某一子午线（该子午线称为中央子午线）相切，椭圆柱的中心轴通过椭球体中心，然后用一定的投影方法，将中央子午线两侧各一定经差范围内的地区投影到椭圆柱面上，再将此柱面展开即成为投影面。故高斯投影又称为横轴椭圆柱投影。

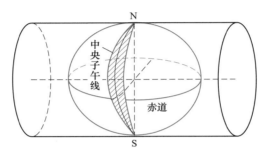

图 2-10 高斯投影

2.3.2.2 高斯投影的特点

高斯投影是正形投影的一种，投影前后的角度相等。除此以外，高斯投影还具有以下特点：

（1）中央子午线投影后为直线，且长度不变。距中央子午线越远的子午线，投影后弯曲程度越大，长度变形也越大。

（2）椭球面上除中央子午线外，其他子午线投影后均向中央子午线弯曲，并向两极收敛，对称于中央子午线和赤道。

（3）在椭球面上对称于赤道的纬圈，投影后仍成为对称的曲线，并与子午线的投影曲线互相垂直且凹向两极。

2.3.2.3 高斯平面直角坐标系

在投影面上，中央子午线和赤道的投影都是直线。以中央子午线和赤道的交点 O 作为坐标原点，以中央子午线的投影为纵坐标轴 X，规定 X 轴向北为正；以赤道的投影为横坐标轴 Y，Y 轴向东为正，这样便形成了高斯平面直角坐标系（见图 2-11）。

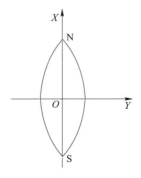

图 2-11 高斯平面直角
坐标系

2.3.2.4 投影带

高斯投影中，除中央子午线外，各点均存在长度变形，且距中央子午线越远，长度变形越大。为了控制长度变形，将地球椭球面按一定的经度差分成若干范围不大的带，称为投影带。带宽一般分为经差 6° 和 3°，分别称为 6° 带和 3° 带（见图 2-12）。

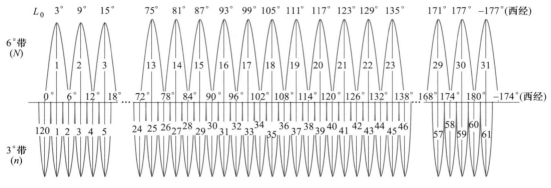

图 2-12   6° 带与 3° 带

6° 带：从 0° 子午线起，每隔经差 6° 自西向东分带，依次编号 1，2，3，…，60，每带中间的子午线称为轴子午线或中央子午线，各带相邻子午线叫分界子午线。我国领土跨 11 个 6° 投影带，即第 13~23 带。带号 N 与相应的中央子午线经度 L_0 的关系为：

$$L_0 = 6N - 3 \qquad (2\text{-}10)$$

3° 带：以 6° 带的中央子午线和分界子午线为其中央子午线。即自东经 1.5° 子午线起，每隔经差 3° 自西向东分带，依次编号 1，2，3，…，120。我国领土跨 22 个 3° 投影带，即第 24~45 带。带号 n 与相应的中央子午线经度 l_0 的关系为：

$$l_0 = 3n \qquad (2\text{-}11)$$

2.3.2.5 国家统一坐标

我国位于北半球，在高斯平面直角坐标系内，X 坐标均为正值，而 Y 坐标值有正有负。为避免 Y 坐标出现负值，规定将 X 坐标轴向西平移 500km，即所有点的 Y 坐标值均加上 500km（见图 2-13）。此外，为便于区别某点位于哪一个投影带内，还应在横坐标值前冠以投影带带号。这种坐标称为国家统一坐标。

例如，P 点的坐标 $X_P = 3\ 275\ 611.188$m，$Y_P = -376\ 543.211$m，若该点位于第 19 带内，则 P 点的国家统一坐标表示为：

$$x_P = 3\ 275\ 611.188\text{m}, y_P = 19\ 123\ 456.789\text{m} \qquad (2\text{-}12)$$

2.3.2.6 距离改化

根据球面上的长度，将其拉长改化为投影面上的距离，叫作距离改化。设球面上两点间的长度为 S，其在高斯投影面上的长度为 σ，地球半径为 R，则：

$$\sigma = S + \frac{y_m^2}{2R^2} S \qquad (2\text{-}13)$$

由式（2-13）可知，只要知道球面上两点间的距离 S 及

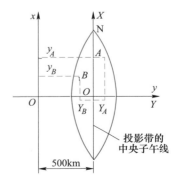

图 2-13   国家统一坐标

其在球面上离开轴子午线的近似距离 y_m（可取两点横坐标的平均值），便可求出其在高斯投影面上的距离 σ。并且 σ 总是比 S 大，其改化数值为：

$$\Delta S = \sigma - S = \frac{y_\mathrm{m}^2}{2R^2}S \tag{2-14}$$

由式（2-14）可知，离开轴子午线的距离越远，长度变形越大。式（2-14）也可写成：

$$\frac{\Delta S}{S} = \frac{y_\mathrm{m}^2}{2R^2} \tag{2-15}$$

当 y_m 为 $10\sim160\mathrm{km}$ 时，高斯投影的距离改化相对数值见表 2-2。

表 2-2　高斯投影的距离改化相对数值

y_m/km	10	20	30	45	50	100	150	160
$\Delta S/S$	1/810 000	1/200 000	1/90 000	1/40 000	1/32 000	1/8 100	1/3 600	1/3 170

为了减少长度变形的影响，在 1:10000 或更大比例尺测图时，必须采用 3° 带或 1.5° 带的投影。有时也用任意带（即选择测区中央的子午线为轴子午线）投影计算。

2.3.2.7　方向改化

图 2-14（a）表示了球面上 AB 线的方向，由 Q 经 A、B 两点的大圆与轴子午线围成球面四边形 ABB_1A_1。由球面三角学得知，四边形 ABB_1A_1 的内角之和等于 360° 加其球面角超。球面角超 ε'' 为：

$$\varepsilon'' = \rho'' \frac{P}{R^2} \tag{2-16}$$

式中，P 为球面上四边形面积；R 为地球半径。

由于正形投影是等角投影，也就是说，要想保持球面上的角度转换到投影面上没有变形，由图 2-14（b）可知，要用曲线而不是用直线连接图形顶点 a 和 b，只有这样，才能达到等角的目的。所以球面上 AB 方向线应以曲线表示在投影面上，且该曲线对轴子午线来说是凸出来的。

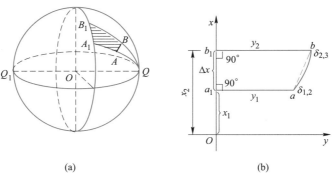

(a)　　　　　　　　　　　　(b)

图 2-14　方向改化

在投影面上，为了利用平面三角学公式进行计算，需将 a、b 两点之间的曲线以 a、b 两点之间的直线代替。所谓方向改化，即计算曲线的切线与直线之间的夹角 δ。当距离很小时（几千米），角 δ_1 与 δ_2 可认为是相等的，因此：

$$\delta'' = \frac{\delta_{1,2} + \delta_{2,1}}{2} = \frac{1}{2}\varepsilon'' \tag{2-17}$$

如果将球面的面积 P 用投影面上四边形 aa_1b_1b 的面积代替，此面积等于：

$$P = \frac{1}{2}(y_1 + y_2)(x_2 - x_1) = y_m(x_2 - x_1) \tag{2-18}$$

则式（2-17）可改写为：

$$\delta'' = \rho'' \frac{y_m}{2R^2}(x_2 - x_1) \tag{2-19}$$

式（2-19）即为方向改化公式，δ'' 的数值决定于 AB 线离开轴子午线的远近及纵坐标增量的大小，即决定于直线的方位。例如，当 $y_m = 280\text{km}$，$x_2 - x_1 = 5\text{km}$，R 取为 6371km 时，$\delta = 4''$。根据方向改化 δ''，即可求得球面上观测的角度与其在投影面上平面角度的关系。由图 2-15 可得：

$$\beta_{\text{平面}} = \beta_{\text{球面}} + \delta_{1,2} - \delta_{1,3} \tag{2-20}$$

根据以上所述，如果已知高级控制点的坐标已归化到投影面上，那么对其间所敷设的导线或三角测量的观测元素（长度和角度）进行改化（将其转换成为投影面上的元素）以后，就可以按平面几何的原理，计算所有控制点的平面直角坐标（见图 2-15）。

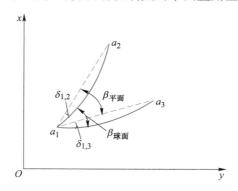

图 2-15　球面角度与平面角度的关系

2.3.3　通用横轴墨卡托投影（UTM 投影）

高斯投影具有许多优点，我国和世界上许多国家都采用它作为大地测量和地图投影的数学基础。但高斯投影也有不足之处，最主要的缺点是，长度变形比较大，而面积变形更大，特别是纬度越低，越靠近投影带边缘的地区，这些变形将更厉害。而过大的变形对于大比例尺测图和工程测量而言是不允许的。

通用横轴墨卡托投影（Universal Transverse Mercator Projection），简称 UTM 投影。该投影由美国军事测绘局 1938 年提出，1945 年开始采用。从几何意义上讲，UTM 投影属于横轴等角割椭圆柱投影（见图 2-16）。它的特点是中央经线投影长度比不等于 1 而是等于 0.999 6，投影后两条割线上没有变形，它的平面直角系与高斯投影相同，且和高斯投影坐标有一个简单的比例关系，因而有的文献上也称它为长度比 $m_0 = 0.999\ 6$ 的高斯投影。

UTM 投影中使中央经线长度比为 0.999 6，是为了使得 $B = 0°$，$l = 3°$ 处的最大变形值

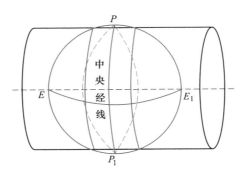

图 2-16   UTM 投影

小于 0.001 而选择的数值。两条割线（在赤道上，它们位于离中央子午线大约 ±180km、约±1°40′处）上没有长度变形；离开这两条割线越远变形越大；在两条割线以内长度变形为负值；在两条割线以外长度变形为正值。

UTM 投影的分带是将全球划分为 60 个投影带，每带经差为 6°，以经度 180°W 和 174°W 之间为第 1 带，带号 1，2，3，…，60 连续从西向东编号。投影带的编号与 1：1000000 比例尺地形图有关规定相一致。该投影在南纬 80°至北纬 80°范围内使用。使用时直角坐标的实用公式为：

$$y_实 = y + 500\ 000（轴的东用），x_实 = 10\ 000\ 000 - x \quad （南半球用）$$
$$y_实 = 500\ 000 - y（轴的西用），x_实 = x（北半球用）$$

应该注意，若使用不同椭球元素，即使是同一点，它们的 UTM 坐标值也是不同的。

2.4   测绘常用仪器介绍

2.4.1   水准仪

2.4.1.1   水准仪的基本部件

水准仪是用于水准测量的仪器，目前我国水准仪是按仪器所能达到的每千米往返测高差中数的偶然中误差这一精度指标划分，共分四个等级，见表 2-3。

表 2-3   水准仪系列的分级及主要用途

水准仪系列型号	DS05	DS1	DS3	DS10
每千米往返测高差中数偶然中误差	≤0.5mm	≤1mm	≤3mm	≤10mm
主要用途	国家一等水准测量及地震监测	国家二等水准测量及其他精密水准测量	国家三等、四等水准测量及一般工程水准测量	一般工程水准测量

表中"D"和"S"是"大地"和"水准仪"汉语拼音的第一个字母，通常在书写时可省略字母"D"，"05""1""3"及"10"等数字表示该类仪器的精度。S3 级和 S10 级水准仪称为普通水准仪，用于国家三等、四等水准及普通水准测量，S05 级和 S1 级水准仪称为精密水准仪，用于国家一等、二等精密水准测量。

图 2-17 为一种 S3 微倾式水准仪的外形和各部件名称。它主要由望远镜、水准器和基座三部分组成。

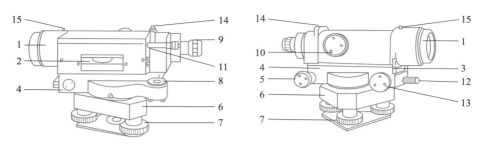

图 2-17 S3 型水准仪

1—望远镜物镜；2—水准管；3—簧片；4—支架；5—微倾螺旋；6—基座；7—脚螺旋；8—圆水准器；
9—望远镜目镜；10—物镜调焦螺旋；11—气泡观察镜；12—制动螺旋；13—微动螺旋；14—缺口；15—准星

2.4.1.2 水准仪的使用

使用水准仪的基本操作包括安置水准仪、粗平、瞄准、精平和读数等步骤。

（1）安置水准仪。在测站打开三脚架，按观测者身高调节三脚架腿的高度。张开三脚架且使架头大致水平，然后从仪器箱中取出水准仪，安放在三脚架头上，一手握住仪器，一手立即将三脚架中心连接螺旋旋入仪器基座的中心螺孔中，适度旋紧，使仪器固定在三脚架头上，防止仪器摔下来。将脚架的两条腿取适当位置安置好，然后一手握住第三条腿并前后或左右移动，一手扶住脚架顶部，眼睛注视圆水准器气泡的移动，使之不要偏离中心太远。若地面比较松软，则将三脚架的三个脚尖踩实，使仪器稳定。

（2）粗平。粗平是用脚螺旋使圆水准器气泡居中，从而使仪器的竖轴大致铅垂。粗平的操作步骤如图 2-18 所示，图中 1、2、3 为三个脚螺旋，中间是圆水准器，虚线圆圈表示气泡所在位置。首先用双手分别以相对方向（图中箭头所指方向）转动两个脚螺旋 1、2，气泡移动方向与左手大拇指旋转时的移动方向相同，使圆气泡移到 1、2 脚螺旋连线方向的中间，如图 2-18（a）所示。然后再转动第三个脚螺旋，使圆气泡居中，如图 2-18（b）所示。

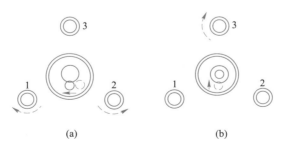

(a)   (b)

图 2-18 圆水准器整平

（3）瞄准。在用望远镜瞄准目标之前，必须先将十字丝调至清晰。瞄准目标应首先使用望远镜上的瞄准器，在基本瞄准水准尺后立即用制动螺旋将仪器制动。若望远镜内已经看到水准尺但成像不清晰，可以转动调焦螺旋至成像清晰，注意消除视差。最后用微动螺旋转动望远镜使十字丝的竖丝对准水准尺的中间稍偏一点以便读数。

（4）精平。读数之前应用微倾螺旋调整水准管气泡居中，使视线精确水平（自动安平水准仪省去了这一步骤）。由于气泡的移动有惯性，所以转动微倾螺旋的速度不能快，特别在符合水准器的两端气泡影像将要对齐的时候尤应注意。只有当气泡已经稳定不动而又居中的时候才达到精平的目的。

（5）读数。仪器已经精平后即可在水准尺上读数。为了保证读数的准确性，并提高读数的速度，可以首先看好厘米的估读数（即毫米数），然后再将全部读数报出。一般习惯上是报四个数字，即米、分米、厘米、毫米，并且以毫米为单位，如图 2-19 所示。

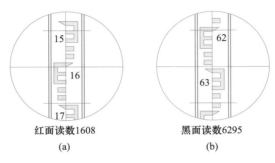

图 2-19 水准仪读数

带有光学测微器装置的水准仪使用铟瓦水准尺。在仪器精平后，十字丝横丝往往不是恰好对准水准尺上某一整分划线，这时转动测微螺旋，使视线上下移动，使十字丝的楔形丝正好夹住一个整分划线，水平视线在水准标尺的全部读数应为分划线读数加上测微器读数。图 2-20 为 N3 水准仪读数视场图，读数为 14 865（即 1.486 5m）。图 2-21 为 S1 型水准仪读数视场图，读数为 19 815（即 1.981 5m）。

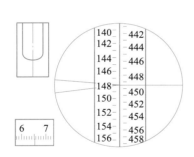

图 2-20 N3 水准仪视场图

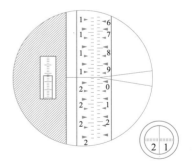

图 2-21 S1 型水准仪视场图

2.4.1.3 电子水准仪

A 概述

电子水准仪具有光学水准仪无可比拟的优点。与光学水准仪相比，它具有速度快、精度高、自动读数、使用方便、能减轻作业劳动强度、可自动记录存储测量数据、易于实现水准测量内外业一体化的优点。

电子水准仪区别于水准管水准仪和补偿器水准仪（自动安平水准仪）的主要不同点是

在望远镜中安置了一个由光敏二极管构成的线阵探测器，仪器采用数字图像识别处理系统，并配用条码水准标尺。水准尺的分划用条纹编码代替厘米间隔的米制长度分划。线阵探测器将水准尺上的条码图像用电信号传送给信息处理机。信息经处理后即可求得水平视线的水准尺读数和视距值。因此，电子水准仪将原有的用人眼观测读数彻底改变为由光电设备自动探测水平视准轴的水准尺读数。

目前电子水准仪采用的自动电子读数方法有以下三种：相关法，如 Leica 公司 NA2002、DNA03 型电子水准仪；几何法，如蔡司公司的 DiNi10、DiNi20 型电子水准仪；相位法，如拓普康公司的 DL-101C、DL-102C 型电子水准仪。DNA03 中文电子水准仪如图 2-22 所示。

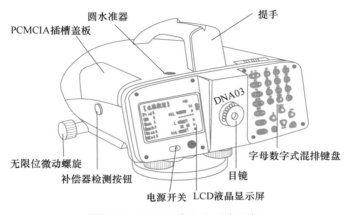

图 2-22　DNA03 中文电子水准仪

下面以 NA2002 电子水准仪为例，介绍相关法电子水准仪的基本原理。

B　电子水准仪的一般结构

电子水准仪的望远镜光学部分和机械结构与光学自动安平水准仪基本相同。图 2-23 为 NA2002 望远镜光学和主要部件的结构略图。图中的部件较自动安平水准仪多了调焦发送器、补偿监视器、分光镜和线阵探测器 4 个部件。

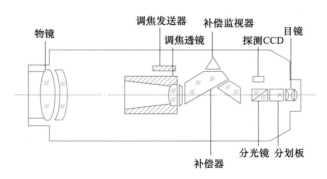

图 2-23　电子水准仪结构略图

调焦发送器的作用是测定调焦透镜的位置，由此计算仪器至水准尺的概略视距值。补偿监视器的作用是监视补偿器在测量时的功能是否正常。分光镜则是将经由物镜进入望远镜的光分离成红外光和可见光两个部分。红外光传送给线阵探测器作标尺图像探测的光源，可见光源穿过十字丝分划板经目镜供观测员观测水准尺。基于 CCD 摄像原理的线阵探测器是仪器的核心部件之一，长约 6.5mm，由 256 个光敏二极管组成。每个光敏二极管的口径为 25μm，构成图像的一个像素。这样水准尺上进入望远镜的条码图像将分成 256 个像素，并以模拟的视频信号输出。

C   相关法基本原理

线阵探测器获得的水准尺上的条码图像信号（即测量信号），通过与仪器内预先设置的"已知代码"（参考信息）按信号相关方法进行比对，使测量信号移动以达到两信号最佳符合，从而获得标尺读数和视距读数。

进行数据相关处理时，要同时优化水准仪视线在标尺上的读数（即参数 h）和仪器到水准尺的距离（即参数 d），因此这是一个二维（d 和 h）离散相关函数。为了求得相关函数峰值，需要在整条尺子上搜索。在这样一个大范围内搜索最大相关值大约要计算 50000 个相关系数，较为费时。为此，采用了粗相关和精相关两个运算阶段来完成此项工作。由于仪器距水准尺的远近不同时，水准尺图像在视场中的大小也不相同，因此粗相关的一个重要步骤就是用调焦发送器求得概略视距值，将测量信号的图像缩放到与参考信号大致相同的大小。即距离参数 d 由概略视距值确定，完成粗相关，这样可使相关运算次数减少约 80%。然后再按一定的步长完成精相关的运算工作，求得图像对比的最大相关值 h_0，即水平视准轴在水准尺上的读数。同时求得精确的视距值 d。

D   条码水准尺

与电子水准仪相配套的条码水准尺，其条码设计随电子读数方法不同而不同。目前，采用的条纹编码方式有二进制码条码、几何位置测量条码、相位差法条码。WildNi2002 水准仪配用的条码标尺是用膨胀系数小于 $10 \times 10^{-6} \mathrm{m} / (\mathrm{m \cdot ℃})$ 的玻璃纤维合成材料制成，质量小，坚固耐用。该尺一面采用伪随机条形码（属于二进制码），如图 2-24 所示，供电子测量用；另一面为区格式分划，供光学测量使用。尺

图 2-24 条形编码尺

子由三节 1.35m 长的短尺插接使用，三节全长 4.05m。使用时仪器至标尺的最短可测量距离为 1.8m，最远为 100m。要注意标尺不能被障碍物（如树枝等）遮挡，因为标尺影像的亮度对仪器探测会有较大影响，可能会不显示读数。用于精密水准测量的电子水准仪，其配用的条码标尺有两种：一种为因瓦尺；另一种为玻璃钢尺。

2.4.2 经纬仪

2.4.2.1 经纬仪的基本构造及分类

经纬仪基本构造如图 2-25 所示。

望远镜与竖盘固连，安装在仪器的支架上，这一部分称为仪器的照准部，属于仪器的上部。望远镜连同竖盘可绕横轴在垂直面内转动，望远镜的视准轴应与横轴正交，横轴应通过竖盘的刻画中心。照准部的竖轴（照准部旋转轴）插入仪器基座的轴套内（见图 2-25），照准部可作水平旋转。

照准部水准器的水准轴与竖轴正交，与横轴平行。当水准气泡居中时，仪器的竖轴应

在铅垂线方向，此时仪器处在整平状态。

水平度盘安置在水平度盘轴套外围，水平度盘不与照准部旋转轴接触。水平度盘平面应与竖轴正交，竖轴应通过水平度盘的刻画中心。

水平度盘的读数设备安置在仪器的照准部上，当望远镜旋转照准目标时，视准轴由一目标转到另一目标，这时读数指标所指示的水平度盘数值的变化就是两目标间的水平角值。

经纬仪依据度盘刻度和读数方式不同，分为游标经纬仪、光学经纬仪及电子经纬仪。目前主要使用电子经纬仪，光学经纬仪已较少使用，而游标经纬仪早已淘汰。

我国大地测量仪器的总代号为汉语拼音字母"D"，经纬仪代号为"J"。经纬仪的类型很多，我国经纬仪系列是按野外"一测回方向观测中误差"这一精度指标划分为 DJ_{07}、DJ_1、DJ_2、DJ_6、DJ_{15} 五个等级。例如"DJ_6"表示经纬仪野外"一测回方向观测中误差"为 $6''$，简写为"J_6"。

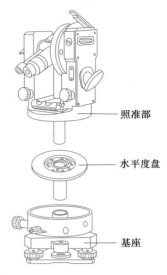

图 2-25　经纬仪基本结构

照准部

水平度盘

基座

2.4.2.2　电子经纬仪

随着光电技术、计算机技术的发展，20 世纪 60 年代出现了电子经纬仪。电子经纬仪的轴系、望远镜和制动、微动构件与光学经纬仪类似，它与光学经纬仪的根本区别在于用微处理机控制的电子测角系统代替光学读数系统，能自动显示测量数据。

A　几种常用的电子经纬仪

图 2-26 为日本索佳公司生产的 DT5 电子经纬仪，图 2-27 为南方测绘仪器公司生产的 ET-02 电子经纬仪。

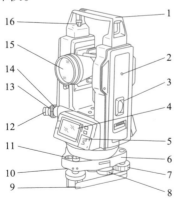
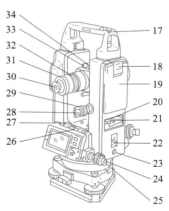

图 2-26　DT5 电子经纬仪

1—提柄；2—仪器高标志；3—内部开关护盖；4—显示窗；5—键盘；6—三角基座；7—基座紧固螺旋；
8—仪器锁定钮；9—基座底板；10—圆水准器校正螺钉；11—圆水准器；12—光学对点器目镜；
13—光学对点器十字丝调节盖；14—光学对点器调焦手轮；15—物镜；16—提柄紧固螺钉；17—管式罗盘插口；
18—电池解锁钮；19—电池盒 BDC21；20—水准管校正螺丝；21，26—水准管；22—电源开关；23—数据输出插口；
24—水平微动螺旋；25—水平制动螺旋；27—水准管校正螺丝；28—垂直制动螺旋；29—垂直微动螺旋；
30—望远镜目镜；31—望远镜十字丝调整盖；32—望远镜对光螺旋；33—粗照准器；34—视场照明控制杆

电子经纬仪测角系统有编码度盘测角系统、光栅度盘测角系统。

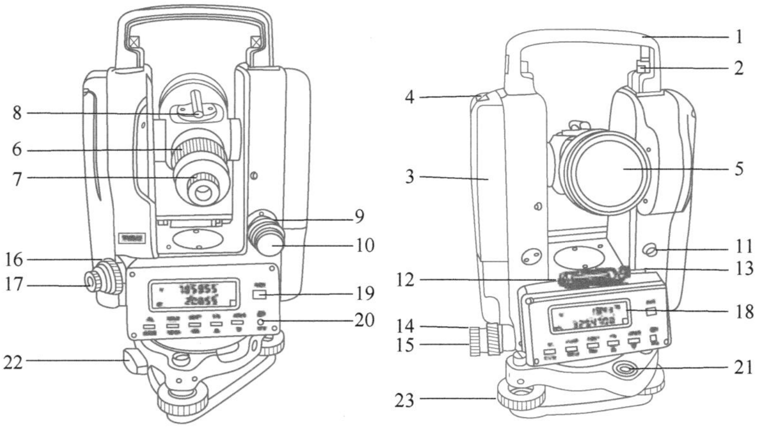

图 2-27　ET-02 电子经纬仪

1—手柄；2—手柄固定螺丝；3—电池盒；4—电池盒按钮；5—物镜；6—物镜调焦螺旋；7—目镜调焦螺旋；
8—光学瞄准器；9—望远镜制动螺旋；10—望远镜微动螺旋；11—光电测距仪数据接口；12—管水准器；
13—管水准器校正螺丝；14—水平制动螺旋；15—水平微动螺旋；16—光学对中器物镜调焦螺旋；
17—光学对中器目镜调焦螺旋；18—显示窗；19—电源开关键；20—显示窗照明开关键；
21—圆水准器；22—轴套锁定钮；23—基座紧固螺旋

B　编码度盘测角系统

图 2-28 为一个纯二进制编码度盘。度盘的整个圆周被均匀地分为 16 个区间，从里到外有四道环（称为码道），被称为四码道度盘。每个区间的码道白色部分为透光区（或为导电区），黑色部分为不透光区（或为非导电区），所以各区间由码道组成的状态也不相同。设透光（或导电）为 0，不透光（或不导电）为 1，则各区间的状态见表 2-4，依据两区间的不同状态，便可测出该两区间的夹角。

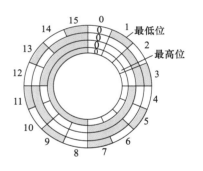

图 2-28　编码度盘

表 2-4　四码道编码度盘编码表

区间	编码	区间	编码	区间	编码	区间	编码
0	0000	4	0100	8	1000	12	1100
1	0001	5	0101	9	1001	13	1101
2	0010	6	0110	10	1010	14	1110
3	0011	7	0111	11	1011	15	1111

识别望远镜照准方向落在哪一个区间是编码度盘测角的关键。

电子测角是用传感器来识别和获取度盘位置信息。在图 2-29 中度盘上部分为发光二极管，它们位于度盘半径方向的一条直线上，而度盘下面的相对位置上是光电二极管。对于码道的透光区，发光二极管的光信号能够通过，而使光电二极管接收到这个信号，使输出为 0。对于码道的不透光区，光电二极管接收不到这个信号，则输出为 1。图 2-29 中的输出状态为 1001。

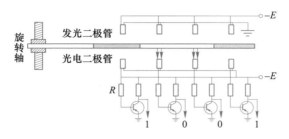

图 2-29　编码度盘光电读数原理

这种编码度盘得到的角度分辨率 δ 与区间数 s 有关，而区间数 s 又取决于码道数 n，它们之间的关系为：

$$s = 2^n \tag{2-21}$$

$$\delta = \frac{360^\circ}{s} \tag{2-22}$$

由此可知，图 2-28 所示的编码度盘的角度分辨率为 22.5°。显然，为了提高编码度盘的角分辨率，必须增加码道数。因受到光电器件尺寸的限制，靠增加码道数来提高度盘的分辨率实际上是很困难的。由此可见，直接利用编码度盘不容易达到较高的精度。

C　光栅度盘测角系统

在光学玻璃度盘的径向上均匀地刻制明暗相间的等角距细线条就构成光栅度盘。

如图 2-30（a）所示，在玻璃圆盘的径向，均匀地按一定的密度刻画有交替的透明与不透明的辐射状条纹，条纹与间隙的宽度均为 a，这就构成了光栅度盘。如图 2-30（b）所示，如果将两块密度相同的两块光栅重叠，并使它们的刻线相互倾斜一个很小的角度 θ，就会出现明暗相间的条纹，称为莫尔条纹。两光栅之间的夹角越小，条纹越粗，即相邻明条纹（或暗条纹）之间的间隔越大。条纹亮度按正弦周期性变化。

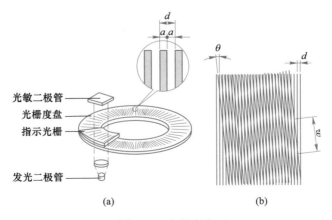

光敏二极管

光栅度盘

指示光栅

发光二极管

(a)　　　　　　　　(b)

图 2-30　光栅度盘

设 d 是光栅度盘相对于固定光栅的移动量，w 是莫尔条纹在径向的移动量，两光栅间

的夹角为 θ，则其关系式为：

$$w = d\cot\theta \tag{2-23}$$

由式（2-23）可知，只要两光栅之间的夹角较小，很小的光栅移动量就会产生很大的条纹移动量。

在图 2-30（a）中，光栅度盘下面是一个发光管，上面是一个可与光栅度盘形成莫尔条纹的指示光栅，指示光栅上面为光电管。若发光管、指示光栅和光电管的位置固定，当度盘随照准部转动时，由发光管发出的光信号通过莫尔条纹落到光电管上。度盘每转动一条光栅，莫尔条纹就移动一周期。通过莫尔条纹的光信号强度也变化一周期，所以光电管输出的电流就变化一周期。

在照准目标的过程中，仪器接收元件可累计出条纹的移动量，从而测出光栅的移动量，经转换最后得到角度值。

因为光栅度盘上没有绝对度数，只是累计移动光栅的条数计数，故称为增量式光栅度盘。

2.4.2.3 水平角观测

在角度观测中，为了消除仪器的某些误差，需要用盘左和盘右两个位置进行观测。

盘左又称正镜，就是观测者对着望远镜的目镜时，竖盘在望远镜的左边；盘右又称倒镜，是指观测者对着望远镜的目镜时，竖盘在望远镜的右边。

常用的水平角观测方法有测回法和方向观测法两种。测回法仅适用于观测两个方向形成的单角，一个测站上需要观测的方向数在 2 个以上时，要用方向观测法观测水平方向值。

A 测回法

如图 2-31 所示，在测站点 B，需要测出 BA、BC 两方向间的水平角 β，在 B 点安置经纬仪后，按下列照准顺序进行观测：

（1）盘左位置瞄准左目标 C，得读数 $c_左$。

（2）松开照准部制动螺旋，瞄准右目标 A，得读数 $a_左$，则盘左位置所得半测回角值为：

$$\beta_左 = a_左 - c_左 \tag{2-24}$$

（3）倒转望远镜成盘右位置，瞄准目标 A，得读数 $a_右$。

（4）瞄准左目标 C，得读数 $c_右$，则盘右半测回角值为：

$$\beta_右 = a_右 - c_右 \tag{2-25}$$

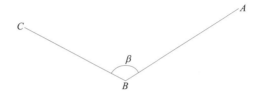

图 2-31 测回法观测水平角

用盘左、盘右两个位置观测水平角，可以抵消仪器误差对测角的影响，同时可作为观测过程中有无错误的检核。盘左瞄准目标称为正镜，盘右瞄准目标称为倒镜。

对于用 DJ$_6$ 光学经纬仪，如果 $\beta_左$ 与 $\beta_右$ 的差数不大于 $40''$，则取盘左、盘右角的平均值作为一测回观测结果：

$$\beta = \frac{1}{2}(\beta_左 + \beta_右) \qquad (2\text{-}26)$$

表 2-5 为测回法观测水平角记录实例。

表 2-5 测回法水平角观测记录

测站	目标	竖盘位置	水平度盘读数			半测回角值			一测回平均角值			备注
			°	′	″	°	′	″	°	′	″	
B	C	左	0	20	45	125	14	15	125	14	20	
	A		125	35	00							
	C	右	180	21	15	125	14	25				
	A		305	35	40							

B 方向观测法

设在图 2-32 所示的测站 O 上，观测 O 到 A、B、C、D 各方向之间的水平角，用方向观测法的操作步骤如下：

（1）盘左观测：将度盘配置在 $0°00'$ 或稍大的读数处（其目的是便于计算），先观测所选定的起始方向（又称零方向）A，再按顺时针方向依次观测 B、C、D 各方向。每观测一个方向均读取水平度盘读数，并记入观测手簿。如果方向数超过 3 个，最后还要回到起始方向 A，读数并记录。这一步骤称为"归零"，其目的是检查水平度盘的位置在观测过程中是否发生变动。上述全部工作叫作盘左半测回或上半测回。

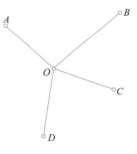

图 2-32 方向观测法

（2）倒转望远镜，用盘右位置按逆时针方向依次照准 A、D、C、B、A，读数并记录。此为盘右半测回或下半测回。

上、下半测回合起来为一测回，表 2-6 为用 J$_6$ 经纬仪观测两个测回的方向观测法手簿。

由于半测回中零方向有前、后两次读数，两次读数之差称为半测回归零差。若不超过限差规定，则取平均值记于相应栏目（表中第 3、5 列）中。如第一测回盘左的 $12''$ 是 $06''$ 和 $18''$ 的平均数。

为了便于以后的计算和比较，要把起始方向值改化成 $0°00'00''$，在第 6 列记载的半测回方向值中，是把原来的方向值减去起始方向 A 的两次读数平均值（$12''$）而算得的。

取同一方向两个半测回归零后方向的平均值，即得一测回平均方向值。当观测了多个测回，还需计算各测回同一方向归零后方向值之差，称为各测回方向差。该差值若在规定限差内，取各测回同一方向的方向值的平均值为该方向的各测回平均方向值。

所需要的水平角可以从有关的两个方向观测值相减得到。

在使用 J$_2$ 等高精度经纬仪观测时，照准每一个目标后，测微器两次重合读数之差若小于限差规定，则取其平均数作为一个盘位的方向观测值。

表2-6　J₆方向观测法记录计算示例

作业日期　　　　　　　观向　　　　　　　天气
开始时刻　　　　　　　测站　　　　　　　仪器 J_6
结束时刻　　　　　　　方图　　　　　　　观测者

站点	读数				半测回方向	一测回平均方向	各测回平均方向	附注
	盘左		盘右					
1	2	3	4	5	6	7	8	9
第一测回	° ′	″ 12	° ′	″ 18	° ′ ″	° ′ ″	° ′ ″	
A	0 01	06	180 01	18	0 00 00	0 00 00	0 00 00	
B	91 54	06	271 54	00	91 52 54	91 52 48	91 52 45	
					42			
C	153 32	48	333 32	48	153 31 36	153 31 33	153 31 33	
					30			
D	214 06	12	34 06	06	214 05 00	214 04 54	214 04 57	
					04 48			
A	0 01	18	180 01	18				
第二测回		24		30				
A	90 01	18	270 01	24	0 00 00	0 00 00		
B	181 54	00	01 54	18	91 52 36	91 52 42		
					48			
C	243 32	54	63 33	06	153 31 30	153 31 33		
					36			
D	304 06	36	124 06	18	214 05 12	214 05 00		
					04 48			
A	90 01	30	270 01	36				

每半测回观测完毕，应立即计算归零差，并检查是否超限。

使用 J_2 等高精度经纬仪观测时，还需计算 $2C$ 值（J_6 仪器观测时不需此项计算），计算公式如下：

$$2C = L - (R \pm 180°) \tag{2-27}$$

式中　L——盘左读数；

　　　R——盘右读数；

$\pm 180°$——顾及同一方向的盘右读数与盘左读数相差为 $180°$。

$2C$ 值也是观测成果中一个有限差规定的项目，但它不是以 $2C$ 的绝对值的大小作为是否超限的标准，而是以各个方向的 $2C$ 的变化值（即最大值与最小值之差）作为是否超限的检查标准。

如果 $2C$ 的变化值没有超限，则对每一个方向取盘左、盘右读数的平均值，记入相应方向的 $\frac{1}{2}(L+R\pm180°)$ 栏内。

因为零方向有始末两个方向值，取平均数作为零方向的最后方向观测值，然后将其他方向的盘左、盘右平均值减去零方向的观测值，就得到归零后各方向的一测回方向值。此时，零方向归零后的方向观测值为 $0°00'00''$。若观测了多个测回，还应比较同一方向在不同测回中的方向观测值，各测回方向差应小于限差规定，然后计算同一方向各测回平均方向（见表 2-7）。

表 2-7　方向观测法的各项限差　　　　　　　　　　　　　　　　　　　　　　($''$)

经纬仪型号	光学测微器两次重合读数差	半测回归零差	一测回内 $2C$ 较差	同一方向值各测回较差
DJ$_1$	1	6	9	6
DJ$_2$	3	8	13	9
DJ$_6$	—	18	—	24

2.4.2.4　竖直角观测

在三角高程测量和斜距化为平距的计算中，都用到竖直角。

A　竖角（高度角）的计算

竖盘注记形式有顺时针方向和逆时针方向两种。注记形式不同，由竖盘读数计算竖角的公式也不同，但其基本原理是一样的。

竖角是在同一竖直面内目标方向与水平方向间的夹角。所以要测定竖角，必然与观测水平角一样也是两个方向读数之差。不过任何注记形式的竖盘，当视线水平时，不论是盘左还是盘右，其读数是个定值，正常状态应该是 90° 倍数。所以测定竖角时只需对视线指向的目标进行读数。

计算竖角的公式无非是两个方向读数之差，问题是哪个读数减哪个读数以及视线水平时的读数为多少。

以仰角为例，只需先将望远镜放在大致水平位置观察竖盘读数，然后使望远镜逐渐上倾，观察读数是增加还是减少，就可得出竖角计算的一般公式：

（1）当望远镜视线上倾，竖盘读数增加，则竖角 α = 瞄准目标时竖盘读数 - 视线水平时竖盘读数；

（2）当望远镜视线上倾，竖盘读数减少，则竖角 α = 视线水平时竖盘读数 - 瞄准目标时竖盘读数。

现以常用 J$_6$ 光学经纬仪的竖盘注记（顺时针方向）形式为例，由图 2-33 可知盘左、盘右视线水平时竖盘读数，当望远镜视线上倾，盘左时读数 L 减少；盘右时读数 R 增加。根据上述一般公式可得到这种竖盘的竖角计算公式为：

$$\begin{cases} \alpha_{左} = 90° - L \\ \alpha_{右} = R - 270° \end{cases} \tag{2-28}$$

将盘左、盘右观测得到的竖直角 $\alpha_左$ 和 $\alpha_右$ 取平均值，即得竖角 α 为：

$$\alpha = \frac{1}{2}(\alpha_左 + \alpha_右) = \frac{1}{2}\left[(R - L) - 180°\right] \tag{2-29}$$

由上式计算出的值为"+"时，α 为仰角；为"–"时，α 为俯角。

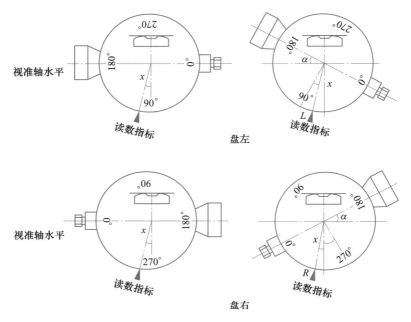

图 2-33　竖角计算

B　竖盘指标差

在推导竖角计算公式时，认为当视线水平且竖盘指标水准管气泡居中时，其读数是 90°的整倍数。但实际上这个条件有时是不满足的。这是由于竖盘指标偏离了正确位置，使视线水平时的竖盘读数大了或小了一个数值 x，这个偏离值 x 称为竖盘指标差。

当指标偏移方向与竖盘注记方向一致时，则使读数增大一个 x 值，x 取正号；反之，指标偏移方向与竖盘注记方向相反时，则使读数减小一个 x 值，x 取负号。

如图 2-33 所示，当盘左视线水平且竖盘指标水准管气泡居中时，其竖盘指标读数不是 90°，而是 90°+x；同样，视线指向目标时的读数 L 也大了一个 x 值。此时，盘左观测的竖角 $\alpha_左$ 应为：

$$\alpha_左 = 90° - (L - x) \tag{2-30}$$

同样，盘右观测的竖角 $\alpha_右$ 应为：

$$\alpha_右 = (R - x) - 270° \tag{2-31}$$

二者取平均值得竖角 α：

$$\alpha = \frac{1}{2}\left[(90° - L + x) + (R - 270° - x)\right]$$

$$= \frac{1}{2}\left[(R - L) - 180°\right] \tag{2-32}$$

式（2-32）说明用盘左、盘右观测取平均值计算竖角 α，其角值不受竖盘指标差的影响。若将两式相减，则得：

$$x = \frac{1}{2}[(L + R) - 360°] \qquad (2-33)$$

式（2-33）为此种竖盘的竖盘指标差计算公式。

C　竖角观测方法

竖角观测是用十字丝横丝横切目标于某一位置，竖角观测方法有两种：中丝法和三丝法。

a　中丝法

测竖角时仅用十字丝的中丝照准目标。观测步骤如下：

（1）在测站上安置仪器，对中、整平。

（2）盘左位置瞄准目标，使十字丝的中丝切目标于某一位置（如为标尺，则读出中丝在尺上的读数；若照准的是视标上某个位置，则应量取该中丝所截位置至地面点的高度，这就是目标高）。

（3）转动竖盘指标水准管微动螺旋，使竖盘指标水准管气泡居中，读取竖盘读数 L。

（4）盘右位置照准目标同一部位，步骤同（2）、（3），读取竖盘读数 R。

b　三丝法

测竖角时，盘左及盘右一律按上、中、下丝的次序照准目标进行读数，这种测法称三丝法。三丝法可减弱竖盘分划误差的影响。

由于上、下丝与中丝间所夹视角大约为 $17'$，所以由上、下丝观测值算得的指标差分别约为 $-17'$ 和 $+17'$。记录观测数据时，盘左按上、中、下三丝读数次序自上至下记录，盘右则按下、中、上丝次序自下而上记录。各按三丝所测得的 L 和 R 分别计算出相应的竖角，最后取平均值为该竖角的角值。

对同一台仪器，竖盘指标差在同一段时间内的变化应该很少，故可视为定值。当用仪器向各个方向以盘左、盘右位置观测竖角后，则同一测回观测结果的指标差应该相等。但由于仪器误差、观测误差和外界条件的影响，使计算出的指标差发生变化。通常规范规定了指标差变化的容许范围，如 J_6 经纬仪指标差变化容许值为 $25''$。如果超限，则应重测。竖角观测记录计算示例见表 2-8。

表 2-8　竖角观测记录

测站点	仪器高 /m	觇点	觇标高 /m	竖盘位置	竖盘读数 ° ′ ″			指标差 ″	半测回竖角 ° ′ ″			一测回竖角 ° ′ ″			照准觇标位置图
No. 4	1.43	九峰山	4.10	左	59	20	30	15	30	39	30	30	39	45	觇标顶
				右	300	40	00		30	40	00				
		葛岭	4.40	左	71	44	12	12	18	15	48	18	16	00	觇标顶
				右	288	16	12		18	16	12				
		王家湾	3.82	左	124	03	42	18	−34	03	42	−34	03	24	觇标顶
				右	235	56	54		−34	03	06				

D　竖盘指标自动归零装置

由于仪器整平不够完善，仪器的竖轴有残余的倾斜。为了克服由此而产生的竖盘读数误差，必须使竖盘指标水准管气泡居中。当水准管气泡居中时，指标就处于正确位置。然而每次读数时都必须使竖盘指标水准管气泡严格居中是十分费时的，因此有的光学经纬仪其竖盘指标采用了自动归零装置。所谓自动归零装置，即当经纬仪有微量的倾斜时，这种装置会自动地调整光路，使读数为水准管气泡居中时的正确读数。正常情况下，这时的指标差为零。

我国在 J_2 型光学经纬仪的统一设计中，取消了竖盘指标水准器，而代之以光学补偿器，使得在竖轴有残余倾斜的情况下，竖盘的读数得到自动补偿。由此可以在观测时减少操作步骤和避免某些系统误差的影响。

光学补偿器可以采用不同的光学元件，现在介绍一种在竖盘读数系统的像方光路中设置平板玻璃的光学补偿器。

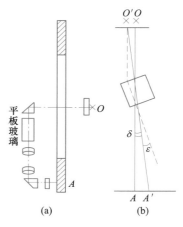

如图 2-34（a）所示，在读数系统的像方光路中设置平板玻璃。现将读数光路展直，如图 2-34（b）所示。当仪器竖轴没有残余倾斜时，O 为十字丝分划板中心位置，此时物方光轴在竖盘分划面上的 A 点；当仪器竖轴残余 δ 倾斜时，则分划板中心移至 O'，物方光轴移至 A' 点。如果平板玻璃依竖轴相同的方向倾斜 ε 角，则使来自度盘 A 点的光线经倾斜后的平板玻璃的折射并成像在 O' 处，也就是仪器竖轴有残余倾斜 δ 时，平板玻璃倾斜 ε，在 O' 处可以得到度盘 A 点的正确读数。

应当指出的是，竖盘指标自动归零装置使用久了也会有所变动，也需检验有无指标差存在。若指标差超过规范规定则必须加以校正。

图 2-34   光学补偿器

2.4.3   光电测距仪

2.4.3.1   电磁波测距概述

随着光电技术的发展，电磁波测距仪的使用越来越广泛。与传统量距方法比较，电磁波测距具有测程远、精度高、操作简便、作业速度快和劳动强度低等优点。

电磁波测距的基本原理是通过测定电磁波在待测距离两端点间往返一次的传播时间 t，利用电磁波在大气中的传播速度 c，来计算两点间的距离。

若测定 A、B 两点间的距离 D，如图 2-35 所示，把测距仪安置在 A 点，反射镜安置在 B 点，则其距离 D 可按下式计算：

$$D = \frac{1}{2}ct \qquad\qquad (2\text{-}34)$$

以电磁波为载波传输测距信号的测距仪器统称为电磁波测距仪，按其所采用的载波可将数字测图原理与方法分为：

（1）微波测距仪：采用微波段的无线电波作为载波。

（2）光电测距仪：采用光波作载波，又分为以下两类：激光测距仪，用激光作为载波；红外测距仪，用红外光作为载波。

微波测距仪和激光测距仪多用于远程测距，测程可达数十千米，一般用于大地测量。

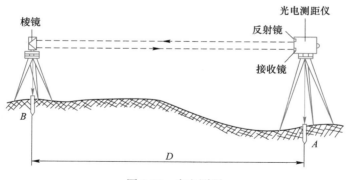

图 2-35　光电测距

红外测距仪用于中、短程测距，一般用于小面积控制测量、地形测量和各种工程测量。

众所周知，光的传播速度约 $30×10^4$ km/s，因此对测定时间的精度要求就很高。根据测定时间方式的不同，光电测距仪又分为脉冲式测距仪和相位式测距仪。

脉冲式测距仪是通过直接测定光脉冲在测线上往返传播的时间来求得距离。

相位式测距仪是利用测相电路测定调制光在测线上往返传播所产生的相位差，间接测得时间，从而求出距离，测距精度较高。

短程红外光电测距仪（测程小于 5km）属于相位式测距仪，它是以砷化镓（GaAs）发光二极管作为光源，仪器灵巧轻便，广泛应用于地形测量、地籍测量和建筑施工测量。

由于电磁波测距仪型号较多，为了研究和使用仪器的方便，除了采用上述分类法外，还有许多其他的分类方法，例如：

按测程分类：长程：几十千米；中程：数千米至十余千米；短程：3km 以下。

按载波数分类：单载波，包括可见光、红外光、微波；双载波，包括可见光、可见光，可见光、红外光等；三载波，包括可见光、可见光、微波，可见光、红外光、微波等。

按发射目标分类：漫反射目标（无合作目标）；合作目标：平面反射镜、角反射镜等；有源反射器：同源载波应答机、非同频载波应答机等。

另外，还可以按精度指标分级。由电磁波测距仪的精度公式：

$$m_D = A + BD$$

当 $D=1$km 时，则 m_D 为 1km 的测距中误差。按此指标，我国现行城市测量规范将测距仪划分为两级，即，Ⅰ级：$m_D \leqslant 5$mm；Ⅱ级：5mm $< m_D \leqslant 10$mm。

在式 $m_D = A+BD$ 中，A 为仪器标称精度中的固定误差，以 mm 为单位；B 为仪器标称精度中比例误差系数，以 mm/km 为单位；D 为测距边长度，以 km 为单位。

2.4.3.2　距离测量

测距时，将测距仪和反射镜分别安置在测线两端，仔细地对中。接通测距仪电源，然后照准反射镜，开始测距。为防止出现粗差和减少照准误差的影响，可进行若干个测回的观测。这里一测回的含义是指照准目标 1 次，读数 2~4 次。一测回内读数次数可根据仪器读数出现的离散程度和大气透明度作适当增减。根据不同精度要求和测量规范的规定确定测回数。往、返测回数各占总测回数的一半，精度要求不高时，只作单向观测。

测距读数值记入手簿中，接着读取竖盘读数，记入手簿的相应栏内。测距时应由温度计读取大气温度值，由气压计读取气压值。观测完毕可按气温和气压进行气象改正，按测线的竖角值进行倾斜校正，最后求得测线的水平距离。

测距时应避免各种不利因素影响测距精度，如避开发热物体（散热塔、烟囱等）的上空及附近，安置测距仪的测站应避开受电磁场干扰，距高压线应大于 5m，测距时的视线背景部分不应有反光物体等。要严格防止阳光直射测距仪的照准头，以免损坏仪器。

2.4.4　全站仪

2.4.4.1　概述

全站仪是全站型电子速测仪的简称，它集电子经纬仪、光电测距仪和微处理器于一体。全站仪的外形和电子经纬仪相类似。在实际测量中，大多数情况下需要角度和距离观测值，因此全站仪得到了广泛应用。全站仪的基本功能是在仪器照准目标后，通过微处理器的控制，能自动完成测距、水平方向和天顶距读数、观测数据的显示、存储等。

2.4.4.2　自动全站仪

自动全站仪是一种能自动识辨、照准和跟踪目标的全站仪，又称为测量机器人。图 2-36 是徕卡公司生产的 TCA2003 自动全站仪。

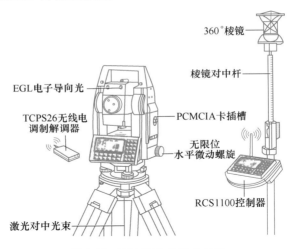

图 2-36　TCA2003 自动全站仪

自动全站仪由伺服马达驱动照准部和望远镜的转动和定位，在望远镜中有同轴自动识别装置，能自动照准棱镜进行测量。它的基本原理是：仪器向目标发射激光束，经反射棱镜返回，并被仪器中的 CCD 相机接收，从而计算出反射光点中心位置，得到水平方向和天顶距的改正数，最后启动马达，驱动全站仪转向棱镜，自动精确照准目标。为提高观测速度，望远镜基本照准棱镜后，计算出相对于精确照准棱镜的水平方向和天顶距的改正数，进行改正后，给出正确读数。

2.4.5　陀螺经纬仪

2.4.5.1　概述

陀螺经纬仪是将陀螺仪和经纬仪结合的仪器。由于它不受时间和环境的限制，同时观测简单方便、效率高，而且能保证较高的定向精度，所以是一种先进的定向仪器。就矿山而言，它完全可以取代国内矿山测量沿用百年之久的几何定向法，克服了几何定向法要占用井筒而造成停产，耗费大量人力、物力和时间等缺点。

陀螺经纬仪在矿山测量中可用作：

（1）为井下每一水平进行定向。

（2）控制导线测量方向误差的积累。在导线测量工作中可以在适当地点加测一陀螺方位边，既可发现测量水平角的粗差，又可有效地减少方向误差的积累。

（3）矿山及地下工程大型巷道贯通定向。

（4）在荫蔽地区，线路、管道、隧道等工程的定向。

（5）与光电测距仪配套使用，可用极坐标法测设新点和敷设高精度的光电测距——陀螺定向导线。

2.4.5.2　陀螺经纬仪的基本结构

目前上架悬挂式陀螺经纬仪的型号很多，在国际上比较有代表性的有 GAK-1、Gi-C$_{11}$、TK$_4$ 等，我国则有 JT$_{15}$、FT$_{90}$ 等。虽然在具体的构造上各有特点，但在总体结构上却基本类似。这里以 GAK-1 为例，说明陀螺经纬仪的基本结构。

GAK-1 陀螺仪（见图 2-37）由摆动系统、支架系统和锁紧系统等组成。摆动系统基本包括悬挂柱 5、陀螺 24、限幅盘 8。悬挂柱上有绝缘板 22、导流丝 21。光学指示系统 4 带有陀螺指标线和物镜，悬挂柱顶部为悬挂带下的固定钳形夹头 18。摆动部分由悬挂带 16 悬挂，该带用螺丝 15 固定到上下两钳形夹头上。上钳形夹头 14 可在其座里转动，用两个螺丝 1 固定，两个调节螺丝用以调整悬挂零位。

支架系统由三个柱体构成的框架柱 6 和一个烟囱式的延伸部分构成。烟囱顶部是悬挂带上钳形夹头。框架的底部有三条"V"形槽 11，和桥式支架 13 的球形头顶针 12 相配合，用以强制归心。在支架系统上的插座 19 可用电缆与逆变器连接；固定在框架上的绝缘板 20 上面接有导流丝，三个反射棱镜也固定在框架上。在外壳 23 的下部有一凸起的短柱 25，内装分划板 26。分划板有刻度线，

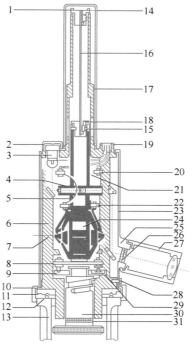

图 2-37　GAK-1 陀螺仪结构示意图

1—上钳形夹头的固定螺丝；2—灯头帽；
3—灯泡座；4—光学指示系统；5—悬挂柱；
6—框架柱；7—陀螺轴；8—限幅盘；9—锁紧盘；
10—陀螺仪与桥式支架的连接螺母；11—"V"形槽；
12—桥式支架的球形头顶针；13—桥式支架；
14—悬挂带上固定钳形夹头；15—悬挂带固定螺丝；
16—悬挂带；17—上部保护管；18—悬挂带下固定钳形夹头；
19—连接逆变器的电缆插座；20、22—绝缘板；21—导流丝；
23—外壳；24—陀螺；25—短柱凸块；26—分划板；
27—目镜筒；28—外壳固定螺丝；29—锁紧盘的触点；
30—锁紧装置；31—警告红带

陀螺指标线无视差的投射在分划板上，其位置通过一个可摘下来的目镜 27 加以观测。分划板中部有"V"形缺口。陀螺仪装在经纬仪上，当陀螺指标线在"0"线位置时，能保证陀螺轴 7 与望远镜视准轴在一个垂直面内。这个相对关系可通过横向移动分划板 26 加以调整，调整范围为±13′。调整是靠两个水平螺丝进行的。陀螺外壳内部有一层防磁层，防止外磁场影响。

锁紧装置 30 包括一个拌铃、一个带螺纹的导柱和一个锁紧盘 9。锁紧盘的作用是托起陀螺，锁紧时起到支撑归心的作用。锁紧盘有三个装在板式弹簧上的触点 29，当陀螺在半脱位置时，三个触头对限幅盘 8 摩擦来限制陀螺摆幅而达到限幅。在导柱上有一圈红带 31，当陀螺放下时可以看见，警告陀螺没有锁紧，只有当看不见红带时，才表明陀螺已经锁紧，陀螺仪才可以从经纬仪上取下。

GAK-1 配置的 T2 经纬仪，因水平微动范围较小，当采用跟踪逆转点法观测时，对限幅要求较高。

2.4.6　三维激光扫描仪

三维激光扫描技术又被称为实景复制技术，是测绘领域继 GNSS 技术之后的一次技术革命。它突破了传统的单点测量方法，具有高效率、高精度的独特优势。三维激光扫描仪是无合作目标激光测距仪与角度测量系统组合的自动化快速测量系统，在复杂的现场和空间对被测物体进行快速扫描测量，直接获得激光点所接触的物体表面的水平方向、天顶距、斜距和反射强度，自动存储并计算，获得点云数据。点云数据经过计算机处理后，结合 CAD 等软件可快速重构出被测物体的三维模型及线、面、体、空间等各种制图数据。

点云坐标测量原理如图 2-38 所示。

被测点云的三维坐标在三维激光扫描仪确定的左手坐标系中定义，XOY 面为横向扫描面，Z 轴与横向扫描面垂直。

地面三维激光扫描系统主要由三部分组成：扫描仪、控制器和电源供应系统。激光扫描仪本身主要包括激光测距系统和激光扫描系统，同时也集成 CCD 和仪器内部控制和校正系统等。通过两个同步反射镜快速而有序地旋转，将激光脉冲发射体发出的窄束激光脉冲依次扫过被测区域，测量每个激光脉冲从发出

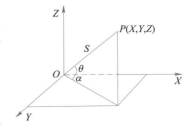

图 2-38　点云坐标测量原理

经被测物表面再返回仪器所经过的时间（或者相位差）来计算距离，同时内置精密时钟控制编码器，同步测量每个激光脉冲横向扫描角度观测值 α 和纵向扫描角度观测值 θ，因此任意一个被测云点 P 的三维坐标为：

$$\begin{cases} X_P = S\cos\theta\cos\alpha \\ Y_P = S\cos\theta\sin\alpha \\ Z_P = S\sin\theta \end{cases} \quad (2-35)$$

激光扫描系统的原始观测数据除了两个角度值和一个距离值，还有扫描点的反射强度 I，用来给反射点匹配颜色。拼接不同站点的扫描数据时，需要用公共点进行变换，以统一到同一个坐标系中，公共点多采用球形目标或黑白标靶。

点云数据以某种内部格式存储，因此用户需要厂家专门的软件来读取和处理，一款优秀的点云数据处理软件应具有三维影像点云数据编辑、扫描数据拼接与合并、影像数据点三维空间量测、点云影像可视化、空间数据三维建模、纹理分析处理和数据转换等功能。

2.4.7　倾斜摄影测量仪

倾斜摄影技术是国际测绘领域近些年发展起来的一项高新技术，它颠覆了以往正射影像只能从垂直角度拍摄的局限，倾斜摄影测量通过飞机或无人机搭载 5 个相机，从前、后、左、右、垂直五个方向对地物进行拍摄，再通过内业的几何校正、平差、多视影像匹配等一系列的处理得到具有地物全方位信息的数据（见图 2-39）。通过倾斜摄影数据加工的关键技术，比如多视影像联合平差、多视影像关键匹配、数字表面模型生产和真正射影像纠正等，得到地表数据更多的侧面信息，加上内业数据处理，得到数据的三维模型。

倾斜摄影测量的数据本质上来看是 mesh 模型，mesh 模型就是网格面模型，它是点云通过一些算法，比如区域增长法、八叉树算法和波前算法等构成的，而点云是在同一空间参考系下用来表示目标空间分布和目标表面特性的海量点集合。内业软件基于几何校正、联合平差等处理流程，可计算出基于影像的超高密度点云，点云再构建 TIN（不规则三角网）模型，最后经过纹理映射构建真实三维模型。

彩色原图

图 2-39　倾斜摄影采集示意图

2.4.7.1　倾斜影像采集

倾斜摄影技术不仅在摄影方式上区别于传统的垂直航空摄影，其后期数据处理及成果也大不相同。倾斜摄影技术的主要目的是获取地物多个方位（尤其是侧面）的信息并可供用户多角度浏览、实时量测、三维浏览等获取多方面的信息。

倾斜摄影系统分为三大部分：第一部分为飞行平台，包括小型飞机或者无人机；第二部分为人员，包括机组成员和专业航飞人员或者地面指挥人员（无人机）；第三部分为仪器部分，包括传感器和姿态定位系统。

倾斜摄影航线采用专用航线设计软件进行设计，其相对航高、地面分辨率及物理像元尺寸满足三角比例关系。航线设计一般采取 30% 的旁向重叠度，66% 的航向重叠度，目前要生产自动化模型，旁向重叠度需要达到 66%，航向重叠度也需要达到 66%。航线设计软件生成一个飞行计划文件，该文件包含飞机的航线坐标及各个相机的曝光点坐标位置。实际飞行中，各个相机根据对应的曝光点坐标自动进行曝光拍摄。

2.4.7.2 倾斜影像加工

数据获取完成后，首先要对获取的影像进行质量检查，对不合格的区域进行补飞，直到获取的影像质量满足要求；其次进行匀光匀色处理，在飞行过程中存在时间和空间上的差异，影像之间会存在色偏，这就需要进行匀光匀色处理；再次进行几何校正、同名点匹配、区域网联合平差，最后将平差后的数据（三个坐标信息及三个方向角信息）赋予每张倾斜影像，使得他们具有在虚拟三维空间中的位置和姿态数据，至此倾斜影像即可进行实时量测，每张斜片上的每个像素对应真实的地理坐标位置。具体包括以下内容：

（1）多视影像联合平差。多视影像不仅包含垂直摄影数据，还包括倾斜摄影数据，而部分传统空中三角测量系统无法较好地处理倾斜摄影数据，因此，多视影像联合平差需充分考虑影像间的几何变形和遮挡关系。结合 POS 系统提供的多视影像外方位元素，采取由粗到精的金字塔匹配策略，在每级影像上进行同名点自动匹配和自由网光束法平差，得到较好的同名点匹配结果。同时建立连接点和连接线、控制点坐标、GPS/I 辅助数据的多视影像自检校区域网平差的误差方程，通过联合解算，确保平差结果的精度。

（2）多视影像密集匹配。影像匹配是摄影测量的基本问题之一，多视影像具有覆盖范围大、分辨率高等特点，因此如何在匹配过程中充分考虑冗余信息，快速准确获取多视影像上的同名点坐标，进而获取地物的三维信息是多视影像匹配的关键。

由于单独使用一种匹配基元或匹配策略往往难以获取建模需要的同名点，因此近年来随着计算机视觉发展起来的多基元、多视影像匹配逐渐成为人们研究的焦点。目前在该领域的研究已取得很大进展，例如建筑物侧面的自动识别与提取。通过搜索多视影像上的特征，如建筑物边缘、墙面边缘和纹理来确定建筑物的二维矢量数据集，影像上不同视角的二维特征可以转化为三维特征，在确定墙面时，可以设置若干影响因子并给予定的权值，将墙面分为不同的类，将建筑的各个墙面进行平面扫描和分割，获取建筑物的侧面结构，再通过对侧面进行重构，提取出建筑物屋顶的高度和轮廓。

（3）数字表面模型生产。多视影像密集匹配能得到高精度高分辨率的数字表面模型（DSM），充分表达地形地物起伏特征，已经成为新一代空间数据基础设施的重要内容。由于多角度倾斜影像之间的尺度差异较大，加上较严重的遮挡和阴影等问题，基于倾斜影像的 DSM 自动获取存在新的难点。

可以首先根据自动空三解算出来的各影像外方位元素，分析与选择合适的影像匹配单元进行特征匹配和逐像素级的密集匹配，并引入并行算法，提高计算效率。在获取高密度DSM 数据后，进行滤波处理，并将不同匹配单元进行融合，形成统一的 DSM。

（4）真正射影像纠正。多视影像真正射纠正涉及物方连续的数字高程模型（DEM）和大量离散分布粒度差异很大的地物对象，以及海量的像方多角度影像，具有典型的数据密集和计算密集特点。因此多视影像的真正射纠正，可分为物方和像方同时进行。在有DSM 的基础上根据物方连续地形和离散地物对象的几何特征，通过轮廓提取、面片拟合、屋顶重建等方法提取物方语义信息，同时在多视影像上通过影像分割、边缘提取、纹理聚类等方法获取像方语义信息，再根据联合平差和密集匹配的结果建立物方和像方的同名点对应关系，继而建立全局优化采样策略和顾及几何辐射特性的联合纠正，同时进行整体匀光处理，实现多视影像的真正射纠正。

2.4.7.3　倾斜模型生产

倾斜摄影获取的倾斜影像经过影像加工处理，通过专用测绘软件可以生产倾斜摄影模型，模型有两种成果数据：一种是单体对象化的模型；一种是非单体化的模型数据。

单体化的模型成果数据，利用倾斜影像的丰富可视细节，结合现有的三维线框模型（或者其他方式生产的白模型），通过纹理映射，生产三维模型，这种工艺流程生产的模型数据是对象化的模型，单独的建筑物可以删除、修改及替换，其纹理也可以修改，尤其是建筑物底商这种时常变动的信息，这种模型就能体现出它的优势。

非单体化的模型成果数据，简称倾斜模型。这种模型采用全自动化的生产方式，模型生产周期短、成本低，获得倾斜影像后，经过匀光匀色等步骤，通过专业的自动化建模软件生产三维模型。这种工艺流程一般会经过多视角影像的几何校正、联合平差等处理流程，可运算生成基于影像的超高密度点云，点云构建 TIN 模型，并以此生成基于影像纹理的高分辨率倾斜摄影三维模型，因此也具备倾斜影像的测绘级精度。

2.5　地面水准测量

2.5.1　普通水准测量

国家三等、四等以下的水准测量为普通水准测量。一般情况下，从一已知高程的水准点出发，要用连续水准测量的方法才能算出另一待定水准点的高程。

施测程序如下：

将水准尺立于已知高程的水准点上作为后视，水准仪置于施测路线附近合适位置，在施测路线的前进方向上取仪器至后视大致相等的距离放置尺垫，在尺垫上竖立水准尺作为前视。观测员将仪器用圆水准器粗平后瞄准后视标尺，用微倾螺旋将水准管气泡居中，用中丝读后视读数至毫米。调转望远镜瞄准前视标尺，再次将水准管气泡居中，用中丝读前视读数至毫米。记录员根据观测员的读数在手簿中记录相应数字，并立即计算高差。此为第一测站的全部工作。

第一测站结束后，记录员通知标尺员向前转移，并将仪器迁至第二测站。此时，第一测站的前视点成为第二测站的后视点。依第一测站相同的工作程序进行第二测站的工作。依次沿水准路线方向施测直至全部路线观测完为止。

在进行连续水准测量时，若其中任何一个后视读数或前视读数有错误，都会影响高差的正确性。因此，在每一测站的水准测量中，为了能及时发现观测中的错误，通常采用双面尺法或两次仪器高法进行观测，以检查高差测定中可能发生的错误。

双面尺法为每一测站上用两组不同的水平尺面的读数来测定相邻两点间的高差，两次仪器高法为每一测站上用两次不同仪器高度的水平视线来测定相邻两点间的高差。按理，两次测得的高差应相等，据此检查观测中是否存在错误。

表 2-9 为普通水准测量的手簿记录和有关高差计算示例。

表 2-9　水准测量手簿

测从 A 至 B　　　　　　年　月　日　观测　　　　　　记录

测站	点号	水准尺读数		高差 h	高程 H	备注
		后视	前视			
1	A	0.347				
	转点 1		1.631	−1 284		
2	转点 1	0.306				
	转点 2		2.624	−2 318		
3	转点 2	0.833				
	转点 3		1.516	−0 683		
4	转点 3	1.528				
	转点 4		0.501	+1 027		
5	转点 4	2.368				
	B		0.694	+1 674	44.631	

2.5.2　国家三等、四等水准测量

国家三等、四等水准测量的精度要求较普通水准测量的精度高，其技术指标见表 2-10。

三等、四等水准测量的水准尺，通常采用木质的两面有分划的红黑面双面标尺，表 2-10 中的黑红面读数差，即指一根标尺的两面读数去掉常数之后所容许的差数。

表 2-10　三等、四等水准测量作业限差

等级	仪器类型	标准视线长度/m	前后视距差/m	前后视距差累计/m	黑红面读数差/mm	黑红面所测高差之差/mm	检测间歇点高差之差/mm
三等	S_3	75	2.0	5.0	2.0	3.0	3.0
四等	S_3	100	3.0	10.0	3.0	5.0	5.0

三等、四等水准测量在一测站上水准仪照准双面水准尺的顺序为：

（1）照准后视标尺黑面，进行视距丝、中丝读数；

（2）照准前视标尺黑面，进行中丝、视距丝读数；

（3）照准前视标尺红面，进行中丝读数；

（4）照准后视标尺红面，进行中丝读数。

这样的顺序简称为"后前前后"（黑、黑、红、红）。

四等水准测量每站观测顺序也可为"后后前前"（黑、红、黑、红）。无论何种顺序，视距丝和中丝的读数均应在水准管气泡居中时读取。

四等水准测量的观测记录及计算的示例，见表 2-11。表中带括号的号码为观测读数和计算的顺序。（1）~（8）为观测数据，其余为计算数据。

2.5.2.1　测站上的计算与校核

高差部分：

$$(9) = (4) + K - (7)$$
$$(10) = (3) + K - (8)$$
$$(11) = (10) - (9)$$

（10）及（9）分别为后、前视标尺的黑红面读数之差，（11）为黑红面所测高差之差。

K 为后、前视标尺的红黑面零点的差数。表 2-11 的示例中，5 号尺的 $K = 4787$，6 号尺的 $K = 4687$。

$$(16) = (3) - (4)$$
$$(17) = (8) - (7)$$

（16）为黑面所算得的高差，（17）为红面所算得的高差。由于两根尺子红黑面零点差不同，所以（16）并不等于（17）（表 2-11 的示例（16）与（17）应相差 100），借此（11）尚可做一次检核计算，即：

$$(11) = (16) \pm 100 - (17)$$

视距部分：

$$(12) = (1) - (2)$$
$$(13) = (5) - (6)$$
$$(14) = (12) - (13)$$
$$(15) = 本站的(14) + 前站的(15)$$

（12）为后视距离，（13）为前视距离，（14）为前后视距离差，（15）前后视距累计差。

2.5.2.2 观测结束后的计算与校核（见表 2-11）

表 2-11 三（四）等水准测量观测手簿

测自　　　至　　　　　　　　　　　　2001 年 8 月 2 日

时刻：始 8 时 05 分　　　　　　　　天气：晴

　　末　时　分　　　　　　　　　　成像：清晰

测站编号	后尺	下丝 上丝	前尺	下丝 上丝	方向及尺号	标尺读数		K+黑减红	高差中数	备注
	后距		前距			黑面	红面			
	视距差 d		∑d							
	(1)		(5)		后	(3)	(8)	(10)		
	(2)		(6)		前	(4)	(7)	(9)		
	(12)		(13)		后-前	(16)	(17)	(11)		
	(14)		(15)							
1	1571		0739		后 5	1384	6171	0		
	1197		0363		前 6	0551	5239	−1		
	374		376		后-前	+0833	+0932	+1	+0832.5	
	−0.2		−0.2							

续表 2-11

测站编号	后尺	下丝	前尺	下丝	方向及尺号	标尺读数		K+黑减红	高差中数	备注
		上丝		上丝		黑面	红面			
	后距		前距							
	视距差 d		∑d							
2	2121		2196		后6	1934	6621	0		
	1747		1821		前5	2008	6796	-1		
	374		375		后-前			+1	-0074.5	
	-0.1		-0.3							
3	1914		2055		后5	1726	6513	0		
	1539		1678		前6	1866	6554	-1		
	374		375		后-前	-0140	-0041	+1	-0140.5	
	-0.1		-0.3							
4	1965		2141		后6	1832	6519	0		
	1700		1874		前5	2007	6793	+1		
	265		267		后-前	-0175	-0274	-1	-0174.5	
	-0.2		-0.7							
5	0089		0124		后5	0054	4842	-1		
	0020		0050		前6	0087	4775	-1		
	69		74		后-前	-0033	+0067	0	-0033.0	
	-0.5		-1.2							

高差部分:

$$\sum(3) - \sum(4) = \sum(16) = h_\text{黑}$$
$$\sum\{(3) + K\} - \sum(8) = \sum(10)$$
$$\sum(8) - \sum(7) = \sum(17) = h_\text{红}$$
$$\sum\{(4) + K\} - \sum(7) = \sum(9)$$
$$h_\text{中} = \frac{1}{2}(h_\text{黑} + h_\text{红})$$

$h_\text{黑}$，$h_\text{红}$ 分别为一测段黑面、红面所得高差，$h_\text{中}$ 为高差中数。

视距部分:

$$末站(15) = \sum(12) - \sum(13)$$
$$总视距 = \sum(12) + \sum(13)$$

若测站上有关观测限差超限，在本站检查发现后可立即重测。若迁站后才检查发现，则应从水准点或间歇点起，重新观测。

国家一等、二等水准测量的精度更高，在此不再详细介绍，可参考控制测量相关书籍。

2.6 地面导线测量

2.6.1 导线的布设形式

导线可被布设成单一导线和导线网。两条以上导线的汇聚点，称为导线的结点。单一导线与导线网的区别，在于导线网具有结点，而单一导线则不具有结点。

按照不同的情况和要求，单一导线可被布设为附合导线、闭合导线和支导线。导线网可被布设为自由导线网和附合导线网。

（1）附合导线。如图 2-40（a）所示，导线起始于一个已知控制点而终止于另一个已知控制点。已知控制点上可以有一条或几条定向边与之相连接，也可以没有定向边与之相连接。

（2）闭合导线。如图 2-40（b）所示，由一个已知控制点出发，最终又回到这一点，形成一个闭合多边形。

在闭合导线的已知控制点上至少应有一条定向边与之相连接。应该指出，由于闭合导线是一种可靠性极差的控制网图形，在实际测量工作中应避免单独使用。

（3）支导线。如图 2-40（c）所示，从一个已知控制点出发，既不附合于另一个已知控制点，也不闭合于原来的起始控制点。由于支导线缺乏检核条件，故一般只限于地形测量的图根导线中采用。

（4）附合导线网。如图 2-40（d）所示，附合导线网具有一个以上已知控制点或具有附合条件。

（5）自由导线网。如图 2-40（e）所示，自由导线网仅有一个已知控制点和一个起始方位角。

导线网中只含有一个结点的导线网，称为单结点导线网，多于一个结点的导线网，称为多结点导线网。导线节是组成导线网的基本单元，它是指导线网内两端点中至少有一个点是结点，另一点是结点或已知点的一段导线。应该指出，与闭合导线类似，自由导线网是一种可靠性极差的控制网图形，在实际测量工作中应避免单独使用。

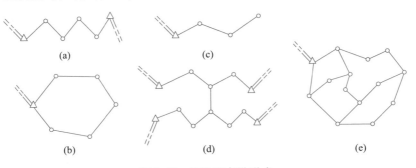

图 2-40 导线的布设形式

2.6.2 导线的观测

导线的观测包括转折角的观测和导线边的观测以及导线点的高程测量。

（1）转折角的观测。转折角的观测一般采用测回法进行。当导线点上应观测的方向数多于2个时，应采用方向观测法进行。各测回间应按规定进行水平度盘配置。

在进行国家等级导线转折角观测时，应以奇数测回和偶数测回分别观测导线前进方向的左角和右角；左角和右角分别取中数后，再计算圆周角闭合差 ΔA 值，对于三等、四等导线应分别不超过 $\pm 3.5\%$ 和 $\pm 5.0\%$。

在进行一级、二级和三级导线转折角观测时，一般应观测导线前进方向的左角。对于闭合导线，若按逆时针方向进行观测，则观测的导线角既是闭合多边形的内角，又是导线前进方向的左角。对于支导线，应分别观测导线前进方向的左角和右角，以增加检核条件。当观测短边之间的转折角时，测站偏心和目标偏心对转折角的影响将十分明显。因此，应对所用仪器、视牌和光学对中器进行严格检校，并且要特别仔细进行对中和精确照准。

（2）导线边长观测。导线边长可采用电磁波测距仪测量，也可采用全站仪在测取导线角的同时测取导线边的边长。导线边长应对向观测，以增加检核条件。电磁波测距仪测量的通常是斜距，还需观测竖直角，用以将倾斜距离改化为水平距离，必要时还应将其归算到椭球面上和高斯平面上。

（3）导线点的高程测量。导线点的高程测量可采用水准测量或三角高程测量进行。目前，大多采用电磁波测距三角高程测量进行对向观测来确定导线点的高程，此时必须观测竖直角、量取仪器高和目标高。

（4）三联脚架法导线观测。三联脚架法通常使用三个既能安置全站仪又能安置带有视牌的基座和脚架，基座应有通用的光学对中器。如图 2-41 所示，将全站仪安置在测站 i 的基座中，带有视牌的反射棱镜安置在后视点 $i-1$ 和前视点 $i+1$ 的基座中，进行导线测量。迁站时，导线点 i 和 $i+1$ 的脚架和基座不动，只取下全站仪和带有视牌的反射棱镜，在导线点 $i+1$ 上安置全站仪，在导线点 i 的基座上安置带有视牌的反射棱镜，并将导线点 $i-1$ 上的脚架迁至导线点 $i+2$ 处并予以安置，这样直到测完整条导线为止。

在观测者精心安置仪器的情况下，三联脚架法可以减弱仪器和目标对中误差对测角和测距的影响，从而提高导线的观测精度，减少了坐标传递误差。

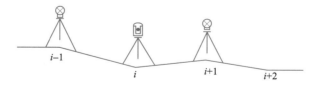

图 2-41　三联脚架法导线观测

在城市或工业区进行导线测量时，可在夜间进行作业，以避免白天作业时行人、车辆的干扰，夜间作业，空气稳定、仪器振动小，并可避免太阳暴晒，从而可提高观测成果的精度。

2.6.3　导线测量的近似平差计算

导线测量的目的是获得各导线点的平面直角坐标。计算的起始数据是已知点坐标、已知坐标方位角，观测数据为观测角值和观测边长。通常情况下，导线平差应进行严密平差，但对于二级及其以下等级的图根导线允许对以单一导线、单结点导线网采用近似平差方法进行计算。导线近似平差的基本思路是将角度误差和边长误差分别进行平差处理，先进行角度闭合差的分配，在此基础上再进行坐标闭合差的分配，通过调整坐标闭合差，以达到处理角度的剩余误差和边长误差的目的。

在进行导线测量平差计算之前，首先要按照规范要求对外业观测成果进行检查和验算，确保观测成果无误并符合限差要求，然后对边长进行加常数改正、乘常数改正、气象改正和倾斜改正，对角度值和边长进行归心改正（有偏心观测时），以消除系统误差的影响。

2.6.3.1　支导线的计算

以图 2-42 为例，支导线计算步骤如下：

（1）设直线 MA 的坐标方位角为 u_A，计算各导线边的坐标方位角。

（2）由各边的坐标方位角和边长，计算各相邻导线点的坐标增量。

（3）依次推算 P_2，P_3，$\cdots$，P_{n+1} 各导线点的坐标。

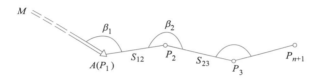

图 2-42　支导线计算

2.6.3.2　仅有一个连接角的附合导线的计算

如图 2-43 所示为仅有一个连接角的附合导线，A、B 为已知点，P_2，P_3，$\cdots$，P_{n+1} 为待定点，$\beta_i(i=1,2,\cdots,n+1)$ 为转折角，S 为导线的边长。导线的计算顺序与支导线相同，但其最后一点为已知点 B，故最后求得的坐标 x_B' 和 y_B' 的值由于观测角度和边长存在误差，必然与已知的坐标 x_B 和 y_B 不相同，它将产生坐标闭合差 f_x、f_y，即：

$$f_x = x_B' - x \quad ; \quad f_y = y_B' - y_B \tag{2-36}$$

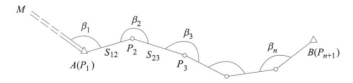

图 2-43　仅有一个连接角的附合导线计算

可见，这种导线较支导线增加了一项处理坐标闭合差的计算，最简便的处理方法为按各导线边的长度成比例地改正它们的坐标增量，其改正数为：

$$v_{\Delta x_{ij}} = \frac{-f_x}{\sum S} s_{ij} \tag{2-37}$$

$$v_{\Delta y_{ij}} = \frac{-f_y}{\sum S} s_{ij} \tag{2-38}$$

改正后的坐标增量为:

$$\Delta x_{ij} = \Delta x'_{ij} + v_{\Delta x_{ij}} \tag{2-39}$$

$$\Delta y_{ij} = \Delta y'_{ij} + v_{\Delta y_{ij}} \tag{2-40}$$

求得改正后的坐标增量后, 即可依次推算 P_2, P_3, $\cdots$, $B(P_{n+1})$ 各导线点的坐标, 此时, B 点的坐标应等于已知值。

在仅有一个连接角的附合导线计算中, 导线全长相对闭合差是评定导线精度的重要指标, 它是全长绝对闭合差 f_S 与其导线全长 $\sum S$ 的比值, 通常用 K 表示, 即:

$$K = \frac{1}{\dfrac{\sum S}{f_S}} \tag{2-41}$$

式中, $f_S = \sqrt{f_x^2 + f_y^2}$。

2.6.3.3 具有两个连接角的附合导线计算

如图 2-44 所示为具有两个连接角的附合导线, 由于 B 点观测了连接角, 因此可由已知坐标方位角 α_{MA} 推求 BN 的坐标方位角 $\alpha_{B'N}$, 由于各转折角存在观测误差, 使得 $\alpha_{B'N}$ 不等于已知坐标方位角 α_{BN}, 而产生坐标方位角闭合差 f_β, 即:

$$f_\beta = \alpha_{B'N} - \alpha_{BN} \tag{2-42}$$

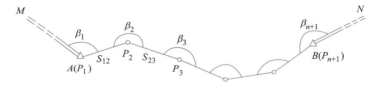

图 2-44 具有两个连接角的附合导线计算

由于各转折角都是按等精度观测的, 所以坐标方位角闭合差 f_β 可平均分配到每个角度上, 即每个角度应加上改正数 v_{β_i}, β_i 为左角时, 其改正数为:

$$v_{\beta_i} = \frac{-f_\beta}{n + 1} \tag{2-43}$$

β 为右角时, 其改正数为:

$$v_{\beta_i} = \frac{f_\beta}{n + 1} \tag{2-44}$$

各转折角的观测值改正后的导线计算, 与仅有一个连接角的附合导线的计算相同。具有两个连接角的附合导线的精度可用坐标方位角闭合差和导线全长相对闭合差来评定, 在图根导线测量中, 通常以坐标方位角闭合差不应超过其限值来控制其测角精度。坐标方位角闭合差的限值, 一般应为相应等级测角中误差先验值 m_β 的 $2\sqrt{n+1}$ 倍, 即:

$$f_{\beta容} = 2\sqrt{n + 1}\, m_\beta \tag{2-45}$$

导线全长相对闭合差的计算与仅有一个连接角的附合导线相同。具有两个连接角的附合导线算例见表 2-12。

表 2-12　具有两个连接角的附合导线算例

点名	观测角 ° ′ ″	坐标方位角 ° ′ ″	边长 S m	Δx m	Δy m	x m	y m
M		237 59 30					
A（P₁）	+7 99 01 00					2507.69	1215.63
		157 00 37	225.85	+4 −207.91	−4 +88.21		
P₂	+7 167 45 36					2299.82	1303.80
		144 46 20	139.03	+2 −113.57	−2 +80.20		
P₃	+7 123 11 24					2186.27	1383.98
		87 57 51	172.57	+3 +6.13	−3 +172.46		
P₄	+7 189 20 36					2192.43	1556.41
		97 18 34	100.07	+2 −12.73	−1 +99.26		
P₅	+7 179 59 18					2179.72	1757.29
		97 17 59	102.48	+2 −13.02	−2 +101.65		
B（P₆）	+7 129 27 24					2166.72	1757.29
		46 45 30	Σ = 740.00	Σ = −341.10	Σ = +541.78		
N				$f_x = -0.13$m		$x_B - x_A =$	$y_B - y_A =$
Σ	888 45 18	$\alpha_n - \alpha_0 = -191°14′00″$		$f_y = +0.12$m $f_S = \sqrt{f_x^2 + f_y^2} = 0.18$m		−340.97m	+541.66m

注：$f_\beta = -42″$，$f_{\beta容} = \pm40″ \times \sqrt{6} = \pm97″$，$K = \dfrac{f_S}{\sum S} = \dfrac{0.18}{740.00} = \dfrac{1}{4100} < \dfrac{1}{4000}$。

2.6.3.4　闭合导线的计算

如图 2-45 所示为闭合导线，由于角度观测值存在误差，使得多边形内角和的计算值不等于其理论值，而产生角度闭合差，即

$$f_\beta = [\beta_内]_1^n - (n-2)180° \tag{2-46}$$

其角度观测值改正数 V_{β_i} 可按下式计算：

$$V_{\beta_i} = \frac{-f_\beta}{n} \tag{2-47}$$

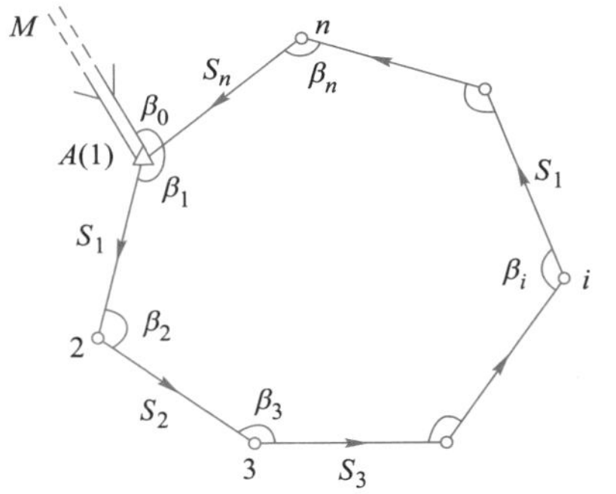

角度改正后的导线计算，与仅有一个连接角的附合导线的计算相同，只是在计算坐标闭合差时，采用式（2-48）计算：

$$\begin{cases} f_x = [\Delta x]_1^n \\ f_y = [\Delta y]_1^n \end{cases} \tag{2-48}$$

式中　Δx_i，Δy_i——各导线边的坐标增量。

闭合导线的精度评定与具有两个连接角附合导线精度评定相同，可采用角度闭合差和

图 2-45　单一闭合导线计算

导线全长相对闭合差来评定，但连接角或已知方位角错误都将导致整个闭合图形的旋转，因此闭合导线的可靠性较差，所以在实际测量工作中应避免单独使用。

2.6.3.5　无连接角附合导线的计算

由于无连接角导线没有观测导线两端的连接角，致使推算各导线边的方位角发生困难。解决这一问题的途径是：首先假定导线第一条边的坐标方位角作为起始方向，依次推算出各导线边的假定坐标方位角，然后按支导线的计算方法推求各导线点的假定坐标。由于起始边的定向不正确以及转折角和导线边观测误差的影响，导致终点的假定坐标与已知坐标不相等。为消除这一矛盾，可用导线固定边的已知长度和已知方位角分别作为导线的尺度标准和定向标准对导线进行缩放和旋转，使终点的假定坐标与已知坐标相等，进而计算出各导线点的坐标平差值。

如图 2-46 所示为一无连接角导线，$A(x_A, y_A)$、$B(x_B, y_B)$ 为已知点，S_{AB}、α_{AB} 分别为导线固定边 AB 的边长和坐标方位角；β_i'、S_i' 和 β_i、S_i 分别为转折角和导线边的观测值和平差值；(x_i', y_i') 和 (x_i, y_i) 分别为导线点坐标的计算值和平差值。

设起始边 $A1$ 的假定坐标方位角为 α_{A1}'，根据导线角的观测值可推算各导线边的坐标方位角的计算值，进而计算各导线边坐标增量的计算值，最终算得固定边 AB 的坐标增量的计算值 $\Delta x_{AB}'$、$\Delta y_{AB}'$。由此可计算出固定边的边长计算值 S_{AB}' 和坐标方位角计算值 α_{AB}'。

图 2-46　无连接角附合导线计算

若令导线的旋转角为 δ，缩放比为 Q，则有：

$$\frac{S_{A1}}{S_{A1}'} = \frac{S_{A2}}{S_{A2}'} = \cdots = \frac{S_{Ai}}{S_{Ai}'} = \frac{S_{AB}}{S_{AB}'} = Q \tag{2-49}$$

$$\alpha_{A1} - \alpha_{A1}' = \alpha_{A2} - \alpha_{A2}' = \cdots = \alpha_{Ai} - \alpha_{Ai}' = \cdots = \alpha_{AB} - \alpha_{AB}' = \delta \tag{2-50}$$

由于 $\Delta x_{Ai} = x_i - x_A = S_{Ai}\cos\alpha_{Ai}$；$\Delta y_{Ai} = y_i - y_A = S_{Ai}\cos\alpha_{Ai}$，顾及式（2-49）和式（2-50），得：

$$\begin{cases} \Delta x_{Ai} = QS_{Ai}'\cos(\alpha_{Ai}' + \delta) \\ \qquad = QS_{Ai}'(\cos\alpha_{Ai}'\cos\delta - \sin\alpha_{Ai}'\sin\delta) \\ \Delta y_{Ai} = QS_{Ai}'\sin(\alpha_{Ai}' + \delta) \\ \qquad = QS_{Ai}'(\sin\alpha_{Ai}'\cos\delta + \cos\alpha_{Ai}'\sin\delta) \end{cases} \tag{2-51}$$

令 $Q_1 = Q\cos\delta$，$Q_2 = Q\sin\delta$，则有：

$$\begin{cases} \Delta x_{Ai} = Q_1 \Delta x_{Ai}' - Q_2 \Delta y_{Ai}' \\ \Delta y_{Ai} = Q_1 \Delta y_{Ai}' + Q_2 \Delta x_{Ai}' \end{cases} \tag{2-52}$$

当导线点 i 为终点 B 时，式（2-52）可变为：

$$\begin{cases} \Delta x_{AB} = Q_1 \Delta x_{AB}' - Q_2 \Delta y_{AB}' \\ \Delta y_{AB} = Q_1 \Delta y_{AB}' + Q_2 \Delta x_{AB}' \end{cases} \tag{2-53}$$

在上式中，Δx_{AB}、Δy_{AB} 为已知值，$\Delta x_{AB}'$、$\Delta y_{AB}'$ 为坐标增量计算值。由此解出 Q_1 和 Q_2，即：

$$\begin{cases} Q_1 = \dfrac{\Delta x'_{AB} \Delta x_{AB} + \Delta y'_{AB} \Delta y_{AB}}{(\Delta x'_{AB})^2 + (\Delta y'_{AB})^2} \\ Q_2 = \dfrac{\Delta x'_{AB} \Delta y_{AB} - \Delta y'_{AB} \Delta x_{AB}}{(\Delta x'_{AB})^2 + (\Delta y'_{AB})^2} \end{cases} \tag{2-54}$$

将 Q_1、Q_2 代入式（2-52），可得计算各导线点坐标的公式：

$$\begin{cases} x_i = x_A + Q_1(x'_i - x_A) - Q_2(y'_i - y_A) \\ y_i = y_A + Q_1(y'_i - y_A) + Q_2(x'_i - x_A) \end{cases} \tag{2-55}$$

无连接角导线的精度可采用固定边长相对闭合差 k 来评定，即：

$$k = \frac{1}{\dfrac{S_{AB}}{|f_S|}} \tag{2-56}$$

式中，$f_S = S'_{AB} - S_{AB}$。无连接角导线算例见表 2-13。

表 2-13　无连接角导线计算表

点名	观测角值 ° ′ ″	观测边长 /m	假定坐标 方位角 ° ′ ″	假定坐标增量		假定坐标		坐标平差值	
				$\Delta x'$/m	$\Delta y'$/m	x'/m	y'/m	x/m	y/m
A		220.179	87 27 10	+9.785	+219.961			5264.106	5004.762
1	175 21 42	197.917	82 48 51	+24.757	+196.362	5273.891	5224.723	5269.981	5224.868
2	191 05 34	217.634	93 54 25	−14.829	+217.128	5298.648	5421.085	5291.246	5421.644
3	168 42 12	186.208	82 36 37	+23.950	+184.661	5283.819	5638.213	5272.560	5638.480
4	220 16 41	222.716	122 53 18	−120.936	+187.021	5307.769	5822.874	5293.226	5823.542
5	146 17 44	157.812	89 11 02	+2.234	+156.796	5186.833	6009.895	5168.982	6008.390
B						5189.067	6166.691	5168.430	6165.205
$Q_1 = 0.999\,868\,67$					$Q_2 = 0.017\,769\,46$				

$D_{AB} = 1164.380\text{m}$; $D'_{AB} = 1164.350\text{m}$; $f_D = D'_{AB} - D_{AB} = -0.03\text{m}$; $k = \dfrac{|f_D|}{D_{AB}} = \dfrac{1}{38\,800} < \dfrac{1}{14\,300}$。

2.6.3.6　单结点导线网的近似平差

如图 2-47 所示为单结点导线网，A、B、C 为已知点，$A'A$、$B'B$、$C'C$ 为已知方向，J 为结点，其计算步骤如下：

A　角度平差

首先选定与结点连接的任一导线边作为结边。一般选在边数较多的一条导线节上（如 JJ'）。由已知方向及转折角观测值分别沿线路 $Z1$、$Z2$、$Z3$ 推算结边的坐标方位角 α_1、α_2、α_3，设各条线路的转折角个数分别为 n_1、n_2、n_3，则结边的坐标方位角 α_1、α_2、α_3 的权为 $P_{\alpha_1} = \dfrac{C_1}{n_1}$、$P_{\alpha_2} = \dfrac{C_1}{n_2}$、$P_{\alpha_3} = \dfrac{C_1}{n_3}$（$C_1$ 为任选的常数），按加权平均值原理即可算得结边 JJ'

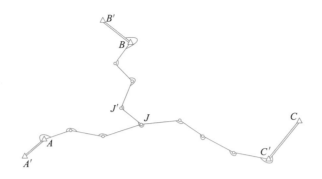

图 2-47   单结点导线网

的坐标方位角的最或然值为：

$$\alpha_{JJ'} = \frac{P_{\alpha_1}\alpha_1 + P_{\alpha_2}\alpha_2 + P_{\alpha_3}\alpha_3}{P_{\alpha_1} + P_{\alpha_2} + P_{\alpha_3}} \tag{2-57}$$

算得结边的坐标方位角最或然值后，则将三个已知方向到结边 JJ' 的导线作为三条附合导线，计算其角度闭合差，并改正各转折角的观测值，进而算出各导线边的坐标方位角的平差值。

B   坐标平差

由已知点及各边的观测边长和坐标方位角分别沿各线路计算结点的坐标为 $(x_1，y_1)$、$(x_2，y_2)$、$(x_3，y_3)$。设线路的导线边总长为 S_1、S_2、S_3，则各线路推算结点坐标的权分别为 $P_1 = \dfrac{C_2}{S_1}$、$P_2 = \dfrac{C_2}{S_2}$、$P_3 = \dfrac{C_2}{S_3}$（C_2 为任选的常数），则结点坐标的最或然值为：

$$\begin{cases} x_J = \dfrac{P_1x_1 + P_2x_2 + P_3x_3}{P_1 + P_2 + P_3} \\[3mm] y_J = \dfrac{P_1y_1 + P_2y_2 + P_3y_3}{P_1 + P_2 + P_3} \end{cases} \tag{2-58}$$

算得结点 J 的坐标平差值后，可将其视为已知值，将 Z_1、Z_2、Z_3 作为三条附合导线分别计算其坐标闭合差、坐标增量改正数和各导线点的坐标。

C   精度评定

a   角度观测值的精度评定

在导线网近似平差中，角度观测值的精度评定，一般按独立的附合环节的角度闭合差 f_{β_i} 计算测角中误差 μ_β，即：

$$\mu_\beta = \pm \sqrt{\frac{1}{r}\left[\frac{f_\beta f_\beta}{n'}\right]} \tag{2-59}$$

也可以按导线节的角度改正数计算测角中误差，即：

$$\mu_\beta = \pm \sqrt{\frac{1}{r}\left[\frac{V_\beta V_\beta}{n''}\right]} \tag{2-60}$$

式中　n'，n''——参与计算附合环节角度闭合差和计算导线节角度改正数的转折角的个数；

　　　　r——独立的角度闭合差个数（对于单结点导线网应为汇集于结点的导线节条数减 1）。

　　b　点位精度评定

设 μ_x、μ_y 为导线网纵、横坐标增量每千米中误差，一般按独立的附合环节的坐标闭合差计算，即：

$$
\begin{cases}
\mu_x = \pm \sqrt{\dfrac{1}{r}\left[\dfrac{f_x f_x}{[S]'}\right]} \\[3mm]
\mu_y = \pm \sqrt{\dfrac{1}{r}\left[\dfrac{f_y f_y}{[S]'}\right]}
\end{cases}
\tag{2-61}
$$

也可以按各导线节的坐标增量改正数计算，即：

$$
\begin{cases}
\mu_x = \pm \sqrt{\dfrac{1}{r}\left[\dfrac{V_x V_x}{[S]''}\right]} \\[3mm]
\mu_y = \pm \sqrt{\dfrac{1}{r}\left[\dfrac{V_y V_y}{[S]''}\right]}
\end{cases}
\tag{2-62}
$$

式中　$[S]'$，$[S]''$——参与计算附合环节坐标闭合差和计算导线节坐标增量改正数的导线边的总长。

由此，可计算导线每千米点位中误差为：

$$
\mu_{km} = \pm \sqrt{\mu_x^2 + \mu_y^2}
\tag{2-63}
$$

结点 J 的点位中误差为：

$$
m_i = \mu_{km}\sqrt{\dfrac{1}{P_J}}
\tag{2-64}
$$

式中，$P_J = P_1 + P_2 + P_3$。

2.6.4　导线测量错误的检查方法

在导线计算中，角度闭合差或导线全长相对闭合差超限时，很可能是转折角或导线边观测值含有粗差，或可能在计算时有错误。测角错误将表现为角度闭合差超限，而测边错误或计算中用错导线边的坐标方位角则表现为导线全长相对闭合差的超限。

2.6.4.1　角度闭合差超限，检查角度错误

如图 2-48 所示的附合导线中，假设转折角中含有粗差，则可根据未经调整的转折角观测值自 A 向 B 计算各导线边的坐标方位角和各导线点的坐标，并同样自 B 向 A 推算。如果只有一点的坐标极为接近，而其余各点坐标均有较大的差数，则表明坐标很接近的这一点上，其测角有错误。若错误较大（如 $5°$ 以上），直接用图解法也可发现错误所在。即先自 A 向 B 用量角器和比例直尺按角度和边长画导线，然后再由 B 向 A 画导线，则两条导线相交的导线点上测角有错误。

对于闭合导线也可采用此法进行检查，不过不是从两点对向检查，而是从一点开始以顺时针方向和逆时针方向分别计算各导线点的坐标，并按上述方法做对向检查。

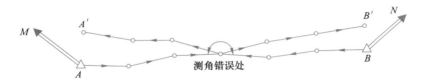

图 2-48   检查导线测量角度错误

2.6.4.2   导线全长相对闭合差超限，检查边长或坐标方位角错误

由于在角度闭合差未超限时才进行导线全长相对闭合差的计算，所以导线全长相对闭合差超限，可能是边长或坐标方位角错误所致。若边长含有粗差，如图 2-49 中的 de 边上错了 ee′，则闭合差 BB′ 将平行于该导线边。若计算坐标增量时用错了 ef 的坐标方位角（见图 2-50），则闭合差 BB′ 将大致垂直于错误方向的导线边。为确定错误所在，就必须先确定全长闭合差的方向。

如图 2-49 所示，导线全长闭合差 BB′ 的坐标方位角之正切为：

$$\tan\alpha = \frac{f_y}{f_x} \tag{2-65}$$

根据上式求 α 后，则将其与各边的坐标方位角相比较，若有与其相差 90° 的角，则检查该坐标方位角有无用错或算错。若有与其平行或大致平行的导线边，则应检查该边长的计算。

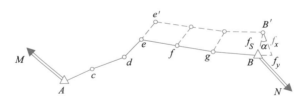

图 2-49   检查导线测量边长错误

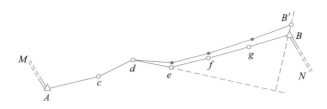

图 2-50   检查导线测量坐标方位角错误

如果从手簿记录或计算中检查不出错误，则应到现场检查相应的边长观测。上述导线测量错误检查方法，仅对只有一个错误存在时有效。

2.6.5   导线测量的精度

2.6.5.1   直伸等边支导线终点的中误差

如图 2-51 所示为一直伸等边支导线，$A(P_1)$ 是已知点；P_2，P_3，…，P_{n+1} 是未知导线点；β_1，β_2，$\cdots$，β_n 是转折角等精度观测值；S 是导线各边的边长。

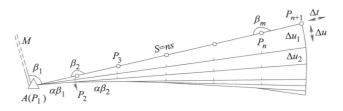

图 2-51 直伸等边支导线终点的中误差

由于测边有误差，导线点将在导线长度方向产生位移，这种位移称为纵向位移，相应的中误差称为纵向中误差，以 m_t 表示。由于测角有误差，将使导线点在导线长度的垂直方向产生位移，这种位移称为横向误差，相应的中误差称为横向中误差，以 m_u 表示。

下面讨论测角误差与测边误差对导线终点 P_{n+1} 的影响。

设距离量测的单位权中误差为 μ，当导线终点 P_{n+1} 离开已知点 A 的长度为 $S=ns$ 时，距离的量测中误差为：

$$m_S = \mu\sqrt{S} \tag{2-66}$$

距离的量测中误差也就是导线终点 P_{n+1} 在导线纵向的中误差，即：

$$m_t = m_S = \mu\sqrt{S} \tag{2-67}$$

下面再讨论测角误差的影响：当第一个转折角 β_1 有误差 $d\beta_1$，其他转折角假设都无观测误差时，将使导线终点 P_{n+1} 产生横向位移 Δu_1，而 $\Delta u_1 = ns\dfrac{d\beta_1}{\rho}$。同样，当第二个转折角 β_2 有误差 $d\beta_2$，其他转折角假设都无观测误差时，将使导线终点 P_{n+1} 产生横向位移 Δu_2，而 $\Delta u_2 = (n-1)s\dfrac{d\beta_2}{\rho}$。依次类推，由于 β_1，β_2，$\cdots$，β_n 产生 $d\beta_1$，$d\beta_2$，$\cdots$，$d\beta_n$，将使导线终点 P_{n+1} 产生横向位移的真误差为：

$$\Delta u = \Delta u_1 + \Delta u_2 + \cdots + \Delta u_n = ns\frac{d\beta_1}{\rho} + (n-1)s\frac{d\beta_1}{\rho} + \cdots + s\frac{d\beta_n}{\rho} \tag{2-68}$$

导线终点 P_{n+1} 的横向中误差为：

$$m_u = \frac{m_\beta s}{\rho}\sqrt{n^2 + (n+1)^2 + \cdots + 1^2} = \frac{m_\beta s}{\rho}\sqrt{\frac{n(n+1)(2n+1)}{6}} \approx \frac{m_\beta s}{\rho}\sqrt{\frac{n+1.5}{3}} \tag{2-69}$$

导线终点 P_{n+1} 的点位中误差为：

$$M_{P_{n+1}} = \pm\sqrt{m_t^2 + m_u^2} = \pm\sqrt{\mu^2 S + \left(\frac{m_\beta s}{\rho}\right)^2\frac{n+1.5}{3}} \tag{2-70}$$

由式（2-67）、式（2-69）、式（2-70）可看出，当导线长度增加时，横向中误差比纵向中误差增加得快，所以要提高导线的精度就应该减少导线转折点的数量，或者适当地提高测角精度。

2.6.5.2 直伸等边附合导线闭合差的中误差

对于起闭于两个已知点 A、B 之间的直伸等边导线（见图 2-52），它的两端都有已知坐标方位角控制，坐标计算时，首先要配赋坐标方位角闭合差，然后再计算导线的坐标闭合差。附合导线闭合差与支导线终点点位中误差不同之处在于，前者的角度是经过坐标方位角闭合差配赋过的，而后者没有经过任何配赋。

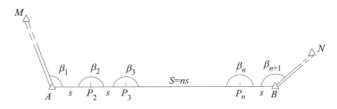

图 2-52　直伸等边附合导线

对直伸附合导线，由于角度经过坐标方位角闭合差的配赋，角度的精度被提高了，因此角度误差所引起的导线横向中误差也会减小，但不能减小由于距离量测误差所引起的导线纵向中误差。所以讨论直伸附合导线闭合差时，只需讨论角度经过坐标方位角闭合差配赋后角度误差对导线终点的影响，而距离量测误差对终点的影响与支导线相同，即 $m_t = \mu\sqrt{S}$。

设导线转折角的观测值为 $\beta_i(i=1,2,\cdots,n+1)$，$\beta_i$ 的真误差为 $d\beta_i$，改正数为 v_i，经过坐标方位角闭合差配赋后的角值为 β_i'，其真误差为 $d\beta_i'$。图 2-52 中附合导线的坐标方位角应满足的条件为：

$$a_{MA} + [\beta'] - (n+1)180° - \alpha_{BN} = 0$$

或

$$[v] + f_\beta = 0 \tag{2-71}$$

式中，$f_\beta = \alpha_{MA} + [\beta] - (n+1)180° - \alpha_{BN}$。

当观测角是等精度并只考虑坐标方位角条件时，角度改正数等于坐标方位角闭合差平均值的反号（以导线左角为例，其结论对右角同样适用），即：

$$v_1 = v_2 = \cdots = v_{n+1} = -\frac{f_\beta}{n+1}$$

经过坐标方位角闭合差配赋的角度为：

$$\beta_i' = \beta_i + v_i = \beta_i - \frac{f_\beta}{n+1}$$

$$= \beta_i - \frac{1}{n+1}\{\alpha_{MA} + [\beta] - (n+1)180° - \alpha_{BN}\}$$

所以 β_i 的误差为 $d\beta_i$：

$$d\beta_i' = d\beta_i - \frac{1}{n+1}[d\beta] \tag{2-72}$$

将式（2-68）中的 $d\beta_i$ 用 $d\beta_1$ 替换就可以求得终点横向位移真误差 Δu 为：

$$\Delta u = ns\frac{d\beta_1}{\rho} + (n-1)s\frac{d\beta_2}{\rho} + \cdots + s\frac{d\beta_n}{\rho}$$

顾及式（2-72），上式为：

$$\Delta u = \frac{s}{\rho}\left\{ n\left(\mathrm{d}\beta_1 - \frac{1}{n+1}[\mathrm{d}\beta]\right) + (n-1)\left(\mathrm{d}\beta_2 - \frac{1}{n+1}[\mathrm{d}\beta]\right) + \cdots + \left(\mathrm{d}\beta_n - \frac{1}{n+1}[\mathrm{d}\beta]\right)\right\}$$

$$= \frac{s}{\rho}\left\{ n\mathrm{d}\beta_1 + (n-1)\mathrm{d}\beta_2 + \cdots + \mathrm{d}\beta_n - \frac{n+(n-1)+\cdots+1}{n+1}[\mathrm{d}\beta]\right\}$$

$$= \frac{s}{\rho}\left\{ n\mathrm{d}\beta_1 + (n-1)\mathrm{d}\beta_2 + \cdots + \mathrm{d}\beta_n - \frac{n}{2}[\mathrm{d}\beta]\right\}$$

$$= \frac{s}{\rho}\left\{ \frac{n}{2}\mathrm{d}\beta_1 + \left(\frac{n}{2}-1\right)\mathrm{d}\beta_2 + \cdots - \left(\frac{n}{2}-1\right)\mathrm{d}\beta_n - \frac{n}{2}\mathrm{d}\beta_{n+1}\right\}$$

根据上式，得出横向中误差 m_u 为：

$$m_u = \frac{m_\beta s}{\rho}\sqrt{2\left[\left(\frac{n}{2}\right)^2 + \left(\frac{n}{2}-1\right)^2 + \cdots + 2^2 + 1^2\right]}$$

$$= \frac{m_\beta s}{\rho}\sqrt{2 \times \frac{n(n+1)(n+2)}{24}}$$

$$\approx \frac{m_\beta s}{\rho}\sqrt{\frac{n+3}{12}}$$

所以直伸附合导线闭合差的中误差为：

$$M = \pm\sqrt{m_t^2 + m_u^2} = \pm\sqrt{\mu^2 S + \left(\frac{m_\beta s}{\rho}\right)^2 \frac{n+3}{12}} \tag{2-73}$$

由上式可以看出，当 S 为定值时，导线边数 n 越多（即每条导线边越短），则对 M（或横向中误差）的影响越大。所以在布设导线时，应避免使用短边并限制导线边的总数。

比较式（2-73）和式（2-70）可以看出，直伸等边附合导线的横向中误差约为同样情形的支导线的横向中误差的一半，或者说，当导线转折角经坐标方位角闭合差配赋后，由此计算导线点的坐标，其横向中误差比转折角未经改正减少一半。

2.6.5.3　直伸等边附合导线最弱点的中误差

对于直伸附合导线而言，导线的纵向和横向中误差最大的地方是导线的中间点 K（见图 2-53），K 点距离已知点 A、B 的长度都是 $S/2$。导线点 K 的最后坐标可以这样求出，即从已知点 A、B 分别推算 K 的两组坐标，而取其平均值。然后从已知点 A（或 B）求出 K 点的点位中误差，再按求算术平均值中误差的公式，求 K 点最后坐标的中误差。

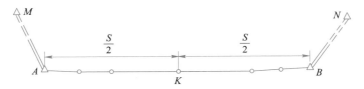

图 2-53　直伸等边附合导线最弱点

从已知点 A（或 B）推算得的 K 点的点位中误差 m'_K，是将 $S/2$、$n/2$ 分别代替式（2-73）中的 S、n 而求得，即：

$$m'_K = \pm \sqrt{\mu^2 \frac{S}{2} + \left(\frac{m_\beta s}{\rho}\right)^2 \frac{n+6}{96}} \qquad (2\text{-}74)$$

而 K 点最后坐标的点位中误差为：

$$m_K = \frac{m'_K}{\sqrt{2}} = \pm \frac{1}{2}\sqrt{\mu^2 S + \left(\frac{m_\beta s}{\rho}\right)^2 \frac{n+6}{48}} \qquad (2\text{-}75)$$

——— 本 章 小 结 ———

本章从参考椭球、平面坐标、常用仪器和地面常规测量方法等方面介绍了测量学基础知识。从参考椭球体到平面坐标，需要通过地图投影来实现。因此，深入理解地图投影的概念和方法对掌握三维球体与二维平面坐标之间的转换至关重要。高斯-克吕格投影和通用横轴墨卡托投影作为常用的地图投影方法，应该重点掌握。常用的测角、量边和高程测量仪器，在矿山测量中的应用依然广泛，了解水准仪、经纬仪、全站仪等仪器的构造原理和使用方法有助于开展高质量的矿山测量工作。此外，三维激光扫描仪和倾斜摄影测量仪等新型测绘仪器也需重视，这些仪器设备的使用极大提高了数据采集效率，有助于开展高效的、精细的矿山测量工作。

1. 根据下图所示水准线路中的数据，计算 P、Q、R 点的高程。

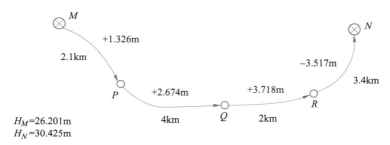

2. 高斯投影具有哪些特性？

3. 论述闭合导线计算的主要过程和每一过程中的具体方法。

4. 用经纬仪配合半圆仪进行地形图测绘时，简述一个测站上进行建筑物测绘的主要工作步骤和绘图方法。

5. 在采用测回法进行水平角测量时，如何进行一个测站的工作，并说明根据观测值计算水平角的方法。

6. 说明经纬仪测量时一测站上进行对中整平的主要步骤和方法。

7. 设高斯平面上有一点，其坐标值为 $x_1 = 0\text{m}$，$y_1 = -290\text{km}$，试绘图说明该点换算至相邻带上时，y_2 的概值是多少？设 $a = 6400\text{km}$，π 取 3.14，精确到 km。

8. 高斯投影应满足哪三个条件？论述推导高斯投影反算公式的基本思想。

3 井下控制测量

本章提要

　　控制测量是指通过测定一系列控制点的平面位置和高程建立起测量控制网，作为各种测量的基础。因此，井下控制测量是井下各种测量的基础。本章内容主要介绍井下控制测量方法和步骤，包括井下平面控制导线的布设、井下导线的角度测量与边长测量、井下水准测量、井下三角高程测量和高程导线平差方法等内容。

　　由于受井下巷道条件的限制，井下平面控制均以导线的形式沿巷道布设，而不能像地面控制网那样可以有测角网、测边网、GNSS 网和交会法等多种可能方案。井下平面控制测量的目的是建立井下平面测量的控制，作为测绘和标定井下巷道、硐室、回采工作面等的平面位置的基础，也能满足一般贯通测量的要求。

　　井下高程测量是测定井下各种测点高程的测量工作。其目的是建立一个与地面统一的高程系统，确定各种采掘巷道、硐室在竖直方向上的位置及相互关系，以解决各种采掘工程在竖直方向上的几何问题。

　　井下高程控制网，可采用水准测量方法或三角高程测量方法敷设。在主要水平运输巷道中，一般应采用精度不低于 S_{10} 级的水准仪和普通水准尺进行水准测量；在其他巷道中，可根据巷道坡度的大小、采矿工程的要求等具体情况，采用水准测量或三角高程测量测定。

　　从井底车场的高程起算点开始，沿井底车场和主要巷道逐段向前敷设，每隔 300~500m 设置一组高程点，每组高程点至少应由三个点组成，其间距以 30~80m 为宜，永久导线点也可作为高程点使用。

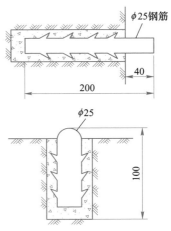

　　水准点可设在巷道的顶板、底板或两帮上，也可以设在井下固定设备的基础上，设置时应考虑使用方便并选在巷道不易变形的地方。设在巷道顶、底板的水准点构造与永久导线点相同。设在巷道两帮及设在固定设备基础上的水准点构造如图 3-1 所示。井下所有高程点应统一编号，并将编号明显地标记在点的附近。

图 3-1　井下水准点的结构

3.1 井下平面控制导线的布设与等级

3.1.1 井下导线的等级

井下导线的布设,按照"高级控制低级"的原则进行。井下平面控制分为基本控制(见表 3-1)和采区控制(见表 3-2)两类,这两类又都应敷设成闭(附)合导线或复测支导线。

表 3-1 基本控制导线的主要技术指标

井田一翼长度 /km	测角中误差 /(″)	一般边长 /m	导线全长行对闭合差	
			闭(附)合导线	复测支导线
≥5	±7	60~200	1/8000	1/6000
<5	±15	40~140	1/6000	1/4000

表 3-2 采区控制导线的主要技术指标

采区一翼长度 /km	测角中误差 /(″)	一般边长 /m	导线全长行对闭合差	
			闭(附)合导线	复测支导线
≥1	±15	30~90	1/4000	1/3000
<1	±30	—	1/3000	1/2000

注:30°导线可作为小矿井的基本控制导线。

基本控制导线按照测角精度分为±7″和±15″两级,一般从井底车场的起始边开始,沿矿井主要巷道(井底车场,水平大巷,集中上、下山等)敷设,通常每隔 1.5~2.0km 应加测陀螺定向边,以提供检核和方位平差条件。

采区控制导线也按测角精度分为±15″和±30″两级,沿采区上、下山,中间巷道或片盘运输巷道以及其他次要巷道敷设。

3.1.2 井下导线的发展与形式

井下导线往往不是一次全面布网,而是随井下巷道掘进而逐步敷设。如图 3-2 所示,当由石门处拉门开始掘进主要运输大巷时,随巷道掘进而先敷设低等级的±15″或±30″导线(如图 3-2 中虚线所示),用以控制巷道中线的标定和及时填绘矿图,随巷道掘进每30~100m 延长一次。当巷道掘进到 300~500m 时,再敷设±7″级或±15″级基本控制导线,用来检查前面已敷设的低等级采区控制导线是否正确,所以其起始边(点)和最终

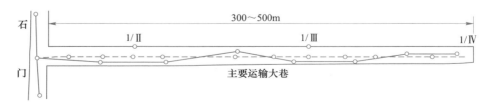

图 3-2 井下导线的发展

边（点）一般应与低等级控制导线边（点）相重合。当巷道继续向前掘进时，以基本控制导线所测设的最终边为基础，向前敷设低等级控制导线和给中线。当巷道又掘进 300～500m 时，再延长基本控制导线。这样不断分段重复，直到形成闭（附）合导线和导线网，如图 3-3 和图 3-4 所示。

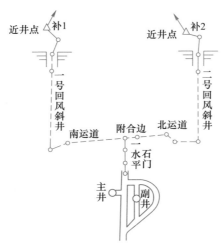

图 3-3　附合导线

 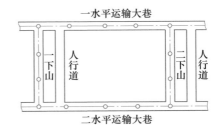

图 3-4　闭合导线和导线网

3.1.3　特殊形式的井下导线

　　由于井下测量的某些特点，有时会形成一些特殊的导线。如交叉闭合导线，即导线边的平面投影相交而实际上是空间交叉（见图 3-5（a））；坐标附合导线（见图 3-5（b）），例如在两个已知坐标的垂球线之间敷设的两井定向导线，也就是地面测量中的"无定向导线"；以及带陀螺定向边的方向附合导线（见图 3-5（c））等。

3.1.4　按所使用的仪器来划分导线类型

　　以前井下导线多用经纬仪测角，钢尺量边，这种导线可称之为"经纬仪-钢尺导线"，随着测量仪器的不断发展完善，现在逐步有了"光电测距导线"，即用光电测距仪测量边长的导线；"全站仪导

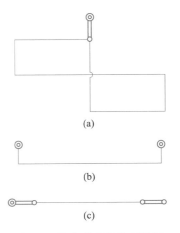

(a)

(b)

(c)

图 3-5　特殊形式的井下导线

线"，即用全站仪测量角度与边长（或直接测定坐标）的导线；另外还有"陀螺定向-光电测距导线"，是指用陀螺经纬仪测定每条边的方位角，用测距仪测量导线边长的导线。

3.1.5　井下导线点的设量

井下导线点按照其使用时间长短和重要性而分为永久点和临时点两种。导线点应当选择在巷道顶（底）板稳固、通视良好且易于安设仪器观测、尽量不受来往矿车影响的地方。导线点之间的距离按相应等级导线的规定边长（见表3-1及表3-2）来确定。

临时导线点可设在巷道顶底板岩石中或牢固的棚梁上。图3-6（a）所示为钉入木棚梁的临时点；图3-6（b）为在巷道顶板岩石中打入木模再设置的临时点；图3-6（c）为用混凝土或水玻璃粘在顶板上的临时点。

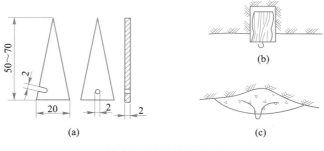

图3-6　临时点构造图

永久导线点应埋设在主要巷道中，一般每隔300~500m埋设一组三个永久点，以便用测角来检查其是否移动。永久点的结构应以坚固耐用和使用方便为原则，用作顶板点标志的点芯铁最好焊上一段钢头，如图3-7（a）所示，设于巷道底板的永久点是将一段直径25mm的钢筋用混凝土埋设于巷道底板（见图3-7（b）），钢筋的顶端磨成半球面，并钻一中心小孔作为测点中心。

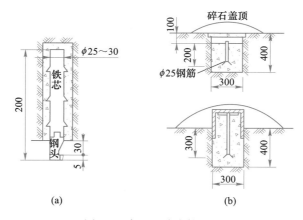

图3-7　永久导线点构造图

所有导线点均应做明显标志并统一编号，用红漆或白漆将点位圈出来，并将编号醒目地涂写在设点处的巷道帮上，以便于寻找。

3.2 井下经纬仪导线的角度测量

3.2.1 井下测角与地面测角的不同点

由于井下的特殊环境条件，而使井下测角与地面测角具有以下不同点。

（1）井下测点多设于巷道顶板上，因此经纬仪要在测点下对中（见图3-8），经纬仪望远镜筒上应当刻有仪器中心，即镜上中心。经纬仪在测点下对中时，要整平仪器，并令望远镜水平，由测点上悬挂下垂球，移动经纬仪使镜上中心对准垂球尖。对中用的垂球尖最好是可伸缩的，以利于微调，如果井下巷道中风大，可将作视标用的垂球加重，放入水桶中稳定，或加挡风布。为利于在顶板测点下对中，最好在望远镜筒上安装点下对中器，或利用专门的点下光学对中器。由于井下导线边较短，风流

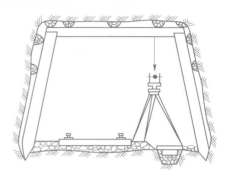

图3-8 经纬仪在顶板测点下对中

较大，所以要十分注意经纬仪及视标对中，以减少其对测角精度的不良影响。

（2）在倾角很大的急倾斜巷道中测角时，望远镜视线有可能被水平度盘挡住，因此，要求望远镜筒要短，最好有目镜棱镜、弯管目镜或偏心望远镜。另外，仪器竖轴倾斜对水平角测量精度的影响随仪器视线倾角的增大而增大，所以在倾角较大的巷道中测角时，要注意严格整平经纬仪。

（3）井下黑暗潮湿，并有瓦斯及煤尘，因此要求仪器有较好的密封性，经纬仪及视标均需照明，最好有防爆照明设备。如果用垂球线作为视标时，可将矿灯置于垂球线的后侧面，并在矿灯上蒙一层白纸或毛面薄膜，使垂球线清晰地呈现在柔和的光亮背景上。

3.2.2 矿用经纬仪的维护

井下各级经纬仪导线水平角观测所采用的仪器和作业要求，见表3-3。

表3-3 井下各级经纬仪导线水平角观测所采用的仪器和作业要求

导线类别	使用仪器	观测方法	按导线边长分（水平边长）					
			15m 以下		15～30m		30m 以上	
			对中次数	测回数	对中次数	测回数	对中次数	测回数
7°导线	DJ2	测回法	3	3	2	2	1	2
15°导线	DJ6	测回法或复测法	2	2	1	2	1	2
30°导线	DJ8	测回法或复测法	1	1	1	1	1	1

注：1. 如不用表中所列的仪器，可根据仪器级别和测角精度要求适当增减测回数。

2. 由一个测回转到下一个测回观测前，应将度盘位置变换 $180''/n$（n 为测回数）。

3. 多次对中时，每次对中测一个测回。若用固定在基座上的光学对中器进行点上对中，每次对中应将基座旋转 $360''/n$。

　　经纬仪是精密贵重的测量仪器，应当对其精心爱护。针对井下特殊的环境条件，在安置仪器和进行观测时，应当注意以下几点：

　　（1）在井下安置仪器之前，应对巷道两帮及顶板进行仔细检查，即"敲帮问顶"，确认无浮石、无冒顶和片帮危险后，再安置仪器。

　　（2）井下黑暗，巷道中过往矿车及行人很多，因此，在安置好经纬仪之后，必须有专人看护，不得离人。

　　（3）由于井下潮湿，有的巷道有淋水，上井后必须擦干仪器，或将仪器置于通风处晾干后再装入仪器箱内。

　　（4）仪器在下井、上井搬运时，要防止剧烈震动，必要时可把仪器抱在怀中，切忌坐着仪器箱乘坐罐笼或人车。

　　（5）冬季地面与井下温度相差较大时，在由地面到达井下观测地点之后，要稍等片刻，待仪器温度与周围巷道内温度接近后再开箱。如有水珠凝结在仪器表面上，切忌用手或毛巾擦拭物镜和目镜，而应当用专门的擦镜头纸轻轻擦去水珠和水雾。

3.2.3　井下测角方法与限差规定

　　井下测角一般用测回法，如图3-9所示，测量角度$\beta = \angle ACB$时，在C点安置经纬仪，整平对中，在后视点A和前视点B悬挂垂球线作为觇标，并用矿灯蒙上白纸照明垂球线。瞄准时，应先用望远镜筒外的准星大致照准视标处的灯光，再调焦对光，并用矿灯照明十字丝和读数窗，才能精确瞄准和读数。

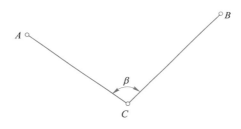

图3-9　测回法

　　用测回法同时测量水平角和竖直角的步骤如下：

　　（1）正镜瞄准后视点A，使水平度盘读数大致对于0°，读取水平度盘读数a_1，并使十字丝的水平中丝照准垂球线上的标志（通常是用大头针或小钉插入垂球线的适当位置作为测量竖直角及丈量视标高的标志），使竖盘指标水准器的气泡居中后，读取竖盘读数L_A；

　　（2）正镜顺时针方向旋转照准部，照准前视点B，读取水平度盘读数b_1和竖盘读数L_B；

　　（3）倒镜后逆时针旋转照准部，照准前视点B，读取水平度盘读数b_2和竖盘读数R_B；

　　（4）倒镜逆时针旋转照准部，照准后视点A，读取水平度盘读数a_2和竖盘读数R_A；

　　（5）最后计算一测回所测水平角为：

$$\beta = \angle ACB = \frac{1}{2}(b_1 - a_1 + b_2 - a_2) \tag{3-1}$$

　　竖直角δ的计算公式随经纬仪竖盘刻画方法的不同而异。若竖盘以全圆顺时针方向注记，且当望远镜水平时竖盘读数为90°（正镜）和270°（倒镜），则竖直角δ的计算公式为：

后视：
前视：
$$\begin{cases} \delta_A = \dfrac{1}{2}(R_A - L_A + 180°) \\ \delta_B = \dfrac{1}{2}(R_B - L_B + 180°) \end{cases} \tag{3-2}$$

在倾角小于 30° 的井巷中，经纬仪导线水平角的观测限差见表 3-4。在倾角大于 30° 的井巷中，各项限差可放宽为 1.5 倍，并且要特别注意整平仪器，因为在视线倾角大时，仪器竖轴和水平轴倾斜对测角精度的影响特别大。

表 3-4　经纬仪导线水平角的观测限差

仪器级别	同一测回中半测回互差	两测回间互差	两次对中测回间互差
DJ$_2$	20″	12″	30″
DJ$_6$	40″	30″	60″

3.3　井下经纬仪导线的边长测量

井下经纬仪导线过去多用钢尺丈量边长，近年来，随着测距仪（全站仪）的出现和普及，许多矿采用光电测距。下面对钢尺量距及光电测距分别加以介绍。

3.3.1　钢尺丈量边长

3.3.1.1　钢尺量边工具（见图 3-10）

井下用钢尺量边时所采用的工具包括有钢尺、拉力计（弹簧秤）和温度计等。钢尺长度宜采用 30m 或 50m 的，最好整尺全长均有毫米刻画。由于巷道内泥泞潮湿，钢尺最好卷在尺架上而不放在尺盒内。钢尺每次用完之后应立即擦净并上油以免生锈。拉力计是为了在精确量边时对钢尺施加一定拉力时用的，温度计则是用来测定量边时钢尺的温度。

图 3-10　钢尺

3.3.1.2　钢尺量边方法

井下多采用悬空丈量边长的方法。具体做法是在前、后视所挂垂球线上用大头针或小钉作出标志，作为测量倾角时经纬仪望远镜十字丝水平中丝瞄准的目标和钢尺量边时的端点。丈量边长时，钢尺一端刻画对准经纬仪的镜上中心或横轴中心，另一端用拉力计施加在钢尺比长时的标准拉力 p_0，并对准垂球线上的大头针处在钢尺上读数，要估读到毫米。每尺段以不同起点读数三次，三次所测得长度互差不得大于 3mm。导线边长必须往、返丈量，丈量结果加入各种改正数之后的水平边长互差不得大于边长的 1/6000。

当边长超过尺长时，须分段丈量。这时要用经纬仪定线，使中间加点 1、2 位于望远镜视线上（见图 3-11），并在 1、2 点的垂线绳与十字丝水平中丝交点处插上大头针，然后分段丈量 A—1、1—2 和 2—B 三段距离。为了便于设置中间加点，有的矿研制了专门的定线杆，如图 3-12（a）所示，由于这种定线杆的长度可以伸缩调节，所以它可以直立于巷道顶底板之间或横置于巷道两帮之间（见图 3-12（b）），使用十分方便。

量边时，要注意不使钢尺碰到架空电线上，以免发生触电事故，同时要注意不使钢尺

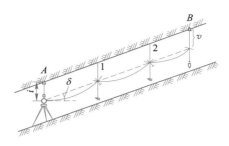

图 3-11　悬空丈量边长

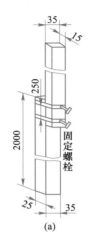

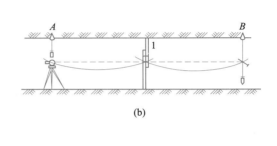

图 3-12　专门的定线杆

打卷或打折而易于被拉断，并时刻小心保护钢尺不被过往行人踩坏或被矿车压断。

3.3.1.3　钢尺量边改正

用钢尺量得的边长，还要视具体情况加入比长、温度、拉力、垂曲及倾斜等项改正。

A　比长改正

它是由钢尺比长检定而求得的。若对钢尺的整尺长作了比长检定，求得其在标准拉力 P_0 和标准温度 t_0 时的真实长度为 L_0，而尺面的名义长度为 L_M（通常 L_M 为 50m 或 30m），则整钢尺长的比长改正数为：

$$\Delta_k = L_0 - L_M$$

若用此钢尺去丈量某一边长 L，则此边长 L 的比长改正数为：

$$\Delta L_k = \frac{\Delta_k}{L_M}L \tag{3-3}$$

B　温度改正

所量边长 L 的温度改正数为：

$$\Delta L_t = L\alpha(t - t_0) \tag{3-4}$$

式中　α——钢的线膨胀系数，即温度变化 1℃ 时，1m 长度钢尺的变化量，$\alpha = 0.0000115\text{m}/(\text{m}\cdot℃)$；

　　　t_0——钢尺比长时的标准温度；

　　　t——丈量边长 L 时的钢尺温度。

C 拉力改正

井下量边时，应以拉力计对钢尺施加在比长时的标准拉力 P_0，所以不必加入拉力改正。若所加拉力 P 不等于 P_0 时，则需加入拉力改正：

$$\Delta L_P = \frac{L}{EF}(P - P_0) \tag{3-5}$$

式中　E——钢尺的弹性系数，$1.96×10^7 N/cm^2$；

　　　F——钢尺的横断面积，以 cm^2 为单位。

D 垂曲改正

钢尺悬空丈量边长时，尺身受自重而下垂呈悬链状而非一直线，使所测得边长大于实际边长，因此要加入垂曲改正，其符号永远为负。垂曲改正的计算公式为：

$$\Delta L_f = \frac{8f^2}{3L_{尺}} \frac{L^3}{L_{尺}^3} = \Delta L_{f_{尺}} \left(\frac{L}{L_{尺}}\right)^3 \tag{3-6}$$

式中　$L_{尺}$——整钢尺长；

　　　L——所量边长；

　　　f——整钢尺长（$L_{尺}$）的松垂距，其理论计算公式为：

$$f = \frac{qL_{尺}^2}{8P} \tag{3-7}$$

式中　q——每米钢尺的重量；

　　　P——拉力。

松垂距 f 也可以通过实测得。如图 3-13 在地面上打下两个大木桩（或安置两个三脚架）A 和 B，其间距略小于钢尺整长。将水准仪安置于 A、B 的一侧，使 A 和 B 两端等高。将钢尺两端分别置于 A 和 B，并施加标准拉力 P_0 将钢尺拉紧，再在 A（或 B）及中间点 C 处立水准尺，用水准仪在水准尺上读数 a 和 c，并用目估读钢尺在 C 点水准尺上的读数 d，则该钢尺的松垂距 f 为：$f=c-a-d$。当丈量倾斜边长时，垂曲改正为：

$$\Delta L_f' = \Delta L_f \cos^2\delta \tag{3-8}$$

式中　ΔL_f——水平时的垂曲改正；

　　　δ——所测边长的倾角。

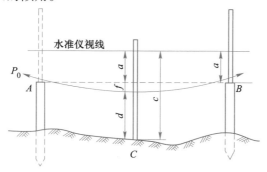

图 3-13　实测钢尺松垂距 f

最后还要指出：当边长大于钢尺长而分段丈量时，应分别计算各分段的垂曲改正，然后将其相加，才是该边的垂曲改正。

E 算例

已知 71-1 号钢尺名义长度为 50m，在 $P_0 = 98N$、$t_0 = 20℃$ 时的比长改正数 $\Delta_k =$ +0.006 94m，整尺长的垂曲改正数为 $\Delta L_{f_{R}} = -0.014\ 18m$（钢尺的单位长度重量 $q =$ 0.024 75kg/m），求在 $t = 15℃$，$P = P_0 = 98N$，$L = 40.153m$ 时的三项改正数及改正后长度。

解：

比长改正数

$$\Delta L_k = +\frac{0.006\ 94}{50} \times 40.153m = +0.005\ 6m$$

温度改正数

$$\Delta L_t = 0.000\ 011\ 5 \times 40.153m \times (15 - 20) = -0.002\ 3m$$

垂曲改正数

$$\Delta L_f = -0.014\ 18m \times \left(\frac{40.153}{50}\right)^3 = 0.007\ 3m$$

加入三项改正后的边长为：

$$40.153 + 0.005\ 6 - 0.002\ 3 - 0.007\ 3 = 40.149m$$

由上例可以看出，用公式计算三项改正比较麻烦，在实际工作中，可以用计算机编程序计算，也可事先编制好"三项改正数表"来查表求算。

F 倾斜边长化算为水平边长

如果所量边长是倾斜边长 L，则在加入上述三项改正数之后，还应将其化算成平距 l（见图 3-14），以便于计算平面坐标。所采用的计算公式为：

$$l = L\cos\delta \qquad (3-9)$$

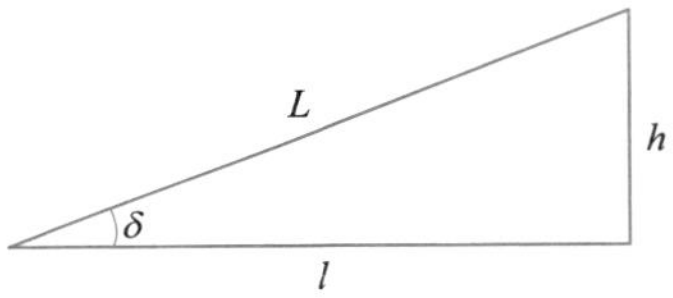

式中 δ——所测倾斜边长的倾角。

图 3-14 倾斜边长化算为水平变长

如果已知倾斜边长 L 的两端点之间的高差 h，则平距 l 为：

$$l = \sqrt{L^2 - h^2} \qquad (3-10)$$

G 其他改正

除了上述 5 项边长改正和化算之外，在重要贯通测量工作中，还应当考虑导线边长归化到投影水准面的改正 ΔL_M 和投影到高斯-克吕格平面的改正 ΔL_G。下面列出此两项改正的计算公式。

a 将导线边长归化到投影水准面的改正（见图 3-15）

矿区高程应尽可能采用 1985 年国家高程基准，所以导线边长也应投影到这个水准面上。当无条件时，方可采用假定高程系统，并将导线边长投影到该假定高程的起算水准面上。

井下导线边长化算为平距 l 后，再归化到投影水准面的改正为：

$$\Delta L_M = \frac{-H_m}{R}l \qquad (3-11)$$

式中 H_m ——导线边两端点的高程平均值，以 km 为单位；

    R ——地球的平均曲率半径，可取 $R = 6\ 371km$。

b 将导线边长投影到高斯-克吕格投影面的改正

$$\Delta L_G = \frac{y_m^2}{2R^2}l \qquad (3\text{-}12)$$

式中 y_m ——导线两端点的平均 y 坐标值，以 km 为单位；

    R ——地球的平均曲率半径，可取 $R = 6\ 371km$。

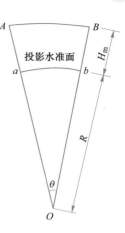

图 3-15 将导线边长归化到投影水准面的改正

例：设导线边的水平长度为 $l = 60m$，导线边两端点的平均高程 $H_m = +465m$，平均横坐标 $y_m = 150km$，则：

$$\Delta L_M = \frac{-0.465}{6\ 371} \times 60 = -0.004\ 4m$$

$$\Delta L_G = \frac{150^2}{2 \times 6\ 371^2} \times 60 = +0.016\ 6m$$

加入两项改正后的边长为：

$$60m - 0.004\ 4m + 0.016\ 6m = 60.012\ 2m$$

3.3.2 用光电测距仪测井下导线边长

自 1948 年瑞典 AGA 公司研制成第一台光电测距仪并将其用于大地控制测量之后，随着电子计算机技术和集成电路的发展，目前光电测距仪已成为光学、电子学、激光技术、计算机技术和精密仪器制造等多种高新技术的综合体现。我国在 20 世纪 50 年代就开始研制光电测距仪，1974 年由武汉地震大队等单位研制成功了 JCY-2 型中长程精密激光测距仪，1975 年北京测绘仪器厂研制了 HGC-1（后改为 DCH-2）型短程红外测距仪。煤炭科学研究总院唐山分院和山东济宁激光研究所等单位研制的防爆型 RED mini 2 型红外测距仪已在许多矿山得到应用。

3.3.2.1 井下光电测距的精度要求

（1）在测距的同时，应测定气象元素，测定气压读至 100Pa，气温读至 1℃。

（2）每条边的测回数不得少于两个（一测回是指照准棱镜一次，读数四次）。采用单向观测或往返观测（或不同时间观测）时，其限差为：一测回内 4 个读数之间校差不大于 10mm；单程测回间校差不大于 15mm；往返（或不同时间）观测同一边长时，换算为水平距离（经气象和倾斜改正）后的互差，不得大于边长的 1/6000。

3.3.2.2 在井下使用光电测距仪的注意事项

（1）仪器严禁淋水和拆卸。在井下用完后，应当仔细将仪器擦干净，置于通风良好处保存。

（2）该仪器的电源为镍镉蓄电池组，采用安全火花型防爆措施。在井下使用时，应当严格遵守安全规程的有关规定。要建立电源（电池）使用卡片，定期充电，切忌过充或过放电。充电应在地面上进行；在 10~40℃ 的环境条件下，连续充电 15h 可将电充足。即使没有使用，在充电一个月后应再次充电。在将电池与仪器相连接或由仪器上卸下电源线时，必须先关掉电源键（POWER）。

（3）测距时，应避免在测线两侧及镜站后方有反射物体。当巷道内水汽过大或充满矿尘、炮烟时，不宜进行测距。

（4）目前市场上销售的气压计最大读数约为 800mmHg（106 658Pa），当井下巷道高程低于−500m 时，气压超过 106 658Pa，就会读不出气压计读数。所以应当购买特制的适用于井下的大量程气压计。另外，由于井下是一个半封闭的人工气象环境，有风扇、风门等风流调节装置，所以不能像地面上那样由气压来计算高程，也不能由高程计算气压，必须用气压计实测气压，用以对测距结果进行气象改正。

（5）无线电对讲机在井下巷道中使用效果很差，当待测边较长时，要用事先规定好的灯语，用矿灯进行测站与镜站之间的联系。即使边长较短可以用对讲机联系，也必须在测距读数时关闭对讲机，以免无线电信号干扰测距。

3.3.2.3   光电测距仪的检测

新购置或经过修理后的光电测距仪及其主要附件，应进行下列项目检测：

（1）经纬仪视准轴和测距头光轴之间平行性的检验与校正；

（2）照准误差的测定；

（3）幅相误差的测定；

（4）周期误差的测定；

（5）加常数、乘常数的测定；

（6）棱镜常数的测定；

（7）测程的检测；

（8）内部符合精度的检测；

（9）精测尺频率值的测定；

（10）电源电压对测距影响的检测；

（11）气压计和温度计的检验与校正；

（12）光学对中器的检验与校正。

对于日常使用的光电测距仪，应当经常定期检查其加常数 C。一般常用的方法为"六段法"，但比较复杂。下面介绍一种较为简单的方法。

（1）在一平坦的场地上，设置 A 和 B 两点，其距离 $\overline{AB}$ 大约为 100m，如图 3-16（a）所示；

（2）在 AB 连线的大致中点处设置 K 点；

（3）在 A 点安置测距仪，测量距离 $\overline{AB}$；

（4）在 K 点安置测距仪，测量距离 $\overline{AK}$ 和 $\overline{KB}$，如图 3-16（b）所示；

（5）计算加常数 $C = \overline{AB} - (\overline{AK} + \overline{KB})$；

（6）按上述步骤的（3）和（4）反复操作 2~3 次，求出加常数 C 的准确值，并将其调整为零，具体调整方法见仪器说明书。

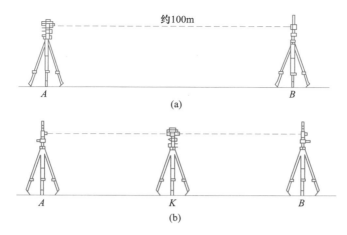

图 3-16　加常数 C 的简易测定

3.4　井下经纬仪导线测量外业工作步骤

井下经纬仪导线测量的外业，与地面导线基本相同，但由于井下环境的特殊性，也使井下导线测量外业具有一些特点，如导线不是一次全面布设，而是随巷道掘进而不断延长，每次延长之前都要对上次测设的最后一个导线角度进行检查；井下导线点多设于顶板，仪器要在点下对中；井下黑暗，仪器及觇标均需照明；井下巷道狭窄，运输繁忙，观测条件不利等。下面针对井下特点对导线测量的外业工作步骤加以说明。

3.4.1　选点和埋点

选择导线点的位置时，应当全面综合考虑以下几个方面：

（1）相邻导线点之间通视良好，并应尽可能使点间距离大些。在巷道的连接处和交叉口处，应当埋设导线点。

（2）为了避免运输干扰，应尽量将点设在远离运输轨道的一侧。

（3）导线点应当选在巷道稳定、安全、便于安置仪器进行观测的地方，避开淋水、片帮落石和其他不安全因素。

选点工作通常由 3 人完成，在保证相邻点通视的条件下，同时选出后视、中间测站和前视 3 个点，并将后视点及中间点固定，而前视点需待 3 人继续往前选点时再最后确定。

导线点的构造与埋设方法可参阅图 3-6 及图 3-7。永久点至少应当在观测前一昼夜埋设好，待混凝土将点芯铁固牢后再开始观测。选点和埋点完成后，要绘制永久点位置的详细草图和点标记，附于永久导线点坐标成果表（台账）上，或另行装订成专册。

3.4.2　测角和量边

井下测角与量边方法，在前面 3.2 节及 3.3 节已分别介绍过，下面重点介绍工作组织与实施。

3.4.2.1　工作组织

井下光电测距导线测角及量距一般需要 4 人，其中 1 人主测，1 人记录，另 2 人立棱镜和照明前后视觇标。钢尺经纬仪导线如果测角和量边同时完成，则需 4~6 人组成导线测量小组。在下井之前明确分工，一到井下工作地点便各司其职，迅速而有条不紊地开展工作。

当用钢尺量边时，记录员要帮助主测安置经纬仪，后测手和前测手分别在后视点和前视点挂垂球线，丈量觇标高，并照明垂球线供主测瞄准。一待测角完毕并符合精度要求（见表 3-3 及表 3-4）后，便用钢尺丈量测站至后视点（返测）边长和测站至前视点（往测）边长。全部测角、量边结束并检查无误，所有觇标高、仪器高和巷道上、下、左、右（碎部）均测记完毕后，再搬到下一个测站继续观测。

3.4.2.2　"三联架"法导线测量

如果采用经纬仪和测距仪（全站仪）进行测角量边，则导线测量工作要简单迅速得多。目前先进的全站仪均有配套的棱镜、觇标和"三联架"基座设备（见图 3-17），即仪器头和棱镜觇标可以共用相同的基座与三脚架。这样，每个三脚架连同基座可只整平对中一次，随后在搬站时，只需移动仪器头和棱镜觇标，而不必移动三脚架和基座。有了"三联架"设备，可以简化工作组织，提高工作效率，并减少对中误差对测角和量边的影响。视不同情况，导线测量可以用"三架法""四架法"及"省点法"等多种方法来完成。

图 3-17　与全站仪配套的棱镜和觇标系统

A　三架法（见图 3-18（a））

欲从已知导线点 4 和 8 开始施测导线 A—B—1—2—3—…，首先在 B 点安置全站仪整平对中，在后视点 A 和前视点 1 安置觇标整平对中。测完 B 站后，B 点及 1 点的三脚架和基座保持不动，将 B 点的仪器头移到 1 点，直接插入原已安置好的三脚架基座中，将 A 点的棱镜觇标直接插入 B 点的三脚架基座中，而将 A 点的三脚架和基座移到 2 点整平对中，并将 1 点的棱镜觇标插入 2 点已整平对中的基座中，即可开始第二站（即 1 点）的观测。由此可见，每观测完一站，只需在新的前视点上将三脚架和基座整平对中一次，从而提高了工作效率。

B　四架法

由图 3-18（a）可以看出，当测完 B 站后，需将原后视 A 点的三脚架和基座移到新的前视点 2 去整平对中，不但距离远，而且有时前视点 2 不易马上找到，从而影响工作效率。为此，可以再配备第四个三脚架和基座，当仪器在 B 点观测时，第四个三脚架和基座已提前在 2 号点整平对中，因此在测完 B 站后，马上可将仪器头移到新的测站点 1 开始观测。当然，由于有了第四个三脚架和基座，所需人员也相应增加。这种方法最适合于突击性导线测量，例如利用节假日井筒及设备大修时，巷道内较为空闲的时机，组织较多人力进行基本控制导线或贯通导线测量。

C 省点法

如图 3-18（b）所示，当井下测量复测支导线，或对于已经测过的导线进行检查测量时，往往只需要由原已知起始点 4、8 开始，测到另一端的最终边 C，而不一定非要在中间点 1、2、3、…上整平对中。这样，就可以类似于水准测量那样，只在开始时在 B 点和 A 点分别安置仪器和棱镜觇标整平对中，而前视点可以任选在适当的位置 1′即可，1′点既不需要保留，也无须对中，只需整平。同样，2′、3′、…等中间点也可临时选择，只整平而不需对中。直到最后到达终点 C 和 D 时，才需对中和整平，从而大大提高了工作效率。

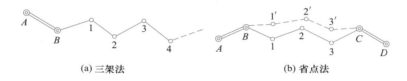

(a) 三架法   (b) 省点法

图 3-18 三架法和省点法导线测量

3.4.2.3 碎部测量

碎部测量的目的在于测得井巷的细部轮廓形状，作为填绘矿图的依据。为此，在进行井下导线测量的同时，完成测角量边之后，还应进行碎部测量，丈量仪器中心到巷道顶板、底板和两帮的距离（俗称为量上、量下、量左和量右）。此外，还要测量巷道、硐室或工作面的轮廓，通常是用"支距法"。如图 3-19 所示，在丈量完导线边长之后，将钢尺拉紧，然后用皮尺或小钢尺丈量巷道两帮特征点到钢尺（即导线边）的垂直距离（横距）b 和垂足到仪器站点的距离（纵距）a。

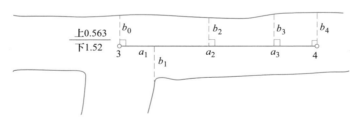

图 3-19 巷道碎部测量

3.4.2.4 导线的延长及检查

井下导线都是随巷道的掘进而分段测设，逐段向前延长的，而不可能一次全面布网。井下基本控制导线一般每 300~500m 延长一次，而采区控制导线则每 30~100m 延长一次。为了在每次导线延长时，检查验证其所依据的已知起始点的可靠性，避免因原有点位移动或用错了测点而引起事故，在接测之前应对上次所测的最后一个水平角及最后一条边长按原观测的相应精度进行检查。此次观测与上次观测的水平角之差 Δd 不应超过由下式所计算出的容许值：

$$\Delta d_{容} \leqslant 2\sqrt{2}\,m_\beta \tag{3-13}$$

式中 m_β——相应等级的导线测角中误差。

井下 7″、15″和 30″导线的 $\Delta d_{容}$ 分别为 ±20″、±40″和 ±80″。

重新丈量上次最后一条边长与原丈量结果之差不得超过相应等级导线边长往返丈量之差的容许值（基本控制导线为边长的 1/6000，采区控制导线为边长的 1/2000）。

如果检查结果不符合上述要求，则应继续向后检查，直到符合要求后方可将它作为起始数据，继续向前延长导线。

当巷道掘进工作面接近各种采矿安全边界（水、火、瓦斯、老采空区、井田边界及重要采矿技术边界）时，除应延长经纬仪导线至掘进掌子头外，还必须以书面手续报告矿（井）技术负责人，并书面通知安全检查和施工区、队等有关部门。

井下经纬仪导线测量的内业工作与地面导线相同，可参见第 2 章相关内容。

3.5   井下水准测量

3.5.1   井下水准测量外业

外业主要是测出各相邻测点间的高差。施测时水准仪置于二尺点之间，使前、后视距离大致相等，这样可以消除由于水准管轴与视准轴不平行所产生的误差。由于井下黑暗，观测时要用矿灯照明水准尺，读取前、后视读数。读数前应使水准管气泡居中，读数后应注意检查气泡位置，如气泡偏离，则应调整，重新读数。视线长度一般以 15~40m 为宜。要求每站用两次仪器高观测，两次仪器高之差应大于 10cm，高差的互差不应大于 5mm。上述限差在施测时应认真检核，如不符合，即应重测。最后取两次仪器高测得的高差平均值作为一次测量结果。当水准点设在巷道顶板上时，要倒立水准尺，以尺底零端顶住测点，记录者要在记录簿上注明测点位于顶板上。

井下水准路线可为支线、附合路线或闭合路线。井下每组水准点间高差应采用往返测量的方法确定，往返测量高差的较差不应大于 $\pm 50\sqrt{R}$ mm（R 为水准点间的路线长度，以km 为单位）。如条件允许，可布设成水准环线。闭、附合水准路线可用两次仪器高进行单程测量，其闭合差不应大于 $\pm 50\sqrt{L}$ mm（L 为闭、附合路线长，以 km 为单位）。

当一段水准路线施测完后，应及时在现场检查外业手簿。检查内容包括：表头的注记是否齐全；两次仪器高测得的高差的互差是否超限；高差的计算是否正确；顶、底板的水准点是否注明等。

3.5.2   水准测量内业

水准测量内业主要是计算出各测点间的高差，经平差后，再根据起算点的高程，求出各测点的高程。

由于井下巷道中的高程点有的设在顶板上，有的设在底板上，因此可能出现图 3-20 所示的四种情况。但不论哪种情况，在计算两点间的高差时，仍与地面水准测量一样，是

用后视读数 a 减去前视读数 b，即：

$$h = a - b \tag{3-14}$$

当测点在顶板上时，只要在顶板测点的水准尺读数前冠以负号，仍可按式（3-14）计算高差。

当求得的各点间的高差及各项限差都符合规定后，再将高程闭合差进行平差，并计算各测点的高程。

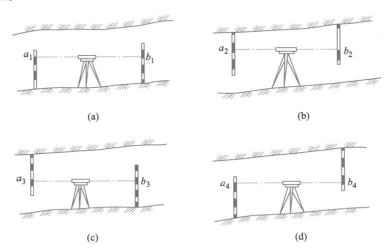

图 3-20　井下水准测量的四种情况

3.6　井下三角高程测量

　　井下三角高程测量一般是与经纬仪导线测量同时进行的。施测方法如图 3-21 所示。安置经纬仪于 A 点，对中整平。在 B 点悬挂垂球。用望远镜瞄准垂球线上的标志 b 点，测出倾角，用钢尺丈量仪器中心到 b 点的距离 l'，量取仪器高 i 及视标高 v。

　　由图 3-21 可以看出，B 对 A 点的高差可按下式计算：

$$h = l'\sin\delta + i - v \tag{3-15}$$

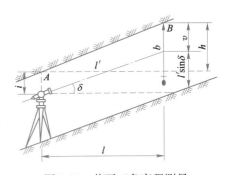

图 3-21　井下三角高程测量

式中　l'——实测斜长，基本控制导线应是经三项改正后的斜长；

　　　δ——垂直角，仰角为正，俯角为负；

　　　i——仪器高，由测点量至仪器中心的高度，测点在底板时为正值，顶板时为负值；

　　　v——觇标高，由测点量至照准目标点的高度，测点在底板时为正值，在顶板时为负值。

　　当井下经纬仪导线为光电测距导线时，在 A 点安置仪器，在 B 点安置反射棱镜，并对中整平。用测距仪测出仪器至反射棱镜中心斜距 l'_0，经气象、加常数等项改正后，得改正

后斜距 l'。A、B 两点间的高差可按下式计算：

$$h = l'\sin\delta + \frac{l'^2}{2R}\cos\delta(\cos\delta - k) + i - v \tag{3-16}$$

式中　　k——折光系数；

　　　　R——测线处地球曲率半径。

　　仪器高和觇标高应在观测开始前和结束后各量一次（以减少垂球线荷重后的渐变影响），两次丈量的互差不得大于 4mm，取其平均值作为丈量结果。丈量仪器高时，可使望远镜竖直，量出测点至镜上中心的距离。

　　三角高程测量要往返进行。相邻两点往返测量的高差互差不应大于（10+0.3l）mm（l 为导线水平边长，m）；三角高程导线的高程闭合差不应大于 $\pm 100\sqrt{L}$ mm（L 为导线长度，km）。当高差的互差符合要求后，应取往返测高差的平均值作为一次测量结果。

　　闭合和附合高程路线的闭合差，可按边长成正比分配。复测支线终点的高程，应取两次测量的平均值。高差经改正后，可根据起始点的高程推算各导线点的高程。

3.7　井下高程导线的平差

　　井下高程测量和井下导线测量一样，也有闭合的、附合的及支导线等几种类型。单个闭合或附合的水准路线只有一个条件方程式，所以当等精度观测时，可将高程闭合差反号平均分配到各站高差上。复测水准支线的平差，是取两次测得高差的平均值作为最终结果。井下水准网可用等权代替法或多边形法平差。

　　当井下高程线路中，既有水准高程，又有三角高程时，因为不是等精度观测，所以需考虑不同的权。各环节的权为：

$$p = \frac{\mu^2}{m_h^2} \qquad m_h^2 = m_{h\text{水}}^2 + m_{h\text{经}}^2 \tag{3-17}$$

式中　　　　μ——单位权中误差，可采用任一常数；

　　$m_{h\text{水}}$，$m_{h\text{经}}$——分别为环节中水准测量和三角高程测量所测得的高差中误差，可按高程测量的等级确定。

　　当用多边形平差时，各环节的测站数应用其权倒数 $1/p$ 代替。权的计算方法同上。

　　求得每一环节的总改正数 δ_h 后，即可计算该环节中水准测量或三角高程测量所测得的高差改正数：

$$v_{h\text{水}} = -\frac{\delta_h}{p_\text{水}}p \qquad v_{h\text{经}} = -\frac{\delta_h}{p_\text{经}}p \tag{3-18}$$

式中，$p_\text{水} = \dfrac{u^2}{m_{h\text{水}}^2}$；$p_\text{经} = \dfrac{u^2}{m_{h\text{经}}^2}$；$p = \dfrac{u^2}{m_{h\text{水}}^2 + m_{h\text{经}}^2}$。

———— 本 章 小 结 ————

　　与一般的地表环境相比，矿山井下环境具有光线不足、巷道狭窄、动态掘进等特殊性。对应地，井下控制测量与地面控制测量相比也有一定的特殊性。首先，要认真体会井下基本控制导线的主要技术指标，在边长较短的情况下如何保证导线精度需要重点关注；在学习导线测量外业工作步骤时，要特别注意井下环境对选点埋点和测角量边的约束，将作业环境与高质量外业操作有机结合起来。

习　题

1. 简述井下平面控制测量的等级与布设要求。
2. 简述井下测量水平角的误差来源。
3. 简述贯通误差预计的目的和作用。
4. 简述减少投点误差的措施。
5. 详述陀螺经纬仪定向的作业过程。
6. 试论述一井定向、两井定向及陀螺经纬仪定向各自的优缺点及使用条件。
7. 在对一条 $L = 50\text{m}$ 的钢尺进行检定时，比长结果的容许相对中误差 $M_{L_{容}}/L = 1/100\ 000$，测得松垂距 $f = 0.45\text{m}$，假定钢尺比长时的误差由温度、拉力、松垂距测定误差及读数误差共同构成且认为其影响相等，试求比长时测定温度和松垂距的容许误差各为多少？（已知钢的线膨胀系数 $\alpha = 0.000\ 012\text{m}/(\text{m} \cdot \text{℃})$）
8. 下图所示为一总长 $L = 2\ 000\text{m}$ 的直线巷道，今若从已知边 AB 开始沿该巷道布设一条 $15''$ 导线，假设导线平均边长 $l = 50\text{m}$，用钢尺量边，量边偶然误差影响系数 $a = 0.000\ 5$，系统误差影响系数 $b = 0.000\ 05$，试求该导线终点在中线方向和垂直于中线方向上的误差各为多少？若在导线终点加测一条陀螺定向边，该导线终点在中线方向和垂直于中线方向上的误差又为多少？

4 矿井联系测量

本章课件

本章提要

　　井下采矿巷道与地表地物之间、矿井与矿井之间需要采用同一坐标系统，才能保证井下掘进方向的合理性、安全性和有效性，从而保障生产安全和经济效益。矿井联系测量的目的是将矿区地面平面坐标系统和高程系统传递到井下，实现井下与地表、矿井与矿井之间坐标的统一。本章介绍了矿井定向的种类与要求、联系测量各种基准点的测设、立井几何定向、陀螺经纬仪定向和导入高程等内容，可实现矿井的平面联系测量与高程联系测量。

4.1　矿井联系测量的目的与任务

　　将矿区地面平面坐标系统和高程系统传递到井下的测量，称为联系测量。将地面平面坐标系统传递到井下的测量称为平面联系测量，简称定向。将地面高程系统传递到井下的测量称为高程联系测量，简称导入高程。矿井联系测量的目的就是使地面和井下测量控制网采用同一坐标系统。其必要性在于：

　　（1）需要确定地面建筑物、铁路和河湖等与井下采矿巷道之间的相对位置关系。这种关系一般是用井上下对照图来反映的。众所周知，由于地下开采而引起的岩层移动，往往波及地面而使建筑物遭受破坏，甚至造成重大事故。如果采矿工作是在河湖等水体下进行，当地面出现的裂缝与井下的裂隙相通时，河水就有可能经裂缝流入井下而使整个矿井淹没。因此，我们必须时刻掌握采矿工作是在什么地区的下方进行着，以便采取预防措施。

　　（2）需要确定相邻矿井的各巷道间及巷道与老塘（采空区）间的相互关系，正确地划定两相邻矿井间的隔离矿柱。不然，就有可能发生大量涌水及瓦斯涌出，迫使采矿工作停顿，甚至造成重大安全事故。

　　（3）为解决很多重大工程问题，例如井筒的贯通或相邻矿井间各种巷道的贯通，以及由地面向井下指定的地点开凿小井或打钻孔等都需要井上下采用同一坐标系统。

　　联系测量的任务在于：

　　（1）确定井下经纬仪导线起算边的坐标方位角；

　　（2）确定井下经纬仪导线起算点的平面坐标 x 和 y；

　　（3）确定井下水准基点的高程 H。

　　前面两项任务是通过矿井定向来完成的；第三个任务是通过导入高程来完成的。这样就获得了井下平面与高程测量的起算数据。

4.2 矿井定向的种类与要求

矿井定向概括说来可分为两大类：一类是从几何原理出发的几何定向；另一类则是以物理特性为基础的物理定向。

几何定向分为：

（1）通过平硐或斜井的几何定向；

（2）通过一个立井的几何定向（一井定向）；

（3）通过两个立井的几何定向（两井定向）。

物理定向可分为：

（1）用精密磁性仪器定向；

（2）用投向仪定向；

（3）用陀螺经纬仪定向。

通过平硐或斜井的几何定向，只需通过斜井或平硐敷设经纬仪导线，对地面和井下进行连接即可。用精密磁性仪器和投向仪定向，因其定向精度与操作使用的方便程度等都远远不如陀螺经纬仪定向，所以这里不再详细讨论。联系测量的主要精度要求见表4-1。

表4-1 联系测量的主要限差

联系测量类别	容许误差		备 注
几何定向	由近井点推算的两次独立定向结果的互差	一井定向：<2′ 两井定向：<1′	井田一翼长度小于300m的小矿井，可适当放宽限差，但应小于10′
陀螺经纬仪定向	同一边任意两测回测量陀螺方位角的互差	±15″级：<40″ ±25″级：<70″	陀螺经纬仪精度级别是按实际达到的一测回测量陀螺方位角的中误差确定的
	井下同一定向边两次独立陀螺经纬仪定向的互差	±15″级：<40″ ±25″级：<60″	

几何定向的限差是根据目前各矿的实际定向精度制订的。根据一些局矿的统计资料，求得两次独立定向平均值的中误差和两次独立定向值的允许互差 Δa 列于表4-2。

表4-2 实际定向精度与规程限差对比

定向方法	两次独立定向的个数	M_{a_0}	Δa		备 注
			估计值	规定值（煤矿测量规程）	
一井定向	78	25″	1′40″	2′	$\Delta a = 4M_{a_0}$
两井定向	85	13″	52″	1′	

陀螺经纬仪精度级别是按实际达到的一测回测量陀螺方位角的中误差确定的，分为±15″和±25″两级，并依此规定陀螺经纬仪定向的各项限差。"一次陀螺经纬仪定向"是指按照陀螺经纬仪一次定向程序所求得的井下定向边的坐标方位角的全过程。独立进行两次陀螺经纬仪定向测量的目的是：增加陀螺经纬仪定向的可靠性；提高井下定向边的陀螺定向精度，以便在井下导线中加测陀螺定向边而构成方向附合导线时，陀螺定向边的精度相对导线测角精度而言，能起到控制作用。

4.3　地面近井点、井口水准基点及井下定向基点的测设

为了把地面坐标系统中的平面坐标及方向传递到井下去，在定向之前，必须在地面井口附近设立作为定向时与垂球线连接的点，叫作"连接点"。由于井口建筑物很多，因而连接点不能直接与矿区地面控制点通视，以求得其坐标及连接方向。为此，还必须在定向井筒附近设立一"近井点"。为传递高程，还应设置井口水准基点（一般近井点也可作为水准基点）。对近井点及水准基点的有关要求，将在下面分别进行讨论。

4.3.1　近井点和井口水准基点选点、埋石和造标的基本要求

近井点和井口水准基点是矿山测量的基准点。在建立近井点和井口水准基点时，应满足下列要求：

（1）尽可能埋设在便于观测、保存和不受开采影响的地点。当近井点必须设置于井口附近工业厂房顶上时，应保证观测时不受机械振动的影响和便于向井口敷设导线。

（2）每个井口附近应设置一个近井点和两个水准基点。

（3）近井点至井口的连测导线边数应不超过三个。

（4）多井口矿井的近井点应统一合理布置，尽可能使相邻井口的近井点构成三角网中的一个边，或力求间隔的边数最少。

（5）近井点和井口水准基点标石的埋设深度，在无冻土地区应不小于 0.6m，在冻土地区盘石顶面与冻结线之间的高度应不小于 0.3m。标石的式样及埋设如图 4-1 所示。图 4-1（a）为建筑物顶面上的测点；图 4-1（b）和（c）为在非冻土地区的浇注式测点和预制混凝土测点；图 4-1（d）~（f）为在冻土地区的钢管混凝土测点、预制混凝土测点和钻孔浇注式测点。

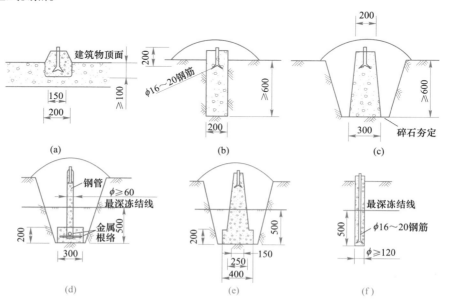

图 4-1　近井点和井口水准基点标石式样与埋设

（6）为使近井点和井口水准基点免受损坏，在点的周围宜设置保护桩和栅栏或刺网。在标石上方宜堆放高度不小于 0.5m 的碎石。

（7）在近井点及与近井点直接构成三角网边的点上，宜用角钢或废钻杆等材料建造永久视标。

4.3.2 近井点及井口水准基点测量的精度要求

4.3.2.1 近井点测量的精度要求

近井点可在矿区三等、四等三角网、测边网或边角网的基础上，用插网、插点和敷设经纬仪导线（钢尺量距或光电测距）等方法测设。近井点的精度，对于测设它的起算点来说，其点位中误差不得超过 ±7cm，后视边方位角中误差不得超过 ±10″。

近井网的布设方案可参照矿区平面控制网的布设规格和精度要求来测设。具体要求见表 4-3~表 4-6。

表 4-3 近井三角网的布设与精度要求

等 级	一般边长 /km	测角中误差 /(″)	起算边边长 相对中误差	最弱边边长 相对中误差
三等网	5~9	±1.8	1/200 000（首级） 1/150 000（加密）	1/80 000
四等网	2~5	±2.5	1/150 000（首级） 1/80 000（加密）	1/40 000
一级小三角网	1	±5.0	1/40 000	1/20 000
二级小三角网	0.5	±10	1/20 000	1/10 000

表 4-4 近井测边网的布设与精度要求

等 级	一般边长/km	测距相对中误差
二等网	5~9	1/150 000
四等网	2~5	1/100 000
一级小测边网（相当于一级小三角网）	1	1/50 000
二级小测边网（相当于二级小三角网）	0.5	1/25 000

表 4-5 近井光电测距导线的布设与精度要求

等 级	附（闭）合导线 长度/km	一般边长 /km	测距相对中 误差	测角中误差 /(″)	导线全长 相对闭合差
三等导线	15	2~5	1/100 000	±1.8	1/60 000
四等导线	10	1~2	1/100 000	±2.5	1/40 000
一级导线	5	0.5	1/30 000	±5	1/20 000
二级导线	3	0.25	1/20 000	±10	1/10 000

表 4-6 近井钢尺量距导线的布设与精度要求

等 级	附（闭）合导线 长度/km	平均边长/m	往返丈量互差的 相对误差	测角中误差/(″)	导线全长 相对闭合差
一级导线	2.5	250	1/20 000	±5	1/10 000
二级导线	1.8	180	1/15 000	±10	1/7 000

关于测设近井点的具体施测方法和精度要求见表 4-7~表 4-11。

表 4-7　三角测量水平观测的技术要求

等　级	测角中误差 /(")	三角形最大 闭合差/(")	方向观测测回数		
			DJ$_1$	DJ$_2$	DJ$_6$
三等网	±1.8	±7	9	12	—
四等网	±2.5	±9	6	9	—
一级小三角网	±5	±15	—	3	6
二级小三角网	±10	±30	—	2	3

表 4-8　导线测量水平角观测的技术要求

等级	测角中误差 /(")	测　回　数			方位角最大 闭合差/(")
		DJ$_1$	DJ$_2$	DJ$_6$	
三等导线	±1.8	8	12	—	±3.6$\sqrt{n}$
四等导线	±2.5	6	8	—	±5$\sqrt{n}$
一级导线	±5	—	4	6	±10$\sqrt{n}$
二级导线	±10	—	2	4	±20$\sqrt{n}$

注：n 为测站数。

表 4-9　水平角的观测限差

仪器级别	光学测微器两次 重合读数差/(")	半测回归零差/(")	一测回内 2c 互差/(")	同一方向值各测回 互差/(")
DJ$_1$	1	6	9	6
DJ$_2$	3	8	13	9
DJ$_6$	—	18	—	24

表 4-10　光电测距的技术要求

等级	采用仪器 等级	往返次数	时间段	总测回数	一测回最大 互差/mm	单程测回间 最大互差/mm	往返测或不同 时间段互差/mm
三等导线	I	1	2	6	5	7	±$\sqrt{2}(A+BD)$
	II			8	10	15	
四等导线	I	1	2	4~6	5	7	
	II			4~8	10	15	
一级导线	II	1		2	10	15	
	III			4	20	30	
二级导线	II	1		2	10	15	
	III			2	20	30	

注：1. 测距中误差（mm）不大于 5 为 I 级，6~10 为 1 级，11~20 为 II 级；

2. 测回的含义是照准目标一次，读数四次；

3. 时间段是指不同的观测时间，如上午、下午或不同日期测同一条边；

4. 往返测量时，必须将斜距换算到同一水平面上方可进行比较；

5. ±($A+BD$) 为测距仪的标称精度，其中，A 为固定误差（mm），B 为比例误差（mm/km），D 为测距边长 度（km）。

表 4-11　钢尺量距的技术要求

等级	丈量方法	定线最大偏差/mm	尺段高差互差/mm	往返测量次数	读数次数	读数互差/mm	温度读至/℃	往返丈量的相对互差
一级	悬空	50	5	1	3	2	0.5	1/20000
二级	悬空	70	10	2	3	3	0.5	1/15000

4.3.2.2　井口高程基点的精度要求

井口水准基点的高程精度应满足两相邻井口间进行主要巷道贯通的要求。由于两井口间进行主要巷道贯通时，在高程上的允许偏差 $m_{z允} = \pm0.2m$，则其中误差 $m_z = \pm0.1m$，一般要求两井口水准基点相对的高程中误差引起贯通点 K 在 x 轴方向的偏差中误差应不超过 $\pm m_z/3 = \pm0.03m$。所以井口水准基点的高程测量，应按四等水准测量的精度要求测设。在丘陵和山区难以布设水准路线时，可用三角高程测量方法测定，但应使高程中误差不超过 $\pm3cm$，对于不涉及两井间贯通问题的高程基点的高程精度不受此限。

测量高程基点的水准路线，可布设成附（闭）合路线、高程网或水准支线。除水准支线必须往返观测或用单程双转点法观测外，其余均可只进行单程测量。用三角高程测量时应采用精度不低于 J_2 级的经纬仪测量垂直角，用测距精度为 1 级的光电测距仪测量边长。

高程测量的技术要求、测站观测限差等见表 4-12～表 4-14。

表 4-12　水准网的主要技术要求

等级	每公里高差中数中误差/mm	环线或闭合路线长度/km	仪器级别	水准标尺	观测次数 与已知点联测	观测次数 附合或环线	往返互差，环线或附合路线闭合差/mm 平地	往返互差，环线或附合路线闭合差/mm 山地
三等	±6	50	S_1	因瓦	往返各一次	往一次	$\pm12\sqrt{L}$	$\pm4\sqrt{n}$
			S_3	木质双面	往返各一次	往返各一次		
四等	±10	15	S_3	木质双面	往返各一次	往一次	$\pm20\sqrt{L}$	$\pm6\sqrt{n}$
等外	±20	5	S_{10}	木质双面或单面	往返各一次	往一次	$\pm40\sqrt{L}$	$\pm12\sqrt{n}$

注：1. 计算两水准点往返测互差时，L 为水准点间路线长度（km）；计算环线或附合路线闭合差时，L 为环线或附合路线总长度（km）。

2. n 为测站数。

3. 水准支线长度不应大于相应等级附合路线长度的 1/4。

表 4-13　水准测量观测的技术要求

等级	仪器级别	视线长度/m	前后视距差/m	前后视距累差/m	视线高地面最低高度/m	基本分划、辅助分划黑红面读数差/mm	基本分划、辅助分划黑红面高差之差/mm
三等	S_1	100	3	6	0.3	1.0	1.5
	S_3	75				2.0	3.0
四等	S_3	100	5	10	0.2	3.0	5.0
等外	S_{10}	100	10	50	0.1	4.0	6.0

表 4-14　三角高程测量的技术要求

经由路线	仪器级别	测回数		倾斜角互差/(")	指标差互差/(")	对向观测高差较差/mm	附合或环线闭合线/mm
		中丝法	三丝法				
二、三、四等点	DJ$_1$	4	2	10	15	±100S	±50 $\sqrt{[S^2]}$
	DJ$_2$						
一二级小三角，一二级小测边和一二级导线点	DJ$_2$	2	1	15	15		
	DJ$_6$	4	2	25	25		

注：S 为边长，以 km 为单位，计算对向观测高差互差时，应考虑地球曲率和折光差的影响。

4.3.3　利用全球导航卫星系统（GNSS）测设近井点

全球导航卫星系统（Global Navigation Satellite Systen，GNSS）是随着现代科学技术的飞速发展而建立起来的新一代精密卫星导航定位技术。由于具有定位精度高、观测时间短、观测站间无需通视、能提供全球统一的三维地心坐标等特点，GNSS 被广泛应用于大地测量、工程测量、地籍测量、航空摄影测量等领域。GNSS 主要包括美国的 GPS、俄罗斯的 GLONASS、欧洲的 Galileo 和中国的北斗系统（BDS）。2020 年 7 月 31 日，北斗三号全球卫星导航系统正式开通。由于美国的 GPS 系统建成较早，因此以 GPS 为例介绍 GNSS 在矿山近井点测设中的应用。

GPS 系统由卫星星座、地面监控系统和用户接收机三部分组成。

卫星星座由 21 颗工作卫星和 3 颗备用卫星组成，分布在 6 个等间隔的轨道面上。GPS 卫星上安装有高精度的原子钟、微型计算机和信号发射装置。发射的无线电载波上调制有两种导航信号和电文信号。根据导航信号码率的不同，分为粗码（C/A 码）和精码（P 码）两种。电文信号的内容包括卫星星历表、各种改正数和卫星的工作状态等。借助电文信号，接收机可以选择图形最佳的一组卫星进行观测，以取得较好的定位成果。

地面监控系统由主控制站、监测站和注入站组成。监测站负责对每颗卫星进行连续跟踪、观测，并将测得的数据经预处理后传输给主控制站。主控制站计算卫星的星历、钟差改正数，然后将结果传送给注入站。注入站将指令注入给相应的卫星，以建立一个高精度的 GPS 系统。

接收机由主机和天线组成。接收机接收 GPS 卫星信号，经过电子计算机处理后可得到需要的定位数据。

目前全球定位系统使用的是新的地心地固坐标系——1984 世界大地坐标系（WGS-84）。GPS 用户接收机直接得到的坐标值是以 WGS-84 坐标系统为基准的，当需要将 GPS 测量结果与经典大地测量坐标建立联系和比较时，必须进行坐标的转换。

时间是全球定位系统的基本观测量之一。GPS 采用一个独立的时间系统作为导航定位计算的依据，这个时间系统称为 GPS 时间系统，简称 GPST。它以原子频率标准作为时间系统的基准。GPS 主控站的原子钟定期调整，使之与协调世界时（UTC）同步，并且规定它的起点在 1980 年 1 月 6 日 UTC 的 0 时。

利用 GPS 卫星定位测量测设近井点时，近井点应埋设在视野开阔处，点周围视场内不应有地面倾角大于 10°的成片障碍物，以免阻挡来自卫星的信号。同时，应避开高压输电线、变电站等设施，其最近不得小于 200m，距强辐射电台、电视台、微波站等不得小于 400m；还应避开对电磁波接收有强烈吸收和反射影响的金属和其他障碍物及大范围的水面等。测量可采用静态定位法。静态定位能够通过大量的重复观测来提高定位精度。GPS 测量必须按 2009 年我国发布的《全球定位系统（GPS）测量规范》进行。在《规范》中将 GPS 网点划分为 A、B、C、D、E 五个等级。其中 D 级和 E 级多为建筑施工等控制测量所用，近井点测设可采用上述等级，有关技术标准见表 4-15。

表 4-15　GPS 测量的技术标准

等　级	相邻点基线分量中误差/mm		相邻点间平均距离/km
	水平分量/mm	垂直分量/mm	
B	5	10	50
C	10	20	20
D	20	40	5
E	20	40	3

GPS 外业观测包括：制订观测实施方案，天线的设置及量高；接收机的预热和开机；观测过程中的操作和记录；气象数据的观测记录；关机和迁站。

关于接收机的具体操作步骤和方法，随接收机的类型和作业模式不同而异。观测时可按随机的操作手册执行。一般来说，观测人员应注意以下事项：

（1）严格遵守作业调度命令，按规定时间同步观测同一组卫星。接收机的预热与静置应提前进行。

（2）经检查电源电缆和天线等各项连接无误，方可接通电源，启动接收机。

（3）接收机启动前与作业过程中，应随时逐项填写测量手簿中的记录项目。

（4）接收机开始记录数据后，观测员可使用专用功能键和选择菜单，查看测站信息、接收卫星数、卫星号、各通道信噪比、相位测量残差、实时定位结果及其变化和存储介质记录情况等。

（5）观测过程中，接收机不得关闭并重新启动，不准改变卫星高度角限值，不准改变天线高度。

（6）每一观测时段中，气象资料一般应在时段始末及中间各观测记录一次。当时段超过 60min 时，应适当增加观测次数。

（7）每时段观测前后应各量取天线高一次，两次量高之差应不大于 3mm，取平均值作为最后天线高。

（8）偏心观测时应测定归心元素。

（9）观测中防止接收设备振动，防止人员和其他物体碰动天线或阻挡卫星信号。

（10）经认真检查，所有规定作业项目均已完成，并符合要求，记录与资料完整无误，且将点位和视标恢复原状后，方可迁站。

GPS 测量除能够给出经纬度外，若同时观测 4 颗卫星，还能给出"近井点"测站的高程（WGS-84 为基准的椭球面高程）。

GPS 测量数据处理的基本内容为：观测值的粗加工；预处理；基线向量解算以及 GPS 基线向量网与地面网数据的综合处理等。其工作流程如图 4-2 所示。

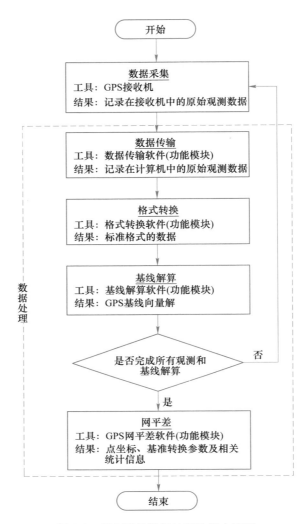

图 4-2　GPS 测量数据处理的基本流程

4.3.4　地面连测导线的测量

地面由近井点至井口（定向连接点）的连测导线，边数应不超过 3 个。导线点（不包括连接点）应埋设标石，并尽可能与三角点连测方向，以备检查近井点和导线点是否发生移动，或当近井点遭到破坏时可用连测导线点测量定向连接点的坐标。

地面连测时，应敷设测角中误差不超过 5″ 或 10″ 的闭合导线或复测支导线，10″（二级）导线只能用于以 10″（二级）小三角网作为首级控制的小矿区。地面连测导线应尽量采用光电测距导线，目前不少矿井的近井点都设在煤仓或办公大楼等高建筑物的顶面上，由近井点至第一个连接导线点的边长丈量如采用钢尺量边就非常困难，而采用光电测距就可大大地提高连测导线的速度。连测导线测角量边的方法及精度要求见表 4-5 ~表 4-11。

4.4 立井几何定向

在立井中悬挂钢丝垂线由地面向井下传递平面坐标和方向的测量工作称为立井几何定向。几何定向分一井定向和两井定向。

立井几何定向概要地说，就是在井筒内悬挂钢丝垂线，钢丝的一端固定在地面，另一端系有定向专用的垂球自由悬挂于定向水平，一般称作垂球线。再按地面坐标系统求出垂球线的平面坐标及其连线的方位角；在定向水平上把垂球线与井下永久导线点连接起来，这样便能将地面的方向和坐标传递到井下，而达到定向的目的。因此，可把立井几何定向工作分为两个部分：由地面向定向水平投点（简称投点）；在地面和定向水平上与垂球线连接（简称连接）。

4.4.1 一井定向方法

一井定向方法有连接三角形法、四边形法和适用于小型矿井的瞄直法等。这里仅介绍常用的连接三角形法。

4.4.1.1 投点

采用连接三角形进行一井定向时，要在井筒内挂两根垂球线。投点时，一般都采用垂球线单重投点法，即在投点过程中，垂球的重量不变。单重投点可分为两类：单重稳定投点和单重摆动投点。前一种方法是将垂球放在水桶内，使其基本上处于静止状态；在定向水平上测角量边时均与静止的垂球线进行连接。后一种方法则恰恰相反，而是让垂球自由摆动，用专门的设备观测垂球线的摆动，而求出它的静止位置并加以固定；在定向水平上连接时，则按固定的垂球线位置进行。

稳定投点法，只有当垂球线摆幅很小时才能应用。否则，必须采用摆动投点。

由地面向定向水平上投点时，由于井筒内气流、滴水等影响，致使垂球线在地面上的位置投到定向水平后会发生偏离，一般称这种线量偏差为投点误差。由这种误差而引起的垂球线连线的方向误差，叫作"投向误差"。图 4-3 中 A 和 B 为两垂球线在地面上的位置，而 A' 和 B' 为两垂球线在定向水平上偏离后的位置。图 4-3（a）中表示两垂球线沿其连线方向偏离，则这种投点误差对 AB 方向来说没有影响。

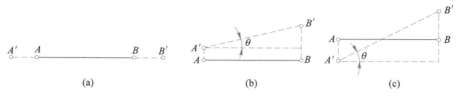

图 4-3 投点误差与投向误差

图 4-3（b）则为两垂球偏向于连线的同一侧，且在连线的垂直方向上，使 AB 方向的投射产生了一个误差角 θ。则：

$$\tan\theta = \frac{BB' - AA'}{AB} \tag{4-1}$$

如果两垂球向其连线两边偏离，且在垂直于连线方向上（见图 4-3（c）），则其投向误差 θ 可用下式求得：

$$\tan\theta = \frac{AA' + BB'}{AB} \tag{4-2}$$

设 $AA' = BB' = e$，$AB = c$，且由于 θ 很小，则上式可简化为：

$$\theta'' = \frac{2e}{c}\rho'' \tag{4-3}$$

显然，上述三种投向误差都是特殊的情况，而且以第三种情况所引起的投向误差为最大，由投点而引起的方向误差，这里仅写出其求算公式：

$$\theta'' = \frac{e}{c}\rho'' \tag{4-4}$$

由此可知，要减少投向误差，必须加大两垂球线间的距离 c 和减小投点误差的值。但由于井筒直径的限制，而使 c 值增大受限，因此只有采取精确投点的方法。投点要精确到什么程度，可从下面的计算看出。

设 $e = 1mm$，$c = 3m$，则：

$$\theta'' = \pm\frac{1}{3000} \times 206265 = \pm 68.8''$$

两次独立定向之差不大于 $\pm 2'$，则一次定向的允许误差为 $\pm\frac{2'}{\sqrt{2}}$，其中误差为：

$$m_a = \pm\frac{2'}{2\sqrt{2}} = \pm 42''$$

若除去并上下连接而产生的误差，则投向误差约为 $30''$，设 c 在 2m、3m、4m 的情况下，则投点误差相应为：

$$e = \frac{\theta'' c}{\rho''} = 0.3mm；\ 0.45mm；\ 0.6mm$$

因此，在投点时必须采取许多有效的措施和给予极大的注意，才能达到上述精度要求。

减少投点误差的主要措施为：

（1）尽量增加两垂球线间的距离，并选择合理的垂球线位置。例如使两垂球线连线方向尽量与气流方向一致。这样尽管沿气流方向的垂球线偏斜可能较大，但是最危险的方向，即垂直于两垂球线连线方向上的偏斜却不大，因而可以减少投向误差。

（2）尽量减少马头门处气流对垂球线的影响。定向时最好停止风机运转或增设风门，以减少风速。

（3）采用小直径、高强度的钢丝，适当加大垂球重量，并将垂球浸入稳定液中。

（4）减少滴水对垂球线及垂球的影响，在淋水大的井筒，必须采取挡水措施，并在大水桶上加挡水盖。

A 单重稳定投点

单重稳定投点是假定垂球线在井筒内处于铅垂位置而静止不动。当井筒不深、滴水不大、井筒内气流缓慢、垂球线摆动很小、其摆幅一般不超过 0.4mm 时被采用。

进行单重稳定投点所需的设备和安装系统如图 4-4 所示。缠绕钢丝的手摇绞车固定在出车平台上，钢丝通过安装在井架横梁上的导向滑轮 2、自定点板 3 的缺口挂下，定点板固定在一专用的木架 4 上，用以稳住垂线悬挂点的平面位置，使其不受井架振动的影响。在钢丝下端挂上垂球 5，并将它放在盛有稳定液的水桶 6 中。

现将对投点所需主要设备的要求分述如下：

（1）垂球——以对称砝码式的垂球为好，其构造如图 4-5 所示。每个圆盘的重量最好为 10kg 或 20kg。当井深小于 100m 时，采用 30~50kg 的垂球，当井深超过 100m 时，则宜采用 50~100kg 的垂球。

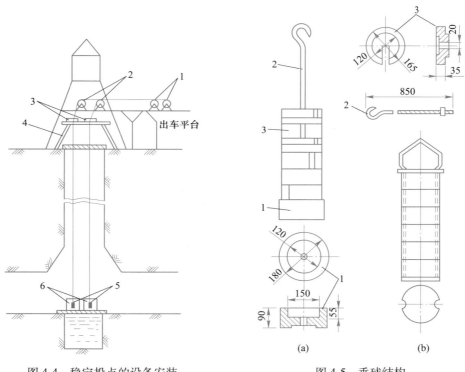

图 4-4　稳定投点的设备安装　　　　　图 4-5　垂球结构

（2）钢丝——应采用直径为 0.5~2mm 的高强度的优质碳素弹簧钢丝。钢丝上悬挂的重锤重量应为钢丝极限强度的 60%~70%。

（3）手摇绞车——绞车各部件的强度应能承受 3 倍投点时的荷重，绞车应设有双闸。我国矿山常用的绞车结构如图 4-6 所示。

（4）导向滑轮——直径不得小于 150mm，轮缘做成锐角形的绳槽以防止钢丝脱落，最好采用滚珠轴承。结构如图 4-7 所示。

（5）定点板——用铁片制成，其形状如图 4-8 所示。定向时也可不用定点板。

（6）小垂球——在提放钢丝时，其形状成圆柱形或普通垂球的形状均可。

（7）大水桶——用以稳定垂球线，一般可采用废汽油桶。水桶上应加盖。

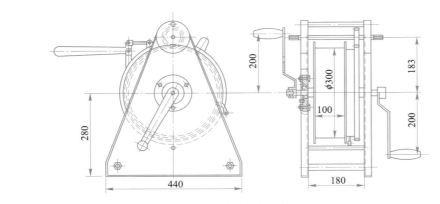

图 4-6　手摇绞车的结构

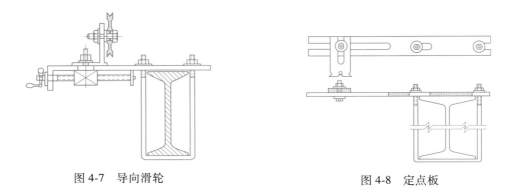

图 4-7　导向滑轮　　　　　　　　　图 4-8　定点板

B　钢丝的下放和自由悬挂的检查

进行测量之前，应该用坚固的木板将井口盖上，以便安全地进行工作。但须在盖板上留有孔隙，让钢丝通过。在下放之前必须通知定向水平的人员离开井筒。钢丝通过滑轮并挂上小垂球后，慢慢放入井筒内。为了检查钢丝是否弯曲和减少钢丝的摆动，钢丝应通过握成拳状的手均匀缓慢下放，每下放 50m 左右，稍停一下，使垂球摆动稳定下来。当收到垂球到达定向水平的信号后，即停止下放并闸住绞车，将钢丝卡入定点板内。在定向水平上，取下小垂球，挂上定向垂球。此时应事先考虑到钢丝因挂上重锤后被拉伸的长度。挂好后，应检查垂球是否与桶底、桶壁接触。

垂球线在井筒中的自由悬挂检查常采用信号圈法和比距法同时进行。信号圈法是在地面上用铁丝做成直径为 2~3cm 的小圈（信号圈）套在钢丝上，然后下放，看是否能到达定向水平。使用此法时应注意信号圈不能太重及钢丝摆动，以免信号圈乘隙通过接触处。比距法就是用比较井上下两垂球线间距离的方法进行检查。若井上下所量得的两垂球线间距离之差不大于 2mm 时，便认为是自由悬挂的。

C　单重摆动投点

单重摆动投点就是观测垂球线的摆动，找出其静止位置并固定起来，然后进行连接。目前我国常采用标尺法和定中盘法。其所需设备及安装方法基本上和前述稳定投点一样，只不过在定向水平增设一对观测垂球线摆动的标尺和具有标尺的定点盘而已。标尺法所用的标尺与带毫米刻画的普通标尺一样。这里仅介绍定点盘的结构。图 4-9 为定点盘的概貌，图 4-10 为定点盘的主要零件图。

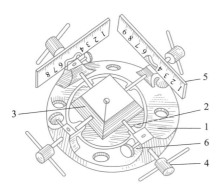

图 4-9 定点盘概貌
1—空底圆盘；2—切口薄片；3—对点块；
4—螺杆；5—标尺；6—螺钉

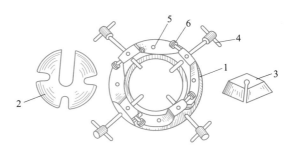

图 4-10 定点盘的主要零件图
1—空底圆盘；2—切口薄片；3—对点块；
4—螺杆；5—标尺；6—螺钉

当钢丝下放到定向水平后，将定点盘固定在专门的工作台上。然后挂上定向垂球，使钢丝大致位于空底圆盘中央，再牢固地固定工作台，并将空底圆盘最后固定在平台上。观测垂球线的摆动，是借助于定点盘上两个互相正交的小标尺和经纬仪来进行的（见图 4-11）。视线的交角 p 允许变动于 $45°\sim135°$ 之间，最理想的为 $90°$。人为地使垂球线在某一角度自由摆动，用两台经纬仪 T_1、T_2 分别按标尺 M、N 观测钢丝摆动的左右最大位置的读数，连续读取 13 个以上的奇数读数，取其左右读数的平均值，作为钢丝铅垂状态的位置读数。同法进行两次观测，当较差不大于 1mm 时，取其平均值作为最终值。然后根据最终结果按标尺 M、N 用经纬仪 T_1、T_2 来固定钢丝位置。当用定点盘时，可将切口薄片放入空底圆盘上，将钢丝卡放在切口薄片上的对点块内，利用螺杆移动对点块，把钢丝对准在两架仪器的视线上并固紧。用同法观测另一个垂球线的摆动，并将其固定。

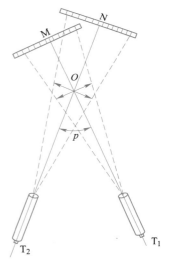

图 4-11 用两架经纬仪
观测重线球的摆动

4.4.1.2 连接

连接三角形法的示意图如图 4-12 所示。由于不能在垂球线 A、B 点安设仪器，因此选定井上下的连接点 C 与 C′，从而在井上下形成了以 AB 为公用边的 △ABC 和 △ABC′，一般把这样的三角形称为连接三角形。从井上下连接三角形的平面投影（见图 4-12（b））可看出，当已知 D 点的坐标及 DE 边的方位角和地面三角形各内角及边长时，便可按导线测量计算法，算出 A、B 在地面坐标系统中的坐标及其连线的方位角。同样，已知 A、B 的坐标及其连线的方位角和井下三角形各要素时，再测定连接角 δ'，就能计算出井下导线起始边 $D'E'$ 的方位角及 D′ 点的坐标。

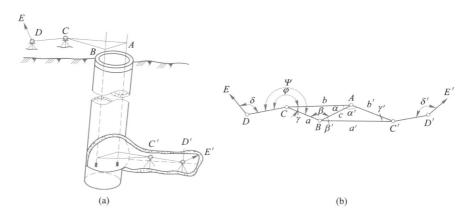

图 4-12 三角形示意图

在选择井上下连接点 C 和 C' 时，应满足下列要求：

（1）点 C 与 D 及点 C' 与 D' 应彼此通视，且 CD 和 $C'D'$ 的长度应尽量大于 20m。当 CD 边小于 20m 时，在 C 点进行水平角观测，其仪器必须对中三次，每次对中应将照准部（或基座）位置变换 120°。

（2）点 C 与 C' 应尽可能地设在 AB 延长线上，使三角形的锐角 γ 应小于 2°，这样便构成最有利的延伸三角形。

（3）点 C 和 C' 应适当地靠近最近的垂球线（图 4-12（b）中，地面为 B，井下为 A），使 a/c 及 b'/c 的值应尽量小一些。

A   外业

（1）在连接点 C 上用测回法测量角度 γ 和 φ。当 CD 边小于 20m 时，在 C 点的水平角观测，仪器应对中三次，每次对中应将照准部（或基座）位置变换 120°。具体的施测方法和限差见表 4-16。

表 4-16   施测方法及限差

仪器级别	水平角观测方法	测回数	测角中误差	限 差		
				半测回归零差	各测回互差	重新对中测回间互差
DJ$_2$	全圆方向观测法	3	6″	12″	12″	60″
DJ$_6$	全圆方向观测法	6	6″	30″	30″	72″

（2）丈量连接三角形的三个边长 a（a'）、b（b'）及 c（c'）。量边应用检验过的钢尺并施加比长时的拉力，记录测量时的温度。在垂线稳定情况下，应用钢尺的不同起点丈量 6 次。读数估读到 0.5mm。同一边各次观测值的互差不得大于 2mm，取平均值作为丈量的结果。

在垂球摆动情况下，应将钢尺沿所量三角形的各边方向固定，然后用摆动观测的方法（至少连续读取六个读数），确定钢丝在钢尺上的稳定位置，以求得边长。每次均须用上述方法丈量两次，互差不得大于 3mm，取其平均值作为丈量结果。

井上、下量得两垂球线间距离的互差，一般应不超过 2mm。

如果连接点不是事先埋好而是临时选定的，那么还应该在点 D 和点 D' 处测量角度 δ 和 δ'，并且丈量 CD 与 $C'D'$。关于测角量边的方法及要求，地面与由近井点到连接点的导线测量相同，井下则按井下基本控制导线测量要求进行。

　　B　内业

在进行内业计算前，应对全部记录进行检查。内业计算分为两部分：解算连接三角形各未知要素及其检核；按一般导线方法计算各边的方位角与各点坐标。

　　a　三角形的解算

对于延伸三角形，垂球处的角度 α、β 按正弦公式计算：

$$\begin{cases} \sin\alpha = \dfrac{a}{c}\sin\gamma \\[2mm] \sin\beta = \dfrac{b}{c}\sin\gamma \end{cases} \tag{4-5}$$

当 $\alpha < 2°$ 及 $\beta > 178°$ 时，可用下列简化公式计算：

$$\alpha'' = \frac{a}{c}\gamma''(\beta'') = \frac{b}{c}\gamma''$$

$$\beta = 180° - \beta'' \tag{4-6}$$

在计算井下连接三角形时，应用井下定向水平丈量的和计算的两垂球线间距离平差值进行计算。

　　b　测量和计算正确性的检核

（1）连接三角形三内角和 $a+\beta+\gamma$ 应等于 $180°$。一般均能闭合，若尚有微小的残差时，则可将其平均分配于 α 及 β 中。

（2）两垂球线间距离的检查。设 $c_\text{丈}$ 为两垂线间距离的实际丈量值，$c_\text{计}$ 为其计算值，则：

$$d = c_\text{丈} - c_\text{计} \tag{4-7}$$

式中，$c_\text{计}$ 可按余弦公式计算：

$$c_\text{计}^2 = a^2 + b^2 - 2ab\cos\gamma \tag{4-8}$$

当井上连接三角形中 d 不超过 2mm、井下连接三角形中 d 不超过 4mm 且符合《煤矿测量规程》要求时，可在丈量的边长 a、b 及 c 中分别加入下列改正数：

$$v_a = -\frac{d}{3},\ v_b = +\frac{d}{3},\ v_c = -\frac{d}{3} \tag{4-9}$$

以消除其差值。

　　4.4.1.3　一井定向的工作组织

一井定向因工作环节多，测量精度要求高，同时又要缩短占用井筒的时间，所以须有很好的工作组织，才能圆满地完成定向工作。

一井定向的工作组织可分为：

（1）准备工作：

1）选择连接方案，做出技术设计；

2）定向设备及用具的准备；

3）检查定向设备及检验仪器；

4）预先安装某些投点设备和将所需用具设备等送至定向井口和井下；

5）确定井上下的负责人，统一负责指挥和联络工作。

（2）制订地面的工作内容及顺序。

（3）制订定向水平上的工作内容及顺序。

（4）定向时的安全措施。在进行联系测量时，应特别注意安全，否则极易产生意外事故。为此，必须采取下列措施：

1）在定向过程中，应劝阻一切非定向工作人员在井筒附近停留。

2）提升容器应牢固停妥。

3）井盖必须结实可靠地盖好。

4）对定向钢丝必须事先仔细检查，放提钢丝时，应事先通知井下，只有当井下人员撤出井筒后才能开始。

5）垂球未到井底或地面时，井下人员均不得进入井筒。

6）下放钢丝时应严格遵守均匀慢放等规定，切忌时快时慢和猛停，因为这样最易使钢丝折断。

7）应向参加定向工作的全体人员反复进行安全教育，以提高警惕。在地面工作的人员不得将任何东西掉入井内，在井盖工作的人员均应佩戴安全带。

8）定向时，地面井口自始至终不能离人，应有专人负责井上下联系。

（5）定向后的技术总结。定向工作完成后，应认真总结经验，并写出技术总结，同技术设计书一起长期保存。

定向后的技术总结，首先应对技术设计书的执行情况做简要说明，指出在执行中遇到的问题、更改的部分及原因。其次编入下列内容：

1）定向测量的实际时间安排，实际参加定向的人员及分工；

2）地面连测导线的计算成果及精度；

3）定向的内业计算及精度评定；

4）定向测量的综合评述和结论。

4.4.2　两井定向方法

当矿区有两个立井，且两井之间在定向水平上有巷道相通并能进行测量时，就要采用两井定向。两井定向就是在两井筒中各挂一根垂球线（见图4-13），此两垂球线在井上、井下连线的坐标方位角保持不变，如通过地面测量确定此两垂球线的坐标，并计算其连线的坐标方位角后，再在井下巷道中，用经纬仪导线对两垂球线进行连测，取一假定坐标系来确定井下两垂球线连线的假定

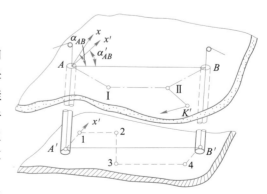

图4-13　两井定向示意图

方位角，然后将其与地面上确定的坐标方位角相比较，其差值便是井下假定坐标系和地面坐标系的方位差，这样便可确定井下导线在地面坐标系中的坐标方位角。

两井定向时，由于两垂球线间距离大大增加，因而由投点误差引起的投向误差也大大减小。

4.4.2.1　两井定向的外业

（1）投点。在两个立井中各悬挂一根垂球线 A 和 B。投点设备和方法与一井定向时相同，一般采用单重稳定投点。

（2）地面连接测量。从近井点 K 分别向两垂球线 A、B 测设连接导线 K—Ⅱ—Ⅰ—A 及 K—Ⅱ—B，以确定 A、B 的坐标和 AB 的坐标方位角。连接导线敷设时，应使其具有最短的长度并尽可能沿两垂球线连线的方向延伸，因为此时两边误差对连线的方向不产生影响。导线可采用一级或二级导线。

（3）井下连接测量。在井下定向水平，测设经纬仪导线 A'—1—2—3—4—B'，导线可采用 7″ 或 15″ 基本控制导线。

4.4.2.2　两井定向的内业计算

A　根据地面连接测量的结果，计算两垂球连线的方位角及长度

按一般计算方法，算出两垂球线的坐标 x_A、y_A、x_B、y_B，根据算出的坐标，计算 AB 的方位角及长度：

$$\alpha_{AB} = \arctan \frac{y_B - y_A}{x_B - x_A}$$

$$c = \frac{y_B - y_A}{\sin\alpha_{AB}} = \frac{x_B - x_A}{\cos\alpha_{AB}} = \sqrt{(\Delta x_A^B)^2 + (\Delta y_A^B)^2} \tag{4-10}$$

B　根据假定坐标系统计算

井下连接导线假设 A 为坐标原点，$A1$ 边为 x' 轴方向，即 x'_A，$y'_A = 0$，$\alpha'_{A1} = 0°00'00''$。

$$\alpha'_{AB} = \arctan\left(\frac{y'_B}{x'_B}\right)$$

$$c' = \frac{y'_B}{\sin\alpha'_{AB}} = \frac{x'_B}{\cos\alpha'_{AB}} = \sqrt{(x'_B)^2 + (y'_B)^2} \tag{4-11}$$

C　测量和计算的检验

用比较井上与井下算得的两垂线间距离 c 与 c' 进行检查。由于两垂球的向地心性，差值 Δc 为：

$$\Delta c = c - \left(c' + \frac{H}{R}c\right) \tag{4-12}$$

式中　H——井筒深度；

　　　R——地球的曲率半径。

Δc 应不超过井上、下连接测量中误差的两倍：

$$\Delta c \leq 2\sqrt{\frac{1}{R^2}\sum m_{\beta_1}^2 R_{x_1}^2 + \sum m_{l_1}^2 \cos^2\varphi_i} \tag{4-13}$$

式中　m_{β_1}——井上、下连接导线的测角中误差；

　　　R_{x_1}——井上、下连接导线各点（不包括近井点到结点）到 AB 连线的垂直距离；

　　　m_{l_1}——井上、下连接导线各边（不包括近井点到结点）的量边误差；

　　　φ_i——井上、下各导线边与 AB 连线的夹角。

D 按地面坐标系统计算井下导线各边的方位角及各点的坐标

$$\alpha_{A1} = \alpha_{AB} - \alpha'_{AB} = \Delta\alpha \tag{4-14}$$

其他边的坐标方位角为:

$$\alpha_i = \Delta\alpha + \alpha'_i$$

式中 α'_i——该边在假定坐标系中的假定方位角。

根据起算数据 x_A、y_A、α_{A1} 与井下导线的测量数据重新计算井下连接导线点的坐标。将地面与井下求得的 B 点坐标相比较,如果其相对闭合差符合井下所采用连接导线的精度时,可将坐标增量闭合差按井下连接导线边长成比例反号加以分配,因地面连接导线精度较高,可不加改正。

E 两井定向应独立进行两次,其互差不得超过 1′

取两次独立定向计算结果的平均值作为两井定向井下连接导线的最终值。

4.5 陀螺经纬仪定向

4.5.1 陀螺经纬仪定向的作业过程

运用陀螺经纬仪进行矿井定向的常用方法主要有逆转点法和中天法。它们之间的主要区别是在测定陀螺北方向时,逆转点法的仪器照准部处于跟踪状态,而中天法的仪器照准部是固定不动的。这里以逆转点法为例来说明测定井下未知边方位角的全过程。

4.5.1.1 在地面已知边上测定仪器常数

由于陀螺仪轴衰减微弱的摆动系数保持不变,故其摆动的平均位置可以认为是假想的陀螺仪轴的稳定位置(见图 4-14)。实际上,因为陀螺仪轴与望远镜光轴及观测目镜分划板零线所代表的光轴通常不在同一竖直面中,所以假想的陀螺仪轴的稳定位置通常不与地理子午线重合。二者的夹角称为仪器常数,一般用 Δ 表示。如果陀螺仪子午线位于地理子午线的东边,Δ 为正;反之,则为负。

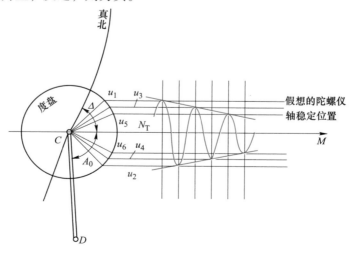

图 4-14   陀螺仪轴逆转点时的度盘读数

仪器常数Δ可以在已知方位角的精密导线边或三角网边上直接测出来。图4-15中精密导线边 CD 之地理方位角为 A_0。若在 C 点安置陀螺经纬仪，通过陀螺运转和观测可求出 CD 边的陀螺方位角 α_T（测定陀螺方位角的具体方法将在下面叙述），可按下式求出仪器常数：

$$\Delta = A_0 - \alpha_T \tag{4-15}$$

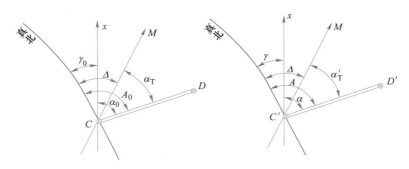

图4-15　陀螺仪定向示意图

所以，测定仪器常数实际上是测定已知边的陀螺方位角。在下井定向之前，在已知边上测定仪器常数应进行 2~3 次，各次之间的互差对于 GAK-1、JT$_{15}$ 等型号的仪器应小于 40″。每次测量后，要停止陀螺运转 10~15min，经纬仪度盘应变换 $180°/(2~3)$。

4.5.1.2　在井下定向边上测定陀螺方位角

井下定向边的长度应大于 50m，在图4-15 中，仪器安置在 C' 点上，可测出 $C'D'$ 边的陀螺方位角 α'_T。则定向边的地理方位角 A 为：

$$A = \alpha'_T + \Delta \tag{4-16}$$

测定定向边陀螺方位角应独立进行两次，其互差对 GAK-1、JT$_{15}$ 型仪器应小于 40″。

4.5.1.3　仪器上井后重新测定仪器常数

仪器上井后，应在已知边上重新测定仪器常数 2~3 次。前后两次测定的仪器常数，其中任意两个仪器常数的互差对 GAK-1、JT$_{15}$ 型仪器应小于 40″。然后求出仪器常数的最或是值，并按白塞尔公式 $m = \pm\sqrt{\dfrac{[vv]}{n-1}}$ 来评定一次测定中误差。式中，n 为测定仪器常数的次数。

4.5.1.4　求算子午线收敛角

一般地面精密导线边或三角网边已知的是坐标方位角 α_0，而井下定向边需要求算的也是坐标方位角 α，而不是地理方位角 A，因此还需要求算子午线收敛角 γ。

如图4-15 所示，地理方位角和坐标方位角的关系为：

$$A_0 = \alpha_0 + \gamma_0 \tag{4-17}$$

子午线收敛角 γ_0 的符号可由安置仪器点的位置来确定，即在中央子午线以东为正，以西为负；其值可根据安置仪器点的高斯平面坐标求得。

子午线收敛角 γ 按下式计算：

$$\gamma = Ky \tag{4-18}$$

式中　γ——以分为单位；

y——点的横坐标，km；

K——系数，以纵坐标 x（以 km 计）为引数由表 4-17 查取。

例：

已知 $x=4435$km，$y=143$km。求 γ。

由表中查得：

$$K=0.4475+0.0144\times0.35=0.4525$$

故 $\gamma=0.4525\times143=64.71'=1°04'43''$。

表 4-17 子午线收敛角系数 K 表

$x/$km	K	Δ	$x/$km	K	Δ	$x/$km	K	Δ	$x/$km	K	Δ
100	0.0085		1600	0.1390		3100	0.2865		4600	0.4768	
		85			91			110			153
200	0.0170		1700	0.1481		3200	0.2975		4700	0.4921	
		85			92			111			157
300	0.0255		1800	0.1573		3300	0.3086		4800	0.5078	
		86			93			114			162
400	0.0341		1900	0.1666		3400	0.3200		4900	0.5240	
		85			93			116			167
500	0.0426		2000	0.1759		3500	0.3316		5000	0.5407	
		86			95			118			172
600	0.0512		2100	0.1854		3600	0.3434		5100	0.5579	
		86			95			120			178
700	0.0598		2200	0.1949		3700	0.3554		5200	0.5757	
		86			97			123			184
800	0.0684		2300	0.2046		3800	0.3677		5300	0.5941	
		87			97			125			190
900	0.0771		2400	0.2143		3900	0.3802		5400	0.6131	
		87			99			129			197
1000	0.0858		2500	0.2242		4000	0.3931		5500	0.6328	
		87			100			131			205
1100	0.0945		2600	0.2342		4100	0.4062		5600	0.6533	
		88			102			134			212
1200	0.1033		2700	0.2444		4200	0.4196		5700	0.6745	
		88			103			138			222
1300	0.1121		2800	0.2547		4300	0.4334		5800	0.6967	
		89			104			141			230
1400	0.1210		2900	0.2651		4400	0.4475		5900	0.7197	
		90			107			144			240
1500	0.1300		3000	0.2753		4500	0.4619		6000	0.7437	
		90			107			149			248

4.5.1.5 求算井下定向边的坐标方位角

由图 4-15 及式（4-15）、式（4-17）可得：

$$\Delta = A_0 - \alpha_T = \alpha_0 + \gamma_0 - \alpha_T \tag{4-19}$$

井下定向边的坐标方位角则为：

$$\alpha = A - \gamma = \alpha'_T + \Delta_{\text{平}} - \gamma \tag{4-20}$$

式中，$\Delta_{\text{平}}$ 为仪器常数的平均值。

若将式（4-19）的仪器常数 Δ 值代入上式，则可写出：

$$\alpha = \alpha_0 - (\alpha_T - \alpha'_T) + \delta_\gamma \tag{4-21}$$

其中 $\delta_\gamma = \gamma_0 - \gamma$ 表示地面和井下安置陀螺仪地点的子午线收敛角的差数，可按下式求得：

$$\delta_\gamma = \mu(y_0 - y) \tag{4-22}$$

式中　δ_γ——单位为 s；

　　　μ——等于 32.23tanφ（当地面和井下定向点的距离不超过 5～10km，纬度小于 60° 时采用）；

　　　φ——当地的纬度；

　　　y_0，y——地面和井下定向点的横坐标，km。

4.5.2　陀螺仪悬带零位观测

悬带零位是指陀螺马达不转时，陀螺灵敏部受悬挂带和导流丝扭力作用而引起扭摆的平衡位置，就是扭力矩为零的位置。这个位置应在目镜分划板的零刻画线上。在陀螺仪观测工作开始之前和结束后，要做悬带零位观测，相应称为测前零位和测后零位观测。

测定悬带零位时，先将经纬仪整平并固定照准部，下放陀螺灵敏部从读数目镜中观测灵敏部的摆动，在分划板上连续读三个逆转点读数，估读到 0.1 格（当陀螺仪较长时间未运转时，测定零位之前，应将马达开动几分钟，然后切断电源，待马达停止转动后再下放灵敏部）。观测过程如图 4-16 所示。

按下式计算零位：

$$L = \frac{1}{2}\left(\frac{a_1 + a_3}{2} + a_2\right) \tag{4-23}$$

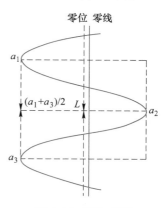

图 4-16　零位观测

式中　a_1，a_2，a_3——逆转点读数，以格计。

同时还需用秒表测定周期，即光标像穿过分划板零刻画线的瞬间启动秒表，待光标像摆动一周又穿过零刻画线的瞬间制动秒表，其读数称为自由摆动周期 T_3。零位观测完毕，锁紧灵敏部。如测前与测后悬挂零位变化在 ±0.5 格以内，且自摆周期不变，则不必进行零位校正和加入改正。

如零位变化超过 ±0.5 格就要进行校正。因为这时用"零"线来跟踪灵敏部时悬挂带上的扭矩不完全等于零，会使灵敏部的摆动中心发生偏移。如陀螺定向时井上、下所测得的零位变化超过 0.3 格时，应加入改正数。零位改正值的计算公式为：

$$\Delta \alpha = \lambda \Delta \alpha \qquad (4\text{-}24)$$

式中　λ——零位改正系数，$\lambda = \dfrac{T_1^2 - T_2^2}{T_2^2}$，其中 T_1、T_2 分别为跟踪和不跟踪摆动周期；

　　$\Delta \alpha$——零位变动，$\Delta \alpha = mh$，其中 m 为目镜分划板分划值，h 为零位格数。

4.5.3　粗略定向

在测定已知边和定向边的陀螺方位角之前，必须把经纬仪望远镜视准轴置于近似北方，也就是所谓粗略定向。配有粗定向罗盘的陀螺仪，可用罗盘来达到粗定向的目的。如在已知边上测定仪器常数时，可利用已知边的坐标方位角及仪器站的子午线收敛角来直接寻找近似北方。当在未知边上定向，且仪器本身又无粗定向罗盘附件时，则可利用仪器本身来寻找北方。

粗略定向最常用的方法为两个逆转点法。仪器在测站安置好后，将经纬仪视准轴大致摆在北方向后，启动陀螺马达，达到额定转速后，下放陀螺灵敏部，松开经纬仪水平制动螺旋，用手转动照准部跟踪灵敏部的摆动，使陀螺仪目镜视场中移动着的光标像与分划板零刻画线随时重合。当接近摆动逆转点时，光标像移动慢下来，此时制动照准部，改用水平微动螺旋继续跟踪达到逆转点时，读取水平度盘读数 u_1；松开制动螺旋，按上述方法继续向反方向跟踪，到达另一逆转点时，再读取水平度盘读数 u_2。锁紧灵敏部，制动陀螺马达，按下式计算近似北方在水平度盘上的读数：

$$N' = \frac{1}{2}(u_1 + u_2) \qquad (4\text{-}25)$$

转动照准部，把望远镜摆在 N' 读数位置，再加上仪器常数和子午线收敛角，这时视准轴就指向了近似北方。此法大约在 10min 内完成，指北精度可达到 ±3′。

4.5.4　精密定向

精密定向就是精确测定已知边和定向边的陀螺方位角。精密定向方法可分为两大类：一类是仪器照准部处于跟踪状态，即多年来国内外都采用的逆转点法；另一类是仪器照准部固定不动，国内外研究和提出的方法很多，如中天法、时差法、摆幅法等。采用逆转点法观测时，陀螺经纬仪在一个测站的操作程序如下：

（1）严格整置经纬仪，架上陀螺仪，以一个测回测定待定或已知测线的方向值，然后将仪器大致对正北方。

（2）锁紧摆动系统，启动陀螺马达，待达到额定转速后，下放陀螺灵敏部，进行粗略定向。

制动陀螺并托起锁紧，将望远镜视准轴转到近似北方位置，固定照准部。把水平微动螺旋调整到行程范围的中间位置。

（3）打开陀螺照明，下放陀螺灵敏部，进行测前悬带零位观测，同时用秒表记录自摆周期 T_3。零位观测完毕，托起并锁紧灵敏部。

（4）启动陀螺马达，达到额定转速后，缓慢地下放灵敏部到半脱离位置，稍停数秒钟，再全部下放。如果光标像移动过快，再使用半脱离阻尼限幅，使摆幅大约在 1°~3°范围为宜。用水平微动螺旋微动照准部，让光标像与分划板零刻画线随时重合，即跟踪。跟踪要做到平稳和连续，切忌跟踪不及时，例如时而落后于灵敏部的摆动，时而又很快赶上或超前很多，这些情况都会影响结果的精度。在摆动到达逆转点时，连续读取 5 个逆转点读数 u_1、u_2、$\cdots$、u_5（见图 4-17）。

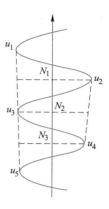

然后锁紧灵敏部，制动陀螺马达。跟踪时，还需用秒表测定连续两次同一方向经过逆转点的时间，称为跟踪摆动周期 T_1。摆动平衡位置在水平度盘上的平均读数 N_T，称为陀螺北方向值，用下式计算：

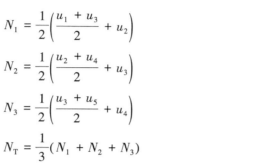

图 4-17　用逆转点
法观测

$$N_1 = \frac{1}{2}\left(\frac{u_1 + u_3}{2} + u_2\right)$$

$$N_2 = \frac{1}{2}\left(\frac{u_2 + u_4}{2} + u_3\right)$$

$$N_3 = \frac{1}{2}\left(\frac{u_3 + u_5}{2} + u_4\right)$$

$$N_T = \frac{1}{3}(N_1 + N_2 + N_3) \tag{4-26}$$

陀螺仪相邻摆动中值及间隔摆动中值的互差，对 15″级仪器应分别不超过 20″和 30″。

（5）测后零位观测，方法同测前零位观测。

（6）以一测回测定待定或已知测线的方向值，测前测后两次观测结果的互差对 J_2 和 J_6，级经纬仪分别不得超过 10″和 25″。取测前测后两测回的平均值作为测线方向值。

4.5.5　陀螺经纬定向时的注意事项

陀螺经纬仪是以动力学理论为基础的光、机、电结合的精密仪器。工作时，陀螺灵敏部具有较大的惯性，必须注意合理使用，妥善保管，才能保持仪器的精度和寿命。在使用时，须注意下列事项：

（1）必须在熟悉陀螺经纬仪性能的基础上，由具有一定操作经验的人员来使用仪器。仪器的定向精度与操作熟练程度有关，井上、下观测一般应由同一观测者进行。前后两次测量仪器常数，一般应在三昼夜内完成。

（2）在启动陀螺马达达到额定转速之前和制动陀螺马达的过程中，陀螺灵敏部必须处于锁紧状态，防止悬挂带和导流丝受损伤。

（3）在陀螺灵敏部处于锁紧状态、马达又在高速旋转时，严禁搬动和水平旋转仪器。否则将产生很大的力，压迫轴承，以致毁坏仪器。

（4）在使用陀螺电源逆变器时，要注意接线的正确；使用外接电源时应注意电压、极性是否正确。在没有负载时，不得开启逆变器。

（5）陀螺仪存放时，要装入仪器箱内，放入干燥剂，仪器要正确存放，不要倒置或躺卧。

（6）仪器应存放在干燥、清洁、通风良好处，切忌置于热源附近，环境温度以 10～30℃为宜。

（7）仪器用车辆运输时，要使用专用防震包装箱。

（8）在野外观测时，仪器要避免太阳光直接照射。

（9）目镜或其他光学零件受污时，先用软毛刷轻轻拭去灰尘，然后用镜头纸或软绒布揩拭，以免损伤光洁度和表面涂层。

4.6 导入高程

4.6.1 导入高程的实质

高程联系测量的任务，就在于把地面的高程系统，经过平硐、斜井或立井传递到井下高程测量的起始点上。所以称之为导入高程。

导入高程的方法随开拓的方法不同而分为：

（1）通过平硐导入高程；

（2）通过斜井导入高程；

（3）通过立井导入高程。

通过平硐导入高程，可以用一般井下几何水准测量来完成。其测量方法和精度与井下水准相同。

通过斜井导入高程，可以用一般三角高程测量来完成。其测量方法和精度与井下基本控制三角高程测量相同。上述两种测量方法已于第 3 章中详细讲过，故本节只重点讨论通过立井导入高程。

通过立井导入高程，是采用一些专门的方法来完成的。在讨论这些方法之前，先来看一看这些方法的共同基础。设在地面井口附近一点 A，其高程 H_A 为已知，一般称 A 点为近井水准基点（见图 4-18）。在井底车场中设一点 B，其高程待求。在地面与井下安置水准仪，并在 A、B 两点所立的水准尺上读取读数 a 及 b。如果我们知道了地面和井下两水准仪视线之间的距离 l，则 A、B 两点的高差 h 可按下式求出：

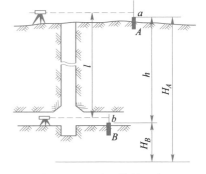

图 4-18 通过立井导入高程

$$h = l - a + b = l + (b - a) \qquad (4\text{-}27)$$

有了 h，当然就能算出 B 点在统一坐标系统中的高程为：

$$H_B = H_A - h \qquad\qquad\qquad (4\text{-}28)$$

因此，通过立井导入高程的实质，就是如何求得 l 的长度。之所以有人把它叫作井深测量，就是这个缘故。

4.6.2 长钢尺导入高程

目前在国内外使用的长钢尺有 500m、800m、1000m 等几种。

用长钢尺导入高程的设备及安装如图 4-19 所示。钢尺通过井盖放入井下，到达井底后，挂上一个垂球，以拉直钢尺，使之居于自由悬挂位置。垂球不宜太重，一般以 10kg 为宜。下放钢尺的同时，在地面及井下安平水准仪，分别在 A、B 两点所立水准尺上取读

数 a 与 b，然后将水准仪照准钢尺。当钢尺挂好后，井上、下同时取读数 m 和 n。同时读数可避免钢尺移动所产生的误差。最后再在 A、B 水准尺上读数，以检查仪器高度是否发生变动。还应用点温计测定井上、下的温度 t_1、t_2。根据上述测量数据，就能求得 A、B 两点之高差为：

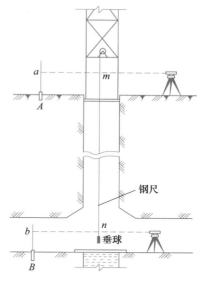

图 4-19 用长钢尺导入高程

$$h = (m - n) + (b - a) + \sum \Delta L \qquad (4\text{-}29)$$

式中　$\sum \Delta L$——钢尺的总改正数，它包括尺长、温度、拉力和钢尺自重等四项改正数。即：

$$\sum \Delta L = \Delta L_k + \Delta L_t + \Delta L_p + \Delta L_c \qquad (4\text{-}30)$$

式中尺长、温度和拉力等改正数，见第 3 章所述。唯有计算温度改正数时，钢尺工作时的温度应取井上下温度的平均值，即 $t = \dfrac{t_1 + t_2}{2}$。对于钢尺的自重改正，可按下式计算：

$$\Delta L_c = \frac{\gamma}{2E}(m - n)^2 \qquad (4\text{-}31)$$

式中　γ——钢尺密度，即 $7.8 \mathrm{g/cm^3}$；

　　　E——弹性系数，等于 $2\times10^6 \mathrm{kg/cm^2}$；

　$m-n$——井上、下两水准仪视线间的钢尺长度。

钢尺的自重改正数永远为正号。

如无长钢尺时，也可将几根 50m 的短钢尺牢固地连接起来，然后进行比长，当作长钢尺使用，同样可取得很好的效果。

导入高程均需独立进行两次，也就是说在第一次进行完毕后，改变其井上下水准仪的高度并移动钢尺，用同样的方法再做一次。加入各种改正数后，前后两次之差不得超过 $l/8000$（l 为井上、下水准仪视线间的钢尺长度）。

4.6.3 长钢丝导入高程

目前我国长钢尺很少，当井筒较深时，采用短钢尺相接的办法也不方便。因此，常采用钢丝法导入高程。用钢丝导入高程时，因为钢丝本身不像钢尺一样有刻度，所以不能直接量出长度 l，须在钢丝上用特制的标线夹，在井上、下水准仪视线水平做出标记 m 和 n（见图 4-20），然后将钢丝提升到地面，用光电测距仪、钢尺或井口附近设置专门的量长台来丈量两标记之间的距离。

采用光电测距仪或钢尺在地面测量时，可在平坦地面上将钢丝拉直，并施加与导入高程时给钢丝所加的相同的拉力，依据钢丝上的标记 m 和 n，在实地上打木桩用小钉做出标志，然后用光电测距仪或钢尺丈量两标志 m 和 n 之间的距离。当在井口附近设置量长台时，在量长台上设置一根比长过的钢尺，随着钢丝的提升，分段丈量两标志 m 和 n 之间的距离。

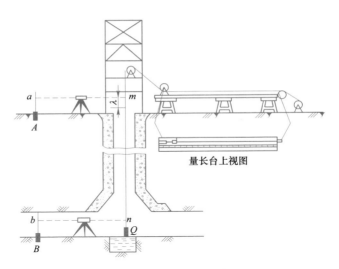

图 4-20　用长钢丝导入高程

由于长钢丝导入高程的设备和安装与立井定向时所需的部分投点设备及安装相同，因此，目前不少矿井在进行定向以后，随即作导入高程，这样可节省不少时间。

长钢丝导入高程同样应独立进行两次，两次测量差值的容许值和钢尺导入高程相同。

4.6.4　光电测距仪导入高程

随着光电测距仪在测量中的广泛应用，不少矿山测量工作者开始研究利用测距仪来测量井深，从而达到导入高程的目的。1963 年英国诺丁汉大学 D. 霍杰斯（D. Hodges）教授首次把光电测距仪用于导入高程，在英国 Babbington 的一个矿井（井深 134m）进行了试验，使用的仪器是瑞典 AGA 公司生产的光电测距仪（Geodimeter）。

用光电测距仪导入高程的原理如图 4-21 所示。测距仪 G 安置在井口附近处，在井架上安置反射镜 E（与水平面成 45°角），反射镜 F 水平置于井底。用仪器测得光程长 S（$S=GE+EF$），仪器 G 至反射镜 E 的距离为 l（$l=GE$），由此得井深 H 为：

$$H = S - l + \Delta L \qquad (4-32)$$

式中　ΔL——光电测距仪的气象、仪器常数等总改正数。

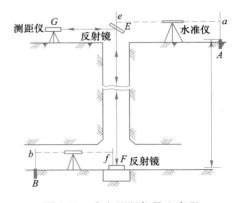

图 4-21　光电测距仪导入高程

在井上、下分别安置水准仪，读取立于 E、A 及 F、B 处水准尺的读数 e、a 和 f、b。则水准基点 A、B 之间的高差为：

$$h = H - (a - e) + b - f \qquad (4-33)$$

则 B 点的高程为：

$$H_B = H_A - h \qquad (4-34)$$

上述测量应重复进行两次，其差值应符合相关测量规程的要求。

D. 霍杰斯教授所做的试验表明，一次导入高程测量的时间为 4 ~ 10min，精度为

1/20000。与前面所述导入高程的方法相比，光电测距仪导入高程不仅大大地缩短了作业时间，而且还提高了精度。

德国的 H. Meixner 用蔡司公司生产的光电测距仪 EOS 和红外测距仪 EOK-2000 进行了井深测量。两个立井分别为 800m 和 400m，在不同的深度进行了试验研究，其结果见表 4-18。

表 4-18　测距仪 EOS 和 EOK-2000 测量的井深成果表

井筒	井深水平/m	EOS 测量值/m	EOK-2000 测量值/m	差值 ε/mm
I	100	96.685	96.684	−1
I	200	196.673	196.686	+13
I	300	296.491	296.505	+14
I	400	396.519	396.526	+7
I	600	573.298	573.301	+3
I	700	669.319	669.334	+15
I	800	789.288	789.299	+11

从表 4-18 所列的数据可见，用这两种仪器所测得的井深精度很高，中误差小于±1cm（按差值 ε 来评定），相对误差在 1/80000～1/10000 之间。测量精度不受井深增大的影响，且测量迅速。重复两次测深仅需 6～10min。若把反射镜平放在提升罐笼的顶部，那么就可以依次地进行多个水平的导入高程测量。

用光电测距仪传递高程时，一些单位加工了专用的支架，使光电测距仪的视线竖直向下，瞄准井底的棱镜，测量出垂直距离。再用水准仪测出地面高程基点 A 与测距头间的高差，及井下高程基点 B 与井底棱镜之间的高差，从而求得 B 点的高程。

——————— 本 章 小 结 ———————

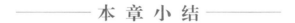

矿井联系测量是将矿区地表坐标系统传递到井下的过程。立井几何定向是本章的重点内容，其中包括一井定向和两井定向。两种定向的应用场景、投点方法和连接方法需要读者熟悉掌握。此外，由于陀螺经纬仪的便捷性和逐渐推广应用，本章介绍了陀螺经纬仪定向方法，其中精密定向方法需要重点掌握。在导入高程时，既要了解长钢尺和长钢丝的导入方法，也要了解光电测距仪导入高程方法，以满足不同环境和仪器设备的联系测量任务需求。

习　题

1. 简要概述矿井联系测量的目的和任务。
2. 简要概述矿井定向的种类和要求。
3. 简要概述近井点和井口水准基点选点、埋石、造标的基本要求。
4. 简述立井几何定向的概念。
5. 如何进行立井几何定向？
6. 简述减少一井定向方法误差的主要措施。
7. 陀螺经纬仪的定向原理是什么？
8. 详述陀螺经纬仪的作业过程。

5 井巷及采区测量

本章提要

为及时反映矿井生产状况，需要对井巷和采区进行测量。井巷和采区测量工作在井下平面控制测量和高程控制测量基础之上进行。井巷的位置通过标定巷道中线实现，而井巷的坡度通过标定巷道腰线实现。本章的第一节介绍了巷道中线和腰线的标定方法。另外，由于三维激光扫描仪可实现大场景的点云数据采集，本章还介绍了基于三维激光扫描系统的采区测量方法。

5.1 巷道中线和腰线的标定

巷道及回采工作面测量是指巷道掘进和工作面回采时的测量工作。在现代矿井，为保证均衡安全生产和不断提高劳动生产率，需要按采矿计划和设计，在井下掘进大量巷道，并同时在多个采区的回采工作面进行回采工作。这就要求矿山测量人员及时提供反映矿井生产状况的图纸资料，从而带来大量的井下测量工作。它是矿井日常测量工作的主要内容。

巷道和回采工作面测量是在井下平面控制测量和高程控制测量的基础上进行的。它的任务是：

（1）在实地标设巷道的位置。要根据采矿设计标定巷道掘进的方向和坡度，并随时检查和纠正。通常称此项工作为标定巷道的中线和腰线，简称给中腰线。

（2）及时准确地测定巷道的实际位置，检查巷道的规格质量和丈量巷道进尺，并把巷道填绘在有关的平面图、立面图和剖面图上。

（3）测绘回采工作面的实际位置，统计产量和储量变动情况。

（4）有关采矿工程、井下钻探、地质特征点、瓦斯突出点和涌水点的测定等。

上述任务关系着采矿工程的质量和采矿计划的实现，矿山测量人员必须准确及时地配合生产细心进行上述测绘工作。如果掉以轻心，将造成重大的损失，例如报废巷道、延误工期、增加巷道维修工作量，甚至发生透水等危及人身安全的重大事故。矿山测量人员必须以高度的责任心，认真负责地做好这些日常矿山测量工作。

上述日常矿山测量工作是与生产紧密相关的。测量人员要具备巷道设计、矿井地质和生产的有关知识，严格遵守规程，并模范执行本单位制订的规章制度。在工作中，若与采矿生产发生矛盾时，既要坚持原则，又要与有关部门互相配合，还要不断地改进测量方法和工具，熟练地掌握操作技术，提高测绘工作效率，保证采矿生产的正确进行。

5.1.1 巷道中线的标定

井下主要巷道的位置是根据矿井的总体设计决定的，但在施工过程中还要根据实际情况做必要的修改。采区巷道更需要根据已有巷道和地质变化情况逐步做出施工设计。测量的任务是要把图上设计好的巷道，随着巷道不断向前掘进逐步地标设于实地，也就是要在实地上标定出巷道的开切位置和给定巷道的掘进方向。

巷道水平投影的几何中心线称为巷道中线。标定出巷道中线就可控制巷道在水平面内的掘进方向。新开巷道标定中线的过程大致如下：

（1）检查设计图纸。设计的巷道要和已有的巷道保持一定的几何关系，或本身要符合一定的几何条件。矿山测量人员在接到掘进任务书以后，须首先了解该巷道的用途和与其他巷道的几何关系，检核设计的角度和距离是否满足这些几何条件，并检查设计图上的角度和长度是否与注记的数字相符合，巷道的各部分尺寸、角度、高程、坡度等是否相互协调。然后根据工程要求和现有的测量仪器，决定测量的方法和精度要求。

（2）确定标设的必要数据。经检查确认设计资料无误后，便可利用所要标设的巷道附近的可靠已知点，来计算标设数据。在应用已知点时不要搞错了点号和抄错原始数据。如无可靠的已知点时，则要引测导线到附近取得必需的起算数据。

（3）标定巷道开切点和掘进方向，并检查其正确性。

（4）随着巷道的不断向前掘进，标定和延长巷道中线和腰线。

（5）测绘已掘的巷道，并经常检查和纠正标定的方向。已掘的巷道应及时填绘到矿图上，在接近老塘、火区、煤柱边界等危险区或巷道快贯通时，要特别注意已掘巷道的位置，及时通知掘进队采取安全措施，以防意外。在掘进到设计规定的位置后要及时停下来，以免出现废巷。

5.1.1.1 标定巷道开切点和掘进方向

标定巷道开切点和开掘方向的工作，习惯上称为"开门子"。在图 5-1 中，虚线表示新设计的巷道，AB 为巷道的中线，4、5 点为原有巷道内的导线点（如果设计图上没有标出导线点，测量人员要将导线点展绘在图上）。标定前，应从图上量出（或算出）4 点到 A 点的距离 l_1 和 5 点到 A 点的距离 l_2，l_1+l_2 要等于 4—5 导线边长，再量出（或算出）4—5 边与 AB 间的夹角 β。习惯上称 β 为指向角，l_1、l_2 和 β 即为所需的标定要素。

井下实地标设之前，应先检查原有导线点是否移位，只有在确认没有移位后，方可用作标定的基点。巷道开切口和掘进方向的标定一般都采用经纬仪法。标定时在 4 点（见图 5-1）安置经纬仪照准 5 点，沿此方向由 4 点量取 l_1，在顶板上标设出开切点 A，并丈量 l_2 作为检核。然后将经纬仪安置在 A 点，后视 4 点，拨指向角 β，此时望远镜视线的方向就是新开巷道中线 AB 的方向。沿此方向在原有巷道的顶板上固定临时点 2，倒转望远镜在其延长线上再固定临时点 1。由 1、A 和 2 三点组成一组中线点，即

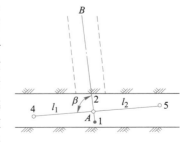

图 5-1　新开巷道的标定

可指示新巷道开切的方向。为明显起见，还可用白灰浆或白油漆在顶板上画出三点的连线。标定后应实测 β 角，作为检核。

5.1.1.2　标定直线巷道的中线

巷道开掘之后，最初标设的临时中线点常被放炮所破坏或移位，当巷道开掘 5~8m 后，应当用经纬仪重新标定一组中线点。这时应先检查开切点 A 是否移位，若发现 A 点已移位，则应重新标定 A 点。经检查确认 A 点未移位或重新设置后，将经纬仪安置在 A 点上，如图 5-2 所示。用正倒镜标定 β 角，并沿视线方向在新巷道内标出 2′ 点和 2″ 点，取它们的中点 2 作为中线点。为了避免差错，应重新用一个测回测 β 角，作为检查。所测角值与标定角值之差应在 1′ 以内，若超限则应重新标定 2 点。检查符合要求后，沿 A2 方向再标设 1 点。A、1、2 三点组成一组中线点。中线点应固定在顶板上，挂下垂球线指示巷道掘进的方向。一组中线点不得少于 3 个，点间距离不小于 2m 为宜。可以从三点是否在一条直线上而发现中线点是否移位。当发现中线点移位时，应当用仪器重新标定。也可设置 4 个点为一组，当发现一个点移位，而其余三点仍在一条直线上时，该组中线仍可继续使用。切忌未做检查而使用两个中线点连线作为指示巷道掘进的方向。

给定巷道的平面方向，除了标定巷道几何中线的办法之外，也常采用标定轨道中心线或标定巷道边线的方法。在大断面双轨巷道，特别是巷道断面不断变化的车场部分，采用标定某一条轨道的中心线是有利的，因为这样做就不必经常改变中心线的位置。有的矿井习惯采用标设靠近巷道一帮的边线，因为这种办法更易于发现巷道的掘偏现象，对掌握巷道规格质量有利。

巷道边线（或轨道中心线）的具体标设方法如图 5-3 所示。巷道边线平行于巷道中线，它距巷道两帮的距离是不相同的。图中 A 点为巷道中线点，现要标设出巷道边线的起始点 B 及一组边线点。

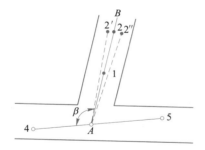

图 5-2　用经纬仪标定巷道的中线

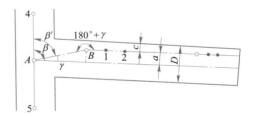

图 5-3　标定直线巷道的边线

标设前应先根据边线至巷道中线的距离 a 和 A、B 两点间的距离 l_{AB} 计算出标定 B 点的指向角 β′，计算公式为：

$$\gamma = \arcsin \frac{a}{l_{AB}} \tag{5-1}$$

$$\beta' = \beta - \gamma \tag{5-2}$$

标定时，先在 A 点安置经纬仪，根据角 β′ 和距离 l_{AB} 即可标定出 B 点。然后将仪器移至 B 点，后视 A 点标设 (180°+γ) 角，这时仪器视线方向就是边线（或轨道中心线）的方向。再在视线上连续标设 1 点和 2 点，则 B、1、2 即为一组边线点。

边线到较近帮的距离称为边距，用 c 表示。显然，a、c 与巷道宽度 D 之间的关系为：

$$c = \frac{D}{2} - a \tag{5-3}$$

用边线给向时,测量人员必须将距离 c 及时通知施工人员,以便他们根据距离 c 和 $(D-c)$ 控制巷道的掘进方向。应当注意的是,当相向贯通巷道用边线指示巷道掘进方向时,两头边线的称谓是相反的,如图 5-4(a)所示。图 5-4(b)表示因忽视称谓相反这一点所造成的错误。

在巷道掘进过程中,掘进工作面炮眼的布置和支架的位置都是以巷道中线为依据的。用经纬仪标设一组中线点后(或由边线找出中线的位置),在一定距离内可以该组中线点为依据,用三点连直线原理把巷道中线延长标在掘进工作面上。

5.1.1.3 直线巷道中线的延长与检查

如图 5-5 所示,随着巷道不断向前掘进,中线也要不断向前延设。主要巷道每掘进 30m,次要巷道每掘进 40m 左右,应延设一组中线点 C—1—2,以保证最前面一个中线点至掘进工作面的距离不超过 40~50m,防止巷道掘偏。在延设之前应检查 B 点处旧的一组中线点是否移动,如果没有移动,则在 B 点安置仪器,后视 A 点,根据指向角用正倒镜测设一组中线点 C、1 及 2 三点。

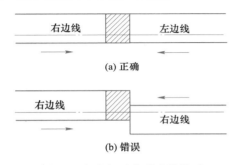

(a) 正确

(b) 错误

图 5-4 相向掘进巷道边线关系

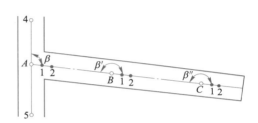

图 5-5 巷道中线的延设

为了及时检查巷道中线方向的正确性,在每组中线中选择一个点作为导线点,如图 5-5 中的 A、B、C 点,测设 15″级或 30″级导线。当发现原有中线方向偏离巷道设计方向时,要及时根据检查测量结果调整中线。施测导线的同时,还应将已掘巷道及时测绘到平面图上。当巷道继续向前推进时,上述巷道中线的延设、检查和测绘巷道平面图的工作也相继进行。

5.1.1.4 标设曲线巷道的中线

井下运输巷道转弯处或巷道分岔处,都有一段曲线巷道。曲线巷道中心线是一条平面曲线。井下曲线都是圆曲线,其半径根据矿车行驶速度及矿车轴距等因素而定,一般在 10~25m 之间。曲线巷道的起点、终点、曲线半径和转角(曲线中心角)等参数均在设计中给定。

曲线巷道的中线是弯曲的,无法像直线巷道那样直接标出中线,而只能在一定范围内以直代曲,即用分段的弦线来代替分段的圆弧线,用内接折线来代替整个圆曲线,并实地标设这些弦线来指示巷道掘进的方向。

A 经纬仪弦线法

经纬仪弦线法是种常用的方法。分段弦线的长度可以是相同的,也可以是不相同的。

a 计算标设要素

首先要确定合理的弦线长度 l,使得转折点尽量少,弦两端能通视且便于施工。一般先绘比例尺为 1∶100 或 1∶50 的大样图。在图上确定段的划分方案,也可以采用公式 $l<$

$2\sqrt{2RS-S^2}$ 估算。S 为巷道上宽的一半。

图 5-6 为一曲线巷道，已知曲线始点 A，终点 B，曲线半径 R，中心角 α。现采用等分曲线中心角的弦线法来计算标设要素。将曲线段所对中心角 α 分为 n 等分，则每等分对应的弦长为：

$$l = 2R\sin\frac{\alpha}{2n} \tag{5-4}$$

由图可知，起点 A 和终点 B 处的转向角为：

$$\beta_A = \beta_B = 180° + \frac{\alpha}{2n} \tag{5-5}$$

中间各弦交点处的转向角为：

$$\beta_1 = \beta_2 = 180° + \frac{\alpha}{n} \tag{5-6}$$

图 5-6 所示为转向角大于 180° 的情况。反之，当转向角小于 180°，即由 B 向 A 掘进时，则上述各转向角（左角）相应为：

$$180° - \frac{\alpha}{2n} \quad 和 \quad 180° - \frac{\alpha}{n}$$

b　实地标设

如图 5-7 所示，当巷道掘进到曲线起点位置 A 后，先标出 A 点。然后在 A 点安置经纬仪，后视直线巷道中线点 M，测设转向角 β_A，即可给出弦 $A1$ 的方向。因为此时曲线巷道尚未掘出，只能倒转望远镜，在 $A1$ 的反方向线上于巷道顶板标出中线点 $1'$ 和 $1''$，则 $1'$、$1''$、A 三点组成一组中线点，指示 $A1$ 段巷道掘进的方向。当巷道掘至 1 点位置后，再置经纬仪于 A 点，在 $A1$ 方向上量取弦长 l 标出 1 点。然后将经纬仪置于 1 点，后视 A 点，拨转向角队可标出 12 段巷道掘进的方向。照此办法逐段标设下去，直至弯道的终点 B 为止。

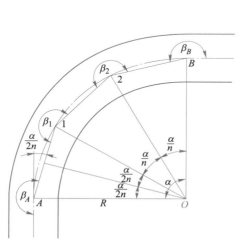

图 5-6　等弦法计算标设要素

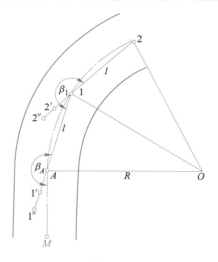

图 5-7　经纬仪法标设曲线巷道

为了指导掘进施工，测量人员应做出曲线巷道 1:50 或 1:100 的大样图，交给施工人员，如图 5-8 所示。图上绘出巷道两帮与弦线的相对位置，直接在图上量取并标明弦线上各点（点间距一定）到巷道帮的边距。一般情况下，边距按垂直于弦线的方向丈量（见图 5-8（a）），也有按半径方向给出边距的（见图 5-8（b））。

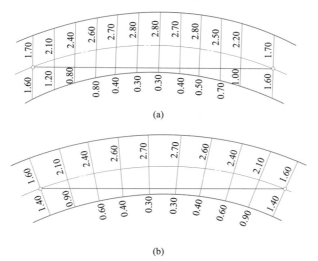

(a)

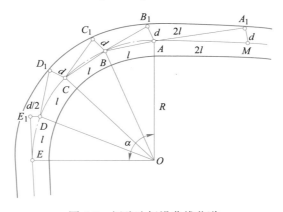

(b)

图 5-8 曲线巷道施工大样图

B 短弦法

短弦法的特点是弦比较短，故可用线交会法标设。如图 5-9 所示，已知圆心角 α，曲线半径 R，设弦的个数为 n，则弦长 l 和 d 为：

$$l = 2R\sin\frac{\alpha}{2n} \qquad d = \frac{l^2}{R}$$

实地标设时，先标出 A 点，再由 A 点沿中线方向向后丈量距离 $2l$ 标出 M 点。以点 A、M 为圆心，分别以 $2l$ 和 d 为半径，用线交会法定出 A_1 点。A_1A 指示第一弦的掘进方向。当巷道掘到 B 点后，沿 A_1A 的方向由 A 点丈量弦长 l 标出 B 点，然后再以 A、B 为圆心，分别以 d 和 l 为半径，用线交会法定出 B_1 点，B_1B 指示第二弦的掘进方法，以此类推。

图 5-9 短弦法标设曲线巷道

5.1.1.5 碹岔中线的标定

在井底车场和运输大巷内有许多交叉巷道，平巷交叉连接处称为"碹岔"。它的断面是变化的，并和曲线巷道相连接，在连接交叉处，对巷道的规格要求比较严格，图 5-10 为某碹岔设计平面图。EN 为直线巷道，另一巷道 BM 通过弯道与它相交。O 点称为道岔中心（岔心），它是直巷轨道中线与弯道轨道中线的交点。O′点为道岔的起点，巷道断面从这里开始变化。3 点为道岔终点，也是弯道起点。O″为柱墩处（又称牛鼻子），巷道从这里分为两条。a、b 为道岔中心到道岔起点和道岔终点的距离。

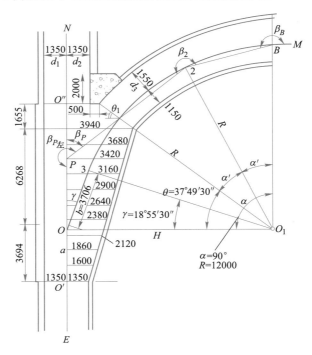

图 5-10 碹岔设计平面图

图 5-10 中圆曲线的中心角 $\alpha = 90°$，半径 $R = 12m$，道岔的辙叉角 $\gamma = 18°55′30″$，从直巷到柱墩所对的中心角 $\theta = 37°49′30″$，其余的巷道规格尺寸在图上均有说明。

标定巷道中线的方法和步骤如下：

（1）检查设计图纸。收到设计图后，首先要检查各种数据是否齐全，所注尺寸是否与图上位置、长度一致，然后验算 θ 角是否正确。为此，先求算曲线中心到直巷轨道中线间的距离 H，从图上可以看出：

$$H = R\cos\gamma + b\sin\gamma = 12 \times \cos18°15′30″ + 3.706 \times \sin18°55′30″ = 12.553m$$

$$\theta = \arccos \frac{H - d_2 - 0.500}{R + d_3} = \arccos \frac{12.553 - 1.350 - 0.500}{12 + 1.550} = 37°49′30″$$

验算结果说明设计数据是正确的。

（2）计算标设数据。本例因 α 角较大，故先将曲线分段，将圆心角 α 分为 θ 角和两个 $\alpha' = \dfrac{\alpha - \theta}{2}$ 角。考虑到碹岔处巷道较宽，可将 12 弦线延长到 P 点，将 P 点作为安置仪器的转点，可直接与 2 点通视，并用 O、1 两个转点简化了标设工作。计算如下：

弦 12 和 2B 所对圆心角为：

$$\alpha' = \frac{\alpha - \theta}{2} = \frac{90° - 37°49'30''}{2} = 26°05°15''$$

弦 12 和 2B 的长度为：

$$l = 2R\sin\frac{\alpha'}{2} = 2 \times 12 \times \sin13°02'37.5'' = 5.417\text{m}$$

P 点至有关点的距离为：

$$\beta_P = \theta + \frac{\alpha'}{2} = 50°52'07.5''$$

$$l_{P1} = (d_2 + 0.500 + d_3\cos\theta)\csc\beta_P = 3.963\text{m}$$

$$l_{PO''} = l_{P1}\cos\beta_P + d_3\sin\theta = 3.452\text{m}$$

$$l_{PO} = l_{OO''} - l_{PO'} = 4.471\text{m}$$

$$l_{PO'} = l_{PO} + l_{OO'} = 8.165\text{m}$$

各转点的转向角为：

$$\beta_{P左} = 180° + \beta_P = 230°52'07.5''$$

$$\beta_2 = 180° + \alpha' = 206°05'15''$$

$$\beta_B = 180° + \frac{\alpha'}{2} = 193°02'37.5''$$

（3）实地标设。当巷道从 E 掘进到 O' 后，巷道断面开始增大。根据设计中 EO'、OO' 的长度和求出的 l_{PO}，可在实地标出 P 点。在 P 点安置经纬仪，后视 E 点，拨 $\beta_{P左}$ 角可标出 P1 方向。掘进人员可以根据 P 点向后量 PO 定出道岔中心 O 的位置并铺设道岔；根据 P1 方向掘进巷道的曲线部分。

直巷掘过 O'' 点后，可根据 PO'' 长度确定 O'' 点，并定出柱墩位置。

关于掘进碹岔时的腰线标定工作见 5.1.2.2 节中平巷腰线的标定方法。

5.1.1.6 标设竖直巷道的中线

由下向上掘进小井时，标设中线可采用下面的方法。

如图 5-11（a）所示，先在下部巷道中标出小井的井中位置 A，并在巷道底板上牢固埋设标志。在小井的帮上相对位置 1、3 和 2、4 点，令其相对点连线的交点恰好是井中 A 点，以做检查用。

小井向上掘进时，可由工作面向下挂一垂球线使其对正 A 点，此时垂球线即是小井的中心线。

继续向上掘进时，小井将分为放矸间和梯子间，中心垂球无法下挂，这时可在梯子间缝隙中设法挂下两个垂球 O_1 和 O_2，如图 5-11（b）所示。在下部巷道内丈量距离 O_1A 和 O_2A，然后以此距离用线交会法将中心点 A 标设在工作平台下部的木支撑上（A_1 点）。施工人员只需把工作平台木板拿开一块，挂垂球线对正 A_1 点，垂球线即为小井中心线，这样就可在工作面标出井中位置，指导掘进施工。A_1 点要随着掘进不断地向上移设。

5.1.2 巷道腰线的标定

为了运输、排水或其他技术上的需要，井下巷道须具有一定的坡度（平巷）或倾角（斜巷），其数值在一般情况下都是由采矿设计给出的，有时则要根据实际测量资料来决定。

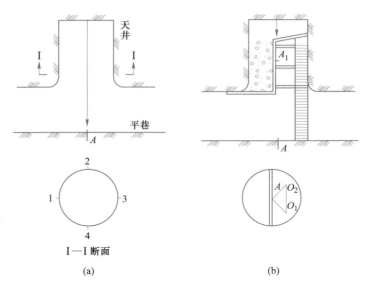

图 5-11　标定竖直巷道的中线

巷道腰线是用来指示巷道在竖直面内的掘进方向及调整巷道底板或轨面坡度用的。腰线通常标设在巷道的一帮或两帮上，离轨面 1m，离巷道底板 1.3m（见图 5-12）。不论采用哪种数值，全矿井应统一，以免造成差错。每组腰线点不得少于 3 个，点间距不小于 2m 为宜。最前面一个腰线点至掘进工作面的距离一般不应超过 30m。

标定巷道腰线时的准备工作和标定中线时基本是一样的，实际标设工作也往往同时进行，要注意它们之间的联系。

5.1.2.1　斜巷腰线的标定

在斜巷中，可用经纬仪标设腰线，通常包括中线点兼作腰线点的标设法和伪倾角标设法两种方法。

A　中线点兼作腰线点的标设法

这个方法的特点，是在中线点的垂球线上作出腰线的标志。同时量腰线标志到中线点的距离，以便随时根据中线点恢复腰线的位置。

如图 5-13 所示，1、2、3 点为一组已标设腰线点位置的中线点，4、5、6 点为待设腰

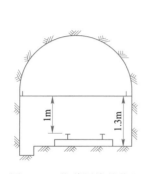

图 5-12　巷道腰线的位置

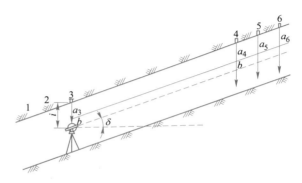

图 5-13　中线点兼作腰线点的标设法

线点标志的一组中线点。标设时经纬仪安置于 3 点，量仪器高 i，用正镜瞄准中线，使竖盘读数对准巷道设计的倾角 δ，此时望远镜视线与巷道腰线平行。在中线点 4、5、6 的垂球线上用大头针标出视线位置，用倒镜测其倾角作为检查，已知中线点 3 到腰线位置的垂距 a_3，则仪器视线到腰线点的垂距 b 为：

$$b = i - a_3 \tag{5-7}$$

式中，i 和 a_3 均从中线点向下量取（i 和 a_3 值均取正号）。求出的 b 值为正时，腰线在视线之上，b 值为负时则在视线之下。从三个垂球线上标出的视线记号起，根据 b 的符号用小钢尺向上或向下量取长度 b，即可得到腰线点的位置。在中线上找出腰线位置之后，拉水平线将腰线点标设在巷道帮上，以便于掘进人员掌握施工。

B 伪倾角标设法

伪倾角法标设腰线的原理如图 5-14 所示。O、A 点为巷道中线方向上的腰线点，OA 的倾角为巷道的设计倾角 δ，B 点为垂直于 OA 线在巷道帮上与 A 点同高的点。OB 线的倾角就不再是 δ 而是伪倾角 δ' 了。由图 5-14 可知：

$$\tan\delta = \frac{h}{OA'} \quad \tan\delta' = \frac{h}{OB'} \quad \tan\delta' = \tan\delta \frac{OA'}{OB'}$$

即

$$\tan\delta' = \tan\delta\cos\beta \tag{5-8}$$

式中 δ——OA、OB 两视线间的水平角。

根据设计的 δ 值与现场测定的 β 值求出伪倾角 δ' 后，便可直接在巷道帮上标出与 A 点同高的腰线点 B。

实地标设时（见图 5-15），仪器安置在中线点 Ⅰ 上，在标出新中线点 Ⅱ 后，量取仪器高 i，并根据本站的中线点与腰线点的高差 a（a 是上次给线时求出的），按式（5-7）算出视线到腰线的高差 b。水平度盘置零，瞄准中线点，然后瞄准巷道帮上拟设腰线点 4 处，测出水平角 β，按式（5-8）算出伪倾角 δ'。仪器竖盘对准 δ' 角，根据望远镜视线在帮上标出 4′ 点。最后从 4′ 点用小钢尺向上或向下量取 b 值定出腰线点 4。用同法可连续标设一组

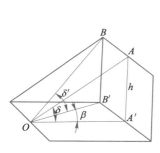

图 5-14 伪倾角法原理图

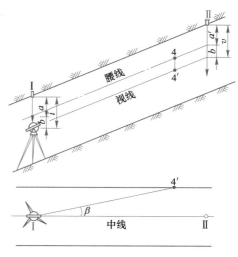

图 5-15 伪倾角法标设腰线

腰线点。标设完腰线点后，应将高程导到中线点Ⅱ上，并求出 a' 值（$a'=v-b$），为标设下一组腰线点用。式中，a'、v 均以中线点向下量为正值。可以根据 δ 及 β 的不同角值制作专门的伪倾角表，以标设时查用，而不必临时计算伪倾角 δ' 值。

5.1.2.2   平巷腰线的标定

在平巷中，用得最普遍的是水准仪标设腰线，在次要平巷中可用半圆仪标设腰线。在图 5-16 中，在巷道中已有一组腰线点 1、2、3，巷道的设计坡度为 i，需向前标设一组新的腰线点 4、5、6。组间距一般为 30m 左右。标设时水准仪安置在两组点之间，先照准原腰线点 1、2、3 上的小钢尺（代替水准尺）并读数，然后计算各点间的高差，以检查原腰线点是否移动。当确认其可靠后，记下 3 点的读数 a。a 的符号以视线为准来定，点在视线之上为正，在视线之下为负。然后丈量 3 点至 4 点的距离 l_{34}，则可按下式算出腰线点 4 距视线的高度 b：

$$b = a + h_{34} = a + l_{34}i \tag{5-9}$$

式中 h_{34}——3 点与 4 点间的高差。

坡度 i 的符号规定为：上坡为正，下坡为负。水准仪前视 4 点处，以视线为准，根据 b 值标出腰线点 4 的位置，b 值为正时，腰线点在视线之上，b 值为负时则在视线之下。5、6 腰线点依同法标设。

上述标设方法虽简单易行，但稍不注意就要出错。标设时应特别注意 a、b、i 的符号，图 5-16 中分别表示出三种不同的情况。

标设好新的一组腰线点后，应该由 3 点求算 4、5、6 点的高程。连续向前标设几组腰线点后，应进行检查测量。检查时，可从水准点引测高程到腰线点，看腰线点的高程是否与设计相符。如不相符，应调整腰线点，使其符合设计位置后，再由调整后的腰线点向前继续标设腰线。

对于平巷，有的矿井要求在大巷的两帮均标出腰线，或在帮上用涂料画出腰线，以便严格控制巷道掘进和铺轨的坡度。

5.1.2.3   平巷与斜巷连接处腰线的标定

平巷与斜巷连接处是巷道坡度变化的地方，巷道腰线在这里要做相应的改变。在图 5-17 中，巷道由平巷 AE 转为倾角 δ 的斜巷。平、斜巷底板的衔接点称为起坡点。起坡点的位置 A 由设计给出。设平巷腰线到巷道轨面（或底板）的距离为 c，如果斜巷腰线到轨面的法线距离也保持为 c，则腰线在起坡点处要抬高 Δl 了，其大小为：

$$\Delta l = c\sec\delta - c = c(\sec\delta - 1) \tag{5-10}$$

实际标设时，先根据起坡点 A 与平巷中导线点 E 的相对位置，沿中线方向将 A 点标设到顶板上，在 A 点垂直于巷道中线的两帮上标出平巷的腰线点 1，再从 1 向上量取垂距心定出斜巷的起始腰线点 2。在巷道实际变坡处也应在巷道帮上标设出腰线点 3 和腰线点 4。

在起坡点与实际变坡点之间的一段为竖曲线，它通常是圆曲线，其半径 R 由设计部门根据巷道用途给出。掘进时，因井下竖曲线半径不大，常不标设竖曲线，一般由施工人员根据实际变坡点自行掌握。

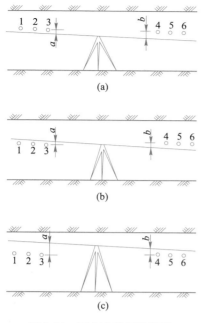

图 5-16 用水准仪标设腰线

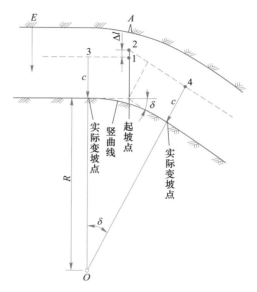

图 5-17 平、斜巷变坡处腰线的标设

5.2 基于三维激光扫描系统的采区测量

对于地下金属矿床开采而言，采场验收、开采矿石量计算、充填量计算、采空区探测等工作，通过传统仪器和方法进行测量存在诸多困难。通过应用三维激光扫描系统，能够有效探测无人可入的采空区，确定采空区的空间位置，同时有效探测采空区空间分布的几何特征，有效计算空区赋存的空间体积、形态等，进而能够实现采场验收、开采矿石量计算、充填量计算等。三维激光扫描系统的组成部分有激光扫描仪、计算机、电源系统、支撑系统的相应软件。三维激光扫描仪的组成部分有激光发射器、接收器、计时器、外接电源、能够旋转滤波器、控制电路板、微机、CCD 摄像机和配套软件等。激光测距技术原理主要包括脉冲测距、激光三角测量、相位测距和脉冲相位测距。对于测距较远三维激光扫描仪多基于脉冲测距原理，而短距离的扫描仪通常是基于相位原理和激光三角原理。

5.2.1 外业数据采集

由于外业数据的质量会直接影响到最终的监测成果，因此在进行扫描前，必须做好现场踏勘工作，从而确定扫描仪的类型和扫描站的布设。

当扫描区域较大时，就需要架设多个测站进行扫描，才能使得后期构建出来的三维模型更加完整，因此，如何合理布设控制点和测站点位置、数量的选择将直接影响后期数据拼接工作的效率。此外，还需要对所使用仪器的性能指标有所了解，保证测区在扫描仪的视场范围内；如果是要进行高精度扫描，则除了确保布设的控制点在变形区域范围外，还要尽量缩短与被测目标的距离。注意把握测站数量，测站不宜过多，以减少数据拼接的累积误差。控制点的布设必须从两个方面进行考虑：

（1）单个控制点必须确保它和其周围的另外两个控制点视线相通，当然其数量也可以多于两个，确保测区在各控制点的通视范围内。

（2）控制点的数目应该保持在 3~5 个最为合适，最少不能低于 3 个。如果只有 2 个控制点，则会直接影响后期数据拼接，导致无法完成拼接；如果控制点太多（5 个以上）就会消耗过多的时间，因此没有必要这么做。对扫描区域进行拍照可以在完成扫描后再进行，也可以同步扫描进行，当然前提是仪器能够搭载数码相机。

数据采集的方法根据配准方式的不同一般分为两种采集方法。一种是先用高精度的全站仪对扫描区域进行控制测量，得到扫描区域内一些特征点的坐标信息，再利用三维激光扫描系统获取点云数据，利用全站仪获取到的控制点坐标和特征点坐标对点云数据进行配准，一次性将所有测站的点云数据统一到同一坐标系下。第二种方法是多个测站的数据扫描都使用独立坐标系，相邻测站之间拥有一定的重叠区域，利用重叠区域将两两测站的点云数据进行配准，最终将所有点云数据统一到某个测站的独立坐标系下。这种方法虽然节约了大量的工作时间，但是缺点也是十分明显的：由于独立的两站数据很难获取两两对应的坐标数据，因此，统一到一个坐标系中的点云数据存在一定误差。

5.2.2 内业数据处理

内业数据处理通常被称为点云数据预处理，这个过程主要包括数据拼接、点云数据滤波、数据精简和模型重建四个阶段。点云数据预处理的主要目的是消除噪声点，提高点云数据精确性，便于后期针对模型进行变形信息提取的工作。

5.2.2.1 点云数据拼接

根据扫描区域的实际情况，通常难以通过单站扫描获取所有点云数据，因此在进行数据采集时会在不同距离、不同角度架设扫描仪，通过数据拼接，将各个测站采集到的点云数据拼接在一起获得完整的目标点云数据。

A 点云拼接中的相关坐标系

点云拼接过程中通常会涉及三种类型的坐标系：

（1）扫描仪坐标系：即扫描仪自带的坐标系，以扫描仪中心为坐标原点，X 轴为扫描镜头正对的方向，Y 轴与 X 轴在同一平面内且相互垂直，Z 轴垂直于 XY 轴所构成的平面，三轴构成扫描仪自身的空间三维直角坐标系，如图 5-18 所示。

（2）用户自定义坐标系：当数据成果不需要转换到当地坐标系下的时候，用户可以自己定义坐标系统，通常以某一站的坐标系为基准，将其他坐标系下的数据统一过来。这种坐标系统是一个相对的坐标系统。

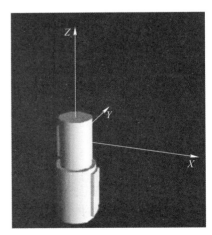

图 5-18 扫描仪坐标系

（3）绝对坐标系：根据项目需求，将各个测站的点云数据统一到绝对地理坐标系下，这个坐标系就称为绝对坐标系。

B　点云拼接原理

点云拼接就是将各个测站扫描仪自身坐标系下的数据转换到用户自定义坐标系或者绝对坐标系下的过程。其原理是将采集到的点云数据当作具有刚体属性的点，这样的点在坐标变换过程中就只会涉及平移和旋转两个参数，这两个参数可以用平移矩阵 T 和旋转矩阵 R 来表示：

$$R = \begin{bmatrix} \cos\alpha & -\sin\alpha & 0 \\ \sin\alpha & \cos\alpha & 0 \\ 0 & 0 & 1 \end{bmatrix} \begin{bmatrix} \cos\beta & 0 & \sin\beta \\ 0 & 1 & 0 \\ -\sin\beta & 0 & \cos\beta \end{bmatrix} \begin{bmatrix} 1 & 0 & 0 \\ 0 & \cos\varphi & -\sin\varphi \\ 0 & \sin\varphi & \cos\varphi \end{bmatrix} \quad (5\text{-}11)$$

$$T = \begin{bmatrix} T_x \\ T_y \\ T_z \end{bmatrix} \quad (5\text{-}12)$$

式（5-11）和式（5-12）中，α，β，φ 分别表示绕 X，Y，Z 轴的旋转角；T_x，T_y，T_z 分别表示沿各坐标轴的平移量，平移矩阵 T 和旋转矩阵 R 的求解又可以转换为对式（5-13）的求解。

$$f(R, T) = \min \sum [R \cdot p + T - q]^2 \quad (5\text{-}13)$$

C　点云拼接的方法

点云拼接的方法主要分为三种：基于点的拼接方法、基于几何特征的拼接方法和基于影像信息的拼接方法。

（1）基于点的拼接方法又包括标靶拼接方法、手动选择同名的拼接方法和多站点云数据拼接方法。其中，标靶拼接方法是在进行外业数据采集的时候，通过在相邻两个测站的重叠区域布设一定数量的标靶，包括反射片和球形标靶等（见图 5-19），框选标靶区域进行精细扫描，然后利用软件拟合得到标靶中心坐标，从而完成点云拼接工作。这种方法拼接精度较高，可以达到毫米级；手动选取同名点的拼接方法是在软件中手动选取不少于 4 个同名点进行拼接，这种方法的拼接精度取决于获取到的点云数据的点位精度；多站点云数据拼接的方法原理是利用最近点迭代的方法进行拼接，拼接精度很高，但是先要通过标靶或同名点的方式进行"粗拼"，再进行"精拼"，才能达到很高的拼接精度。

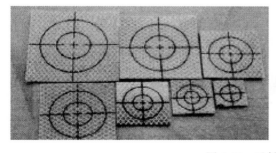

图 5-19　反射片和球形标靶

（2）基于几何特征的拼接方法。利用相邻两个测站之间的几何特征两两对齐，其优点是对齐速度快，精度较高，但这种方法的缺点也是显而易见的：如果扫描目标表面没有明显的几何特征或是特征被分割在不同的视图中，由于缺乏完整的特征信息，所以无法进行对齐，例如一些边坡，它的表面就没有明显几何特征，所以该方法不适用。

（3）基于影像信息的拼接方法。配有同轴相机的三维激光扫描仪，在不同扫描站点拍摄的图像进行特征提取和匹配，然后利用视觉几何中的本质矩阵计算出相机在不同扫描测站点间的相对旋转变换；同轴相机坐标系与扫描仪坐标系之间的变换是已知的，所以从相机的相对旋转变换可以直接得到扫描点云间的旋转变换。

5.2.2.2　点云数据滤波

使用三维激光扫描技术获取的点云数据中通常既包含地面点，也包含建筑、粉尘等非地面点，因此点云滤波就是将地面点和非地面点进行分割的过程。

对于较为明显的噪声点，如高于地面的建筑、电线杆等，可以直接通过人工识别的方法进行剔除，而对于噪声点数量较大且很难区分的时候，就需要利用相应的算法进行剔除。

常用的滤波算法包括高斯滤波、平均滤波和中值滤波（见图 5-20）。其中高斯滤波算法的原理是定位到某一数据点，将该点与其周围一定范围内的点进行加权平均，其权重呈现出高斯分布形态。这种方法的优点是能够消除高频噪声点，能够较完整地保留原始点云的形态，因此也是被用得最多的一种滤波算法。平均滤波通过计算 n 个点云数据的平均值来取代原来的点，这种方法能够快速地对原始点云进行平滑处理。中值滤波是将相邻的点云取中间值来替换原始的点云，这种方法对于消除毛刺点效果良好。在应用中，应根据需求选择合适的算法进行点云滤波。

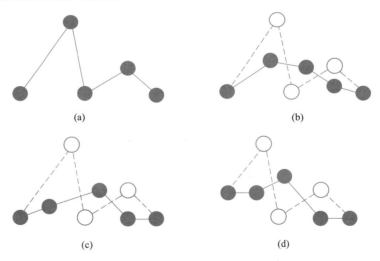

(a)　　　　　　　　　　　(b)

(c)　　　　　　　　　　　(d)

图 5-20　三种滤波算法示意图

（a）原始点云；（b）高斯滤波；（c）平均滤波；（d）中值滤波

5.2.2.3　点云数据精简

每个测站获取的数据点少则上百万，多则上千万，经过拼接后的点云数据存在大量重叠的点云数据，这给数据的存储和处理带来了极大的不便。在实际应用中，并不需要这么多点来进行建模，过多的点云反而会影响模型的精度和外观，所以点云数据精简是模型重建之前必须要进行的工作。

点云数据的精简就是减少整体的点云数据量，使其在地形复杂或形状变化较大的区域数据点较多，地形平缓或变形较小的区域数据点相对较少。2001 年，学者科伯特用数学的方式对点云数据精简的原理进行解释：假设存在点云 P，点云 P 定义了表面 S，通过某种方法找到点云 Q，使其点云数量小于点云 P，同时使点云 Q 所构成的表面到点云 P 构成的表面 S 距离最短。

点云精简的方法主要有包围盒精简法、八叉树结构精简法、距离精简法、网格精简法等。

（1）包围盒精简法。这种方法的原理是用一个包围盒将所有的点云数据包围起来，再将这个包围盒分为 n 个小包围盒，用位于每个小包围盒中心位置的点或最接近中心位置的点来代表整个小包围盒的值。如此一来，点云的数量就大量地减少了。这种方法简单可行，但仅适用于点云分布均匀的情况，而对于结构复杂的对象而言，就会造成很多细节部分的数据缺失，最终导致模型失真。

（2）八叉树结构精简法。该方法的基本思想是首先确定被测曲面的最小外接立方体，并将它当作八叉树的根节点，然后把该立方体分割成大小相同的八个子立方体（见图5-21），每个子立方体又被当作根节点的子节点，接着再将子立方体分割为 2 的幂次方个子立方体，直到分割的子立方体的边长小于或等于给定的精度就停止分割。此时，最小子立方体中通常只有一个点或者多个点。如果只有一个点，则用这个点的值来代表分割的立方体的值；如果有多个点则取这些点的平均值来代表子立方体的值。该方法的优点是能够有效降低点云的密度，且能够较好地保持被测对象原始的形态。

（3）距离精简法。当扫描的点云数据为有序点云时，可以使用基于弦值的方法对数据进行精简。其原理是首先连接一行数据的首尾两端作为基线，比较该基线与其他数据点的直线距离，找到距离最大的数据点记录下来；再连接距离最大的数据点的首尾两端作为基线，找到他们之间最大的弦值点，设置一个弦值阈值，如此下去，直到弦值小于阈值时，则保留弦值点，去掉其他点（见图5-22）。该方法的优点是对于曲率变化较大的区域精简效果明显，而较为平坦的区域则会因为去除掉过多的有效点而导致模型精度降低。

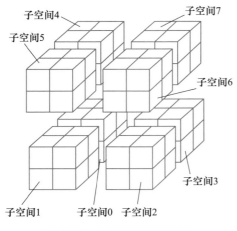

图 5-21　八叉树精简示意图

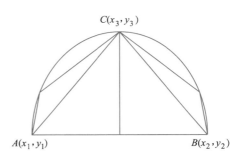

图 5-22　距离精简法原理

（4）网格精简法。网格精简法分为均匀网格精简和非均匀网格精简。均匀网格精简的原理与包围盒法相似，即首先用一网格将所有点云数据包含在内，再将网格分为大小相同的 n 个子网格，计算网格中所有点的中值，保留中值点去除其他点以达到数据精简的目的。该方法存在和包围盒法相同的缺点，即不适用于地形复杂的点云数据。非均匀网格精简与均匀网格精简不同的地方在于能够根据地形变化分割网格，每个网格大小不同，计算网格中所有点的中值进行保留。该方法的优点是能够较好地保持扫描体的原始形态，提高后期建模精度。

点云精简的方法很多，需根据点云的实际形态选择精简方法，对于表面或地形变化较大的点云，可以选择基于八叉树结构精简法、距离精简法和非均匀网格精简法。

5.2.2.4 模型重建

对点云数据进行处理的最终目的就是要构建三维模型，通过模型来进行分析和应用工作。模型重建又被点云曲面重建，通过点云构建的模型需要尽可能地接近真实物体的形态。曲面重建的主要包括三角剖分法、特征提取重建法和切片重建法。

A 三角剖分法

三角剖分法用于点云曲面重建中最早是在 1978 年，Peuker 等研究人员提出在构建不规则三角网（TIN）时进行三角剖分。随着相关技术的进步，使用最多、最广泛的方法是 Delaunay 三角剖分法。使用 Delaunay 三角剖分法进行不规则三角网的构建需要以下两点为准：

（1）空圆准则：Delaunay 三角网中的每个三角形，除了三角形顶点以外的点都不能在该三角形的外接圆内，而且不能出现四点共圆的情况（见图 5-23），这样做的原因是为了保证三角网的唯一性。

（2）最小角最大准则：经过 Delaunay 三角剖分后的点需要保证每个三角形中最小的内角都要大于其他剖分法分割的三角形的最小内角，也就是用两个相邻的三角构成的四边形，交换其对角线后，所有内角中最小的那个内角不会比之前的更大，如图 5-24 所示。满足这个条件使得 Delaunay 三角剖分法得到的三角网比其他方法构建的三角网更加规则。

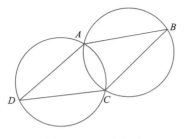

图 5-23 空圆准则

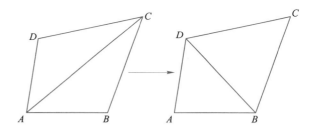

图 5-24 最小角最大准则

B 特征提取重建法

通过扫描获取的点云数据中都包含一些能够表达被测物体特征的数据，如果能将这些特征地物提取出来就能将整个建模过程进行简化，提取出来的特征点、线、面不仅能够优化模型，还能用于点云拼接。基于特征提取的曲面重建一般分为特征点的提取和特征线的提取。特征点的提取一般采用多尺度法，通过特征权值来表示表面形状的变化。这种方法不仅能够起到滤波的作用，还能使提取出来的特征点更加准确。特征点提取的过程一般分为对原始点云数据进行曲率估计、检测边界点、检测尖锐点、去除尖锐点、将特征点连接起来形成特征线，最后通过对特征线进行平滑。这些特征线能够反映建模对象的基本形态和轮廓。在进行特征点组合成特征线的时候通常采用由点拟合曲线的方式，而 3 次 B 样条曲线拟合效果更好。这种重建方法对于那些表面存在明显特征的对象能够有较好的效果，而对于建模对象表面特征不明显的情况下，就很难直接利用原始点云进行特征提取。为解决该问题，可在坡体表面布设标靶，通过人工干预的方式制造特征地物。

C　切片重建法

切片重建法的原理就是将整体的点云数据切分成多个规则的点云曲面，对每个面上的点云进行降维处理，能对高密度的点云数据起到去噪和精简的作用；接着对每个降维处理过后的切片进行建模，最后组合起来形成整体。该方法的重点是如何确定切片数和弦高阈值。当切片的点云数据量非常大时，切片数量对处理时间和点云精简的效率没有太大的影响；当数据量一般时，切片数量越多，处理时间越多，精简的效率反而降低。因此，为了使精简效果达到最好就必须选择最佳的切片数，弦高阈值的设置也需要根据实际情况而定，可取弦高差均值的最小值，能够保证建模对象的细节特征。

————— 本 章 小 结 —————

巷道中线和腰线的标定是井巷测量的主要内容。对于巷道中线来说，要掌握直线巷道、曲线巷道、碹岔和竖直巷道等多种类型的标定方法；对于巷道腰线来说，要掌握斜巷、平巷及斜巷与平巷连接处的标定方法。作为高效的三维坐标数据采集仪器，三维激光扫描仪的出现对采区测量工作来说具有重要意义。因此需要结合前文中对三维激光扫描仪的仪器介绍，加深对外业数据采集流程的理解和掌握；在点云数据处理过程中，要着重理解点云数据的拼接、滤波、精简和模型重建的方法步骤。

习　　题

1. 概述巷道中线的定义与作用。
2. 概述巷道中线如何进行延长和检查。
3. 列举巷道中线标定常用的方法。
4. 概述巷道腰线的定义与作用。
5. 三维激光扫描数据内业处理包括哪些环节？

6 矿区地表监测

本章课件

本章提要

采矿容易引起地表沉陷、土地破坏等一系列问题。传统的测量方法是对地表有限布点的位置进行变化监测，效率低下且覆盖范围有限。InSAR 可以大范围监测矿区地表的形变，倾斜摄影测量可以借助无人机平台建立矿区地表实景三维模型。本章主要介绍这两项新型测绘技术在矿区的应用，为矿区地表变化的大范围、高精度监测提供技术支持。

6.1 基于 InSAR 的矿区地表沉陷监测

6.1.1 矿区地表沉陷概述

地表移动是指采空区面积扩大到一定范围后，岩层移动发展到地表，使地表产生移动和变形，在地表沉陷的研究中称这一过程和现象为地表移动。开采引起的地表移动过程，受多种地质采矿因素的影响，因此随开采深度、开采厚度、采煤方法及煤层产状等因素的不同，地表移动和破坏的形式也不完全相同。在采深和采厚的比值较大时，地表的移动和变形在空间和时间上是连续的、渐变的，具有明显的规律性。当采深和采厚的比值较小（一般小于30）或具有较大的地质构造时，地表的移动和变形在空间和时间上将是不连续的，移动和变形的分布没有严格的规律性，地表可能出现较大的裂缝或塌陷坑。地表的移动和破坏形式主要有地表移动盆地、裂缝及台阶、塌陷坑三种情况。

（1）地表移动盆地：在开采影响波及地表以后，受采动影响的地表从原有标高向下沉降，从而在采空区上方地表形成一个比采空区面积大得多的沉陷区域。

（2）裂缝及台阶：在地表移动盆地的外边缘区，地表可能产生裂缝。裂缝的深度和宽度，与有无第四纪松散层及其厚度、性质和变形值大小有关。在急倾斜煤层条件下，地表移动取决于基岩的移动特征，特别是松散层较薄时，地表可能出现裂缝或台阶。

（3）塌陷坑：塌陷坑主要出现在急倾斜煤层开采条件下，但在浅部缓倾斜或倾斜煤层开采，地表有非连续性破坏时，也可能出现漏斗状塌陷坑。另外，在有含水层的松散层下采煤时，不适当地提高上限，也可能出现漏斗状塌陷坑。

地表出现裂缝、台阶或塌陷坑，对位于其上面的建筑物危害特别大。尤其对现状地物，如有铁路通过时，影响列车的正常通行，若不能及时发现并处理，将会造成行车事故。所以在建筑物下、铁路下或水体下（简称"三下"）采煤时，应该极力避免出现大的裂缝、台阶和塌陷坑。

6.1.1.1 地表下沉盆地的形成与特征

地表移动盆地是在工作面的推进工程中逐渐形成的。一般当回采工作面自开切眼开始向前推进的距离相当于 $(1/4 \sim 1/2)H_0(H_0$ 为平均采深) 时, 开采影响波及地表, 引起地表下沉。然后, 随着工作面不断向前推进, 地表的影响范围不断扩大, 下沉不断增加, 在地表就形成一个比开采范围大得多的下沉盆地。

图 6-1 展示了地表移动盆地随工作面推进而形成的过程。当工作面由开切眼推进到位置 1 时, 在地表形成一个小盆地 W_1。工作面继续推进到位置 2 时, 在移动盆地 W_1 的范围内, 地表继续下沉, 同时在工作面前方原来尚未移动地区的地表点, 先后进入移动, 从而使移动盆地扩大而形成移动盆地 W_2。随着工作面的推进相继逐渐形成地表移动盆地 W_3、W_4。这种移动盆地是在工作面推进过程中形成的, 故称动态移动盆地。工作面回采结束后, 地表移动不会立刻停止, 还要持续一段时间。在这一段时间里, 移动盆地的边界还将继续向工作面推进方向扩展。移动首先在开切眼一侧稳定, 而后在停采线一侧逐渐形成最终的地表移动盆地 W_{04}。通常所说的地表移动盆地就是指最终形成的移动盆地, 又称为静态移动盆地。在工作面的推进过程中, 其对应的每一个位置都会有一个相应的静态移动盆地 W_1、W_2、W_3、W_4。

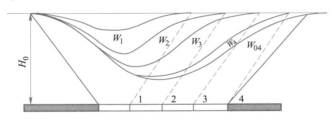

图 6-1 地表移动盆地形成过程

1, 2, 3, 4—工作面的位置; W_1, W_2, W_3, W_4—相应工作面的移动盆地;

W_{04}—最终的静态移动盆地

实测表明, 地表移动盆地的范围远大于相应的采空区范围。地表移动盆地的形状取决于采空区的形状和煤层倾角。移动盆地和采空区的相对位置取决于煤层的倾角。

在移动盆地内, 各个部位的移动和变形性质及大小不尽相同。在采空区上方地表平坦、达到超充分采动、采动影响范围内没有大地质构造的条件下, 最终形成的静态地表移动盆地可划分为中间区域 (中性区域)、内边缘区 (压缩区域)、外边缘区 (拉伸区域) 三个区域。

(1) 水平煤层 (煤层倾角 $\alpha \leqslant 15°$) 充分采动移动盆地特征: 1) 盆地位于采空区正上方, 盆地中心与采空区中心位置一致; 2) 盆地形状与采空区对称; 3) 盆地内外边缘区的分界点, 大致位于采空区边界的正上方或略有偏离。

水平煤层的非充分采动条件下的盆地特征与充分采动特征相似, 所不同的是盆地内不出现中性区域, 只有一个最大下沉点, 而且最大下沉点在采空区中心位置正上方。

(2) 倾斜煤层 ($15° < \alpha \leqslant 55°$) 充分采动移动盆地特征为: 1) 盆地形状出现不对称性; 2) 倾斜方向上, 盆地中心向下山方向偏移; 3) 盆地与采空区的相对位置, 在走向方向上对称于倾斜中心线, 而在倾斜方向上不对称, 倾角越大, 不对称性越明显; 4) 盆地的上

山方向较陡，移动范围较小，下山方面较缓，移动范围较大。

倾斜煤层非充分采动时，移动盆地特征基本与充分采动特征相同，不同之处是只有一个最大下沉值点。

（3）急倾斜煤层（$\alpha \geqslant 55°$）移动盆地特征：1）盆地不对称性更加明显，整个盆地向下山方向偏移；2）最大下沉点大致位于采区下山边界；3）地表最大水平移动值大于最大下沉值；4）不出现充分采动情况。

（4）地表移动盆地主断面特征：1）主断面上地表移动盆地的范围最大；2）地表移动最充分，移动值最大。

6.1.1.2 地表移动和变形计算

地下开采引起的岩层及地表移动过程是一个极其复杂的时间-空间现象，其表现形式十分复杂。但是，大量的实测资料表明，地表任意点的移动轨迹取决于地表点在时间-空间与回采面的相对位置的关系。一般情况下，处于弯曲带上部的地表各点移动向量均指向盆地中心，且可分解为沿铅垂分量和水平分量两部分。通常将铅垂分量称为下沉，水平分量称为水平移动。

描述地表移动盆地内的移动和变形指标是：下沉、倾斜、曲率、水平移动、水平变形、扭曲和剪切应力。目前对前五种移动变形研究较为充分，而后两项还处于研究初期，使用尚不广泛，因此，本书提到的移动变形也只针对前五种。

A 下沉

地表点移动向量的铅垂分量，叫作下沉（W），以本次与首次测得的点的标高差表示，单位为 mm，即：

$$W = h_1 - h_j \tag{6-1}$$

式中 h_1，h_j——第 1 次和第 j 次测得的点的标高。

B 倾斜

地表下沉盆地沿某一方向的坡度叫作倾斜（i），也叫斜率，其平均值以两点间下沉差 ΔW 除以点间距离表示，单位为 mm/m，即：

$$i_{AB} = \frac{W_B - W_A}{\Delta x} \tag{6-2}$$

式中，Δx 为 A、B 两点间的距离；W_B、W_A 分别为 B、A 两点的下沉值。

从任意点的倾斜值的定义上可看出，倾斜值是下沉值在该点处的导数。有两组方向不同的倾斜，边界点和最大下沉点之间的倾斜必然有正极值和负极值存在。垂直于地表下沉曲线的直线倾倒的趋向与 x 轴正向相同时，倾斜为正；趋向与 x 轴负向相同时，倾斜为负。

C 曲率

下沉盆地剖面线的弯曲度叫作曲率（K）。其平均值以相邻两线段倾斜差 Δi 除以两线段中点的间距表示，单位为 mm/m² 或 10^{-3}/m。即：

$$K_B = \frac{i_B - i_A}{\Delta x} \tag{6-3}$$

式中 Δx——A、B 两点间平均的距离；

i_B，i_A——B、A 两点的倾斜值。

任意点的曲率是倾斜值在该点处的一阶导数，是下沉值的二阶导数。由于倾斜值存在正负极值，因此，曲率值也存在正负值。正曲率的物理意义是地表下沉曲线在地面方向凸起或在煤层方向下凹，负曲率的物理意义是地表下沉曲线在地面方向下凹或在煤层方向凸起。

D 水平移动

地表下沉盆地点沿某一水平方向的位置变化叫水平移动（u），以本次与首次测得的从该点至控制点的水平距离差 Δl 来表示，单位为 mm，即：

$$u = \Delta l = l_0 - l_j \tag{6-4}$$

式中 l_0，l_j——第 j 次和首次测得的该点与控制点的水平距离。水平移动也有正负之分，正值的水平移动与 x 轴的正方向一致，负值的水平移动与 x 轴的负方向一致。

E 水平变形

下沉盆地内两点间单位长度的水平移动差叫作水平变形（ε），单位为 mm/m，其平均值以两点间水平移动差 Δu 除以两点间的距离表示，即：

$$\varepsilon_{AB} = \frac{u_B - u_A}{\Delta x} = \frac{\Delta u}{\Delta x} \tag{6-5}$$

水平变形正值的物理意义为地表受拉伸变形，负值的物理意义为地表受压缩变形。存在两个相等的正极值和两个相等的负极值，正极值为最大拉伸值，位于边界点和拐点之间；负极值为最大压缩值，位于两个拐点之间；盆地边界点、拐点和中点处水平变形为零，盆地边缘区为拉伸区，中部为压缩区。

6.1.2 InSAR 基本原理

InSAR 技术是 D-InSAR 技术的基础，而 D-InSAR 一般是重复轨道干涉测量模式，即只要求在雷达卫星上安装一副天线，通过不同时间段在相同的轨道对同一地区进行成像，从而实现干涉测量。该种模式对时间间隔有较高要求，如果时间间隔过长，影像会失去相干性，无法获取干涉信息。对于多数重复轨道干涉测量来说，轨道并不是完全重合的，存在一定的差异，因此干涉相位既包含视线向位移信息，又包含地形信息。下面以重复轨道干涉测量为例来阐述 InSAR 技术的基本原理。

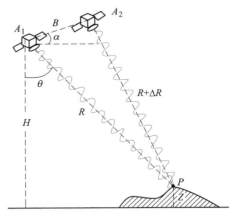

图 6-2   InSAR 原理

如图 6-2 所示，A_1 和 A_2 分别表示雷达卫星两次通过同一地面位置时两副天线的位置，B 表示两天线之间的基线距，α 为基线与水平方向的夹角，H 为卫星飞行轨道高度，Z 为地面点 P 的高程，R 和 $R+\Delta R$ 分别为雷达系统两次成像时天线中心到地物点 P 的斜距。两副天线 A_1 和 A_2 接收的地物反射信号 s_1 和 s_2 分别为：

$$s_1(R) = u_1(R)\exp(\mathrm{i}\varphi(R)) \tag{6-6}$$

$$s_2(R + \Delta R) = u_2(R + \Delta R)\exp(\mathrm{i}\varphi(R + \Delta R)) \tag{6-7}$$

由于入射角具有差异，需要对两幅不完全重合的 SAR 图像进行精配准，配准后的图像复共轭相乘就得到了复干涉图，其公式如下：

$$s_1(R)s_2^*(R+\Delta R)=|s_1 s_2'|\exp \mathrm{i}(\varphi_1-\varphi_2)=|s_1 s_2^*|\exp\left(-\mathrm{i}\frac{4\pi}{\lambda}\Delta R\right) \tag{6-8}$$

两副天线 A_1 和 A_2 接收到的信号相位为：

$$\varphi_1=2\frac{2\pi}{\lambda}R+\arg\{u_1\} \tag{6-9}$$

$$\varphi_2=2\frac{2\pi}{\lambda}(R+\Delta R)+\arg\{u_2\} \tag{6-10}$$

上面两式中，$\arg\{u_1\}$ 和 $\arg\{u_2\}$ 分别表示不同散射特性造成的随机相位。假设两幅图像中随机相位的贡献相同，即 $\arg\{u_1\}=\arg\{u_2\}$，则干涉图的相位可表示为：

$$\varphi=-\frac{4\pi}{\lambda}\Delta R+2\pi N \qquad N=0,\pm1,\pm2,\cdots \tag{6-11}$$

由式（6-11）可知，相位具有周期性，在实际处理中得到的只是相位主值，必须经过相位解缠才能确定 N 的值，进而得到真实相位。由图 6-2 可以得出：

$$\sin(\theta-\alpha)=\frac{(R+\Delta R)^2-R^2-B^2}{2RB} \tag{6-12}$$

$$Z=H-R\cos\theta \tag{6-13}$$

忽略 $(\Delta R)^2$ 项，可得：

$$\Delta R \approx B\sin(\theta-\alpha)+\frac{B^2}{2R} \tag{6-14}$$

由于在星载 SAR 系统中，$B\ll R$，式（6-14）中右边第二项非常小，可忽略不计，因此可对上式作近似处理，则有：

$$\Delta R \approx B\sin(\theta-\alpha) \tag{6-15}$$

将基线沿视线方向进行分解为平行于视线向分量 $B_{//}$ 和垂直于视线向分量 $B_\perp$，有：

$$B_{//}=B\sin(\theta-\alpha) \tag{6-16}$$

$$B_\perp=B\cos(\theta-\alpha) \tag{6-17}$$

则式（6-15）表示为：

$$\Delta R \approx B_{//} \tag{6-18}$$

那么：

$$\varphi=-\frac{4\pi}{\lambda}B_{//}+2\pi N \quad N=0,\pm1,\pm2,\cdots \tag{6-19}$$

由上式可以看出，相位 φ 包含斜距信息和地面点 P 的高度信息。

6.1.3 D-InSAR 形变测量原理

InSAR 干涉测量的相位主要由六部分组成，每个相位的名称及消除方法见表 6-1。

表 6-1　干涉相位的组成及消除方法

相位符号	相位名称	消除方法
φ_{flat}	平地效应相位	通过成像几何关系消除
φ_{top}	地形相位	采用差分干涉消除
φ_{def}	地表形变相位	—
φ_{orb}	轨道误差相位	采用精密轨道数据消除
φ_{atm}	大气相位	天气晴朗的情况下可以忽略
φ_{noi}	噪声相位	采用高斯窗口去平滑去噪

用公式表示为：

$$\varphi = \varphi_{\text{flat}} + \varphi_{\text{top}} + \varphi_{\text{def}} + \varphi_{\text{orb}} + \varphi_{\text{atm}} + \varphi_{\text{noi}} \tag{6-20}$$

其中，地表形变相位 φ_{def} 是所要得到的相位。D-InSAR 就是通过一系列的处理方法，将式（6-20）右边的 φ_{flat}、φ_{top}、φ_{orb}、φ_{atm}、φ_{noi} 等消除，只剩下由地表形变引起的相位 φ_{def}。根据地形相位 φ_{top} 的消除方式，差分干涉分为两轨法、三轨法和四轨法。

基于已知 DEM 的二轨法是利用试验区地表变化前后两幅 SAR 影像生成干涉条纹图，再利用事先获取的 DEM 数据模拟地形相位条纹图，从干涉纹图中去除地形信息从而得到地表变化信息。该方法的优点是 DEM 和满足干涉条纹的两幅 SAR 图像比较容易获得，二轨法的流程图如图 6-3 所示。

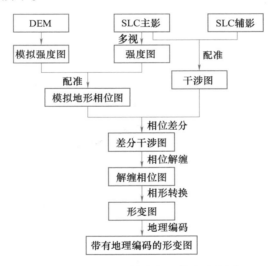

图 6-3　D-InSAR 技术的二轨法流程图

三轨法是利用三景影像生成两幅干涉条纹图，一幅反映地形信息，一幅反映地表形变信息，进行平地效应消除后，分别进行相位解缠，最后利用差分干涉测量原理计算得到地表信息，三轨法的优点是无需地面信息，数据间的配准较容易实现；缺点是相位解缠的好坏将影响最终结果。

四轨法是用四幅 SAR 图像进行差分干涉处理，即选择两幅适合生成 DEM 的 SAR 图像，另外选择两幅适合做形变的 SAR 图像，而后与三轨法相同，分别进行平地效应消除和相位解缠，最后利用差分干涉测量原理计算得到地表信息。该方法适合在很难挑选满足三轨模式的差分干涉影像对情况下使用，例如三幅图像中，地形图像对的基线不适合生成

126

DEM，或者形变图像对的相关性很差，无法获得好的形变信息。四轨法的优点是获得的形变精度高；缺点是得到的两幅干涉影像不易配准。

6.1.4 矿区地表沉降信息 D-InSAR 获取

6.1.4.1 D-InSAR 信息获取方法

基于 D-InSAR 获取矿区地表沉降的数据处理过程如图 6-4 所示。

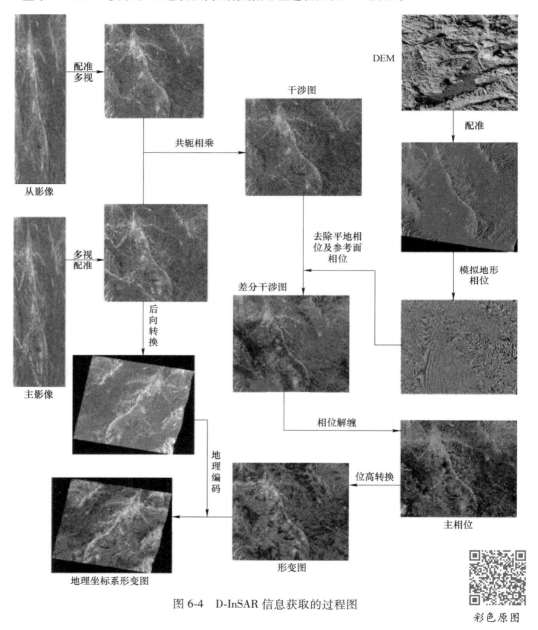

图 6-4 D-InSAR 信息获取的过程图

彩色原图

地面形变数据处理流程包括以下几个关键的步骤：

（1）单视复影像的配准。由于 SAR 影像对的成像轨道和视角存在偏差，导致两幅影像间存在一定的位移和扭曲，使得干涉影像对上具有相同影像坐标的点并不对应于地面上的同一散射点，为保证生成的干涉图具有较高的信噪比，必须对两景单视复影像进行精确配准，使两幅影像中同一位置的像元能够对应地面上的同一散射点。

（2）单视复影像预滤波。由于 InSAR 影像对在距离向和方位向均存在着谱位移，会在干涉图中引入相位噪声，因此，为提高干涉图的质量，在生成干涉图之前，需要在距离向和方位向上进行预滤波处理。方位向滤波是指为保留相同的多普勒频谱而在方位向对主从影像进行的滤波处理。距离向预滤波是指从局部干涉图中消除主从影像间的局部频谱位移，然后利用带通滤波器滤除谱内噪声的过程。预滤波只是 InSAR 处理中的可选步骤，可根据频谱偏移量的大小来决定是否进行该处理。

（3）干涉图生成。将从影像配准到主影像坐标系中后，对主、从影像或只对从影像进行重采样，之后再将主、从影像对应像元进行共轭相乘，从而得到干涉图。共轭相乘后的结果是复数形式，其模值称为干涉强度图，相位值称为干涉条纹图或干涉图。这里的相位值是缠绕的，其绝对值都不大于 π。

（4）基线估计。基线是反演地面点位高程、获取地表形变的必要参数，其精度对两者的影响很大，可以认为是 InSAR 处理过程中的一个重要环节。基线估计参数主要有垂直基线、平行基线、基线倾角和视角等。当前主要有基于轨道参数、基于干涉条纹和基于地面控制点的基线估计方法。

（5）去平地效应。由基准面引起的相位分量称为平地效应。只有将平地效应从干涉纹图中去除，干涉图才能真实反映出相位同地形高度之间的关系，此时的干涉条纹较为稀疏，有利于相位解缠的顺利进行。

（6）干涉图滤波。由于配准误差、系统热噪声、时空基线去相关、地形起伏等因素的影响，干涉图中往往存在着较多的相位噪声，使得干涉条纹不够清晰，周期性不够明显，连续性不强，增加了相位解缠的难度。为减少干涉图中的相位噪声、降低解缠难度、减少误差传递，需要对干涉相位进行滤波处理。

（7）质量图生成。在得到干涉条纹图后，需要对相位数据的质量和一致性进行分析，以便为相位解缠或其他需要提供策略，这就需要计算相干图、伪相干图等干涉质量图。

（8）相位解缠。相位解缠是将干涉相位主值恢复到真实相位值的过程，是 InSAR 数据处理流程中的关键环节，直接决定数字高程模型的精度。现有的相位解缠方法大致可以分成三大类：基于路径追踪的解缠算法、基于最小范数的解缠算法和基于网络规划的解缠算法。其中基于路径追踪的解缠算法基本策略是将可能的误差传递限制在噪声区内，通过选择合适的积分路径，隔绝噪声区，阻止相位误差的全程传递。基于最小范数的解缠算法将相位解缠问题转化为数学上的最小范数问题，关键是改正值不限制为整数周期，而是根据已知点的拟合结果求出。基于网络规划的解缠算法是将相位解缠问题转化为网络优化中的最小化问题，运用各种算法求解最小化问题的最优解，最终获得相位解缠结果。

（9）相位差分主要是在干涉相位中去除地形相位，从而得到形变相位的一个过程。根据去除地形相位采用的数据和处理方法，可将差分干涉测量方法分为两轨法或两通差分干涉测量、三轨法或三通差分干涉测量、四轨法或四通差分干涉测量。

两轨法利用两景雷达影像组成影像对，进行干涉处理，从而生成研究区的数字地面高程模型（DEM），再将这个数字地面高程模型与外部 DEM 模型进行差分，最终获得地表的形变信息。

三轨法利用三景雷达影像组成两个干涉影像对，其中一个认为是只包含地形影响的干涉影像对，另一个则为包含地形和形变影响的干涉影像对，从后一个影像对中去除前一个影像对的干涉相位，即可获得地表的形变信息。

（10）地理编码。在获取高程或形变量之后，这些量值仍然在雷达的坐标中。由于各幅 SAR 影像的几何特征不同，并且与任何测量参照系都无关，要得到可比的高程或形变图，就必须对数据进行地理编码。地理编码实际上就是雷达坐标系与地理坐标系之间的相互转换。

6.1.4.2 水准监测对比分析

现收集到皖北钱营孜矿 3212 工作面地表移动水准观测站资料（2010 年 1 月 14 日和 2010 年 2 月 26 日）和同时期 InSAR 数据（景号 ALPSRP211590660 和 ALPSRP218300660）监测结果进行实例验证。将试验中获取的地表沉降量与相同时期地面水准监测到的形变量进行对比分析，如图 6-5 所示，发现两者存在高度的一致性。

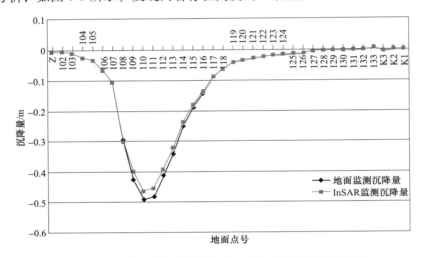

图 6-5　地面站监测沉降数据与 D-InSAR 监测沉降数据比较

若认为地面水准监测结果可以完全正确地反映监测时间间隔内的实际地面沉降量，即水准监测结果为真值，D-InSAR 监测结果为观测值，根据式（6-21）求解其中误差：

$$\sigma = \sqrt{\frac{\sum [\Delta\Delta]}{n}} \qquad (6\text{-}21)$$

经计算中误差 σ 为 10mm。

6.2　倾斜摄影测量

实景三维建设是当前国家基础测绘工作中的重点关注方向。倾斜摄影技术为实景三维建设的重要数据获取主要方式之一，该技术手段目前已经日趋成熟，特别是随着计算机领域 5G 网络、云计算以及区块链技术的发展，为倾斜摄影测量海量数据处理技术奠定了坚实基础。

倾斜摄影三维建模通过利用低空无人机平台，搭载两台以上不同拍摄角度传感器，目前使用较多的是五镜头相机，从垂直、倾斜等多个角度获取地面物体较为完整的信息，然后进行自动化建模，能够快速地进行大范围三维建模，相比较其他技术而言，具有获取数据快，建模周期短，模型真实效果好，三维建模成本低等优势。

6.2.1 倾斜摄影测量系统组成

倾斜摄影测量系统主要由航空摄影测量飞行器、多角度图像传感器、地面控制系统和图像处理工作站等组成。

6.2.1.1 航空摄影测量飞行器

航空摄影测量飞行器是倾斜摄影测量系统各传感器的承载平台。飞行器的选择需综合考虑工程项目的技术要求，项目具体范围、面积，项目实施时气象条件，空域管制情况以及飞行起降场地的限制等条件，然后结合不同类别飞行器性能特点和数据质量参数，最终选择符合项目要求的飞行器，表 6-2 分别从飞行器的合法性、安全性、灵活性以及数据质量角度比较分析目前常用飞行器各项参数。

表 6-2　常见飞行器对比

飞行器类型	合法性	安全性	灵活性	数据质量
无人机（旋翼及固定翼飞机）	目前民航及军航均不接受无人机飞行申请，为非法飞行	飞行不受控，与作业区域内的合法飞行器有冲突风险；飞机无安全认证，控制器失灵后易引发安全事故	无人机可任意场地起降，无需专用起飞场地；重量轻，体积小，方便运输；可云下摄影，阴天可执行任务	可满足分辨率 0.02～0.1m 地面分辨率要求，但作业效率低，影像质量一般，适用于面积小于 20km² 的摄影任务
旋翼机、动力三角翼	合法飞行，飞机有摄影合格证，航管部门受理飞行计划申请	飞机具备滑翔能力，可无动力着陆，同时配备降落伞，安全性能较高	可在野外 100m 平整土地起降，不需要专门机场；可用货车转场，运输较为方便；可云下摄影，阴天可执行任务	可满足分辨率 0.04～0.2m 地面分辨率要求，适用于面积小于 100km² 的摄影任务
运输机及其他通航飞机	合法飞行，飞机有适航证，航管部门受理飞机计划申请	配备机载领航设备，安全可靠性较高	必须要专门的起飞跑道和机场，无论机场还是作业都受机场限制，起飞点一般距离作业区域较远	可满足分辨率大于 0.01m 地面分辨率要求，适用于面积在 100km² 以上的拍摄任务，飞行质量较好

6.2.1.2 多角度图像传感器

多角度图像传感器集 CCD 组合（相机系统）、减振云台、RTK、高速存储卡等硬件于一体，用来获取地面物体不同角度连续影像，即从垂直、倾斜等多个角度获取地面物体较为完整的信息。受飞行器的载荷所限，相机系统组合主要有单镜头、两镜头以及五镜头，如图 6-6 所示。在飞行过程中，多个相机系统采用同步曝光方式采集地面不同角度的影像信息，同时通过 POS 系统获取与每组曝光影像相对应位置及姿态信息，从而得到用于实景建模的影像及位置姿态文件。

(a) 单镜头　　　　　　　(b) 两镜头　　　　　　　(c) 五镜头

图 6-6　常见多角度图像传感器

6.2.1.3　地面控制系统、图像处理工作站

地面控制系统目的是监控和控制飞行器飞行各项参数，确保飞行器安全飞行和姿态监控，通常地面控制系统与飞行器飞行控制系统配合使用，应用较广的有大疆地面站系统。图像处理工作站是用来进行内业三维模型建模和处理的高性能计算机，因为三维模型建模过程计算量较大，所以对计算机的显卡和 CPU 都要求较高。

6.2.2　倾斜摄影三维建模解决方案

倾斜摄影三维模型构建及应用技术方案包括三维模型数据获取、处理和应用等流程，各流程逻辑模型如图 6-7 所示。

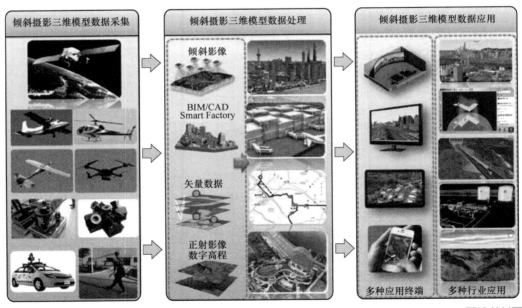

图 6-7　倾斜摄影三维建模应用流程图

彩色原图

6.2.2.1　倾斜摄影三维模型数据获取

数据获取是倾斜摄影三维模型构建过程中较为重要的过程，是后续数据处理及应用的基础，严格控制外业数据采集质量能够有效避免内业生产过程中的诸多问题，所以需要制订严谨的工作流程和质量控制方案，主要工作内容包括三个部分。

（1）工作方案及空域申请文件准备：主要包括飞行项目相关资料收集、空中飞行器选择、飞行方案编写等关键步骤。

（2）航空摄影工作的组织与实施：主要包括项目区域实地踏勘、设计规划飞行方案、计算详细飞行参数，像控点布设与测量、飞行安全情况控制、飞行方案的具体实施等步骤。

（3）数据成果整理及初步检查：主要包括像控点整理检查、相片采集数量核对、POS 数据检查、相片整理分类、外业记录表格整理、软件快速数据检查（可选）等步骤。

倾斜摄影三维模型数据获取作业流程如图 6-8 所示。在整个作业流程中最主要内容包括航摄飞行器的选择、航摄飞行参数计算与航线规划、像控点布设与测量、外业成果初步检查等。

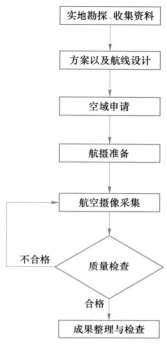

图 6-8　外业数据采集
工作流程图

A　航摄飞行器的选择

选择合适的航摄飞行器是外业数据获取的基础要求，需要考虑具体的飞行项目具体范围、天气、空域、飞行作业面积和飞行起降场地的限制，结合不同类别飞行器性能特点和数据质量参数，最终选择符合项目要求的飞行器，表 6-3 从飞行器的起飞条件、降落条件、气象要求等角度进行分析比较。

表 6-3　常见飞行器参数比较

飞行器类型	净空要求	起降跑道要求	风向气流条件
旋翼无人机	周边半径 100m 范围内无高压电塔等强大干扰源，半径 50m 范围内无超过 2m 的树木建筑等障碍物	20m×20m 空地即可进行起降，在城市内也可进行起降作业	4 级风以下，气流相对稳定
固定翼无人机	起飞道路两侧各 30m 范围内无高压电塔、树木、建筑等障碍物，跑道两端 100m 内无超过 2m 障碍物	根据类型不同可采用弹射、滑跑等方式起飞、要求起降场地开阔、人口活动少的区域	4 级风以下，气流相对稳定
动力三角翼及旋翼机	起飞道路两侧各 50m 范围内无高压电塔、树木、建筑等障碍物，跑道两端 100m 内无超过 2m 障碍物	跑道长大于 250m，宽 30m，水泥地面、沥青地面或平整草地均可	动力三角翼 3 级以下风，无乱流，旋翼机 5 级以下风，无强对流

B 航摄飞行参数计算与航线规划

选择与实际情况相符的飞行器后，计算本次飞行任务的飞行高度，其中飞行高度主要取决于项目的地面分辨率要求和相机传感器像元大小等因素，飞行高度与地面分辨率之间具体的空间关系如图6-9所示，具体计算公式如式（6-22）所示。

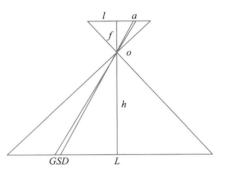

图 6-9 航高与分辨率关系图

$$\frac{a}{GSD} = \frac{f}{h} \qquad (6-22)$$

式中，h 为相对飞行高度；f 为镜头焦距；a 为像元尺寸；GSD 为地面分辨率。可求得获得对应地面分辨率 GSD 的飞行高度。

在飞行高度设计过程中，针对有些飞行项目范围内高差变化较大，需根据航摄区域地形情况划分航摄分区，规定技术要求为航线在航向方向需超过航摄分区边界一个像幅以上，在旁向方向需超过边界三条基线以上，确保侧视相机能够获取到航摄分区边界影像。

除飞行高度外，飞行方案还需考虑以下飞行参数，航区内的航摄面积、地形概况、影像分辨率、最高海拔点、最低海拔点、平均海拔、相对航高、绝对航高、航向重叠度、旁向重叠度、航线间距、航线数、曝光方式/曝光间隔、航线总长度、作业架次、作业时间、允许航高浮动误差、允许航线偏离误差、航线飞行速度等。

在飞行航线规划过程中，航线方向多设计为东西向，具体布设方向也可以结合地形和地理要素分布进行设计，基本原则是保证航线长基线设计，让飞行器处于匀速飞行状态，避免较多转弯情况出现，且保证整个航线处于安全飞行高度范围内。

C 像控点布设与测量

飞行器是否具有 POS 数据采集功能对应着不同的像控点布设技术要求，下面两种技术要求分别对应不同采集设备。

（1）有 POS 数据采集功能设备像控点布设要求：飞行器具备 POS 采集功能，可大大降低地面像控点的布设密度，每平方千米不少于 0.2 个像控点（若小于 $1km^2$，需满足最低布设要求，不少于 5 个）。飞行区域边界必须布设像控点，且要求每平方千米不少于 0.5 个，有航摄分区时，每个航摄分区按照此要求进行布设。以上像控点需要提供满足项目精度要求的控制点坐标与高程，同时每个测区范围内需要提供至少 10% 的多余观测控制点，作为精度检校。

（2）无 POS 数据采集功能设备像控点布设要求：飞行器不具备 POS 采集功能时，后期数据生产将需要通过均匀的像控点来提升成果精度，布设像控点时需满足以下要求：均匀分布在测区内，像控点每平方千米不少于 1 个；部分河流、湖泊等水面较宽地区，沿水面每平方千米不低于 1 个像控点；部分极为困难的山区，控制点数量可以适当降低，但仍不能低于到每平方千米 0.5 个像控点。

D 外业成果初步检查

完成外业飞行任务后，需要检查的内容包括：相片采集数量核对，判断是否有漏片现象，是否需要补飞；查看 POS 数据是否完整；航线重叠度和旁向重叠度是否正常；像控点是否记录完整；软件快速数据检查（可选）等。

倾斜摄影三维模型数据采集工作是一项非常繁重和细致的任务，影像获取的质量关系到最终模型成果的质量。制订可操作性高的技术方案，选择合适的飞行平台以及传感器，充分考虑每个飞行参数的可行性和合理性，都是提高最终数据成果质量的关键。

6.2.2.2　倾斜摄影三维模型数据处理

倾斜摄影三维模型数据处理主要是采用自动化建模的方式利用计算机生成三维模型，主要经过影像几何处理、多视图匹配、三角网生成、添加纹理特征等步骤，最终得到带有实景纹理的三维模型，无需人工过多干预即可进行三维模型批量处理。AirBus 公司的街景工厂（Street Factory）和 Bentley 的 Smart3D Capture 是目前使用较多的两款自动建模软件。其中 Smart3D Capture 软件采用基于图像 GPU 处理，能够快速构建三维场景模型，且该软件能够支持多种数据输入方式，支持无人机、数码相机、手机等设备采集的图像。使用 Smart3D Capture 软件生成的模型成果采用分层显示技术（LOD）进行管理，LOD 技术能够保证三维模型在不同配置计算机上均能流畅地加载显示，详细地表达三维模型细部特征。

Smart3D Capture 数据处理流程较为简单，不需要过多的人工干预，只需将外业获取的影像数据、POS 数据、像控点数据导入到软件中，通过简单的设置即可进行三维模型数据处理。输出的成果包括 DSM、DOM、点云和三维网格模型等。下面以 Smart3D Capture 软件为例描述倾斜摄影三维模型的数据处理流程。

A　影像数据检查

在进行具体的数据处理之前，需对影像数据进行数据检查，检查内容包括以下几个方面。

（1）影像质量目视检查：通过目视观察，确保影像像素较为清晰，颜色较为鲜艳饱满，没有过度曝光现象，并且相片具有丰富的层次，能够分辨与地面分辨率相匹配的地面细小地物。确保相片的分辨率能够满足外业调绘和判读的要求。

（2）影像重叠度检查：通过检查航线航向相邻和航线旁向相邻照片，确保影像航向重叠度与旁向重叠度满足要求。

（3）检查相片编号是否一致：通过检查相片文件管理系统，判断是否有重复编号或编号遗漏情况。

（4）快速质量检查：可选择使用 Smart3D Capture 软件进行数据的快速空三检查，确定数据能够满足空三生成条件。

B　POS 数据的检查与预处理

检查 POS 数据编号、数量是否与影像相对应，删除多余或重复采集的 POS 数据，将POS 数据格式整理成 Smart3D Capture 软件规定的格式。整理后 POS 数据如图 6-10 所示。

C　像控点数据检查与预处理

通过制图软件或者 Google Earth 检查像控点数据是否正确，确保像控点相对位置关系与影像上对应像控点位置关系一致，像控点相对应关系出错会导致模型生产失败。在飞行航摄区域范围内选择像控点作为三维建模约束输入 Smart3D Capture 软件，多余像控点作为后期精度评价依据使用，提前挑选好像控点所在图片，为后续刺点做准备。

	A	B	C	D	E
1	Name	PhotogroupName	Latitude	Longitude	Height
2	IMG_1146.JPG	Ixus_220HS	46.65610032	6.54318444	734.9987353
3	IMG_1147.JPG	Ixus_220HS	46.65601455	6.542351342	729.754403
4	IMG_1148.JPG	Ixus_220HS	46.65608601	6.541535781	731.3504878
5	IMG_1149.JPG	Ixus_220HS	46.65608092	6.540665387	730.5402361
6	IMG_1150.JPG	Ixus_220HS	46.65613424	6.539816412	731.686558
7	IMG_1151.JPG	Ixus_220HS	46.65617943	6.538954752	730.4125029
8	IMG_1152.JPG	Ixus_220HS	46.65619994	6.538104975	732.3890422
9	IMG_1153.JPG	Ixus_220HS	46.65623472	6.537230857	732.0437078
10	IMG_1154.JPG	Ixus_220HS	46.65626912	6.536379824	731.7634553
11	IMG_1155.JPG	Ixus_220HS	46.65632982	6.535505334	728.7322699
12	IMG_1156.JPG	Ixus_220HS	46.65633634	6.534658458	732.0547888
13	IMG_1157.JPG	Ixus_220HS	46.65600566	6.534327254	727.8260277
14	IMG_1158.JPG	Ixus_220HS	46.6560283	6.535156514	730.8050009
15	IMG_1159.JPG	Ixus_220HS	46.65596843	6.535993602	729.3828853
16	IMG_1160.JPG	Ixus_220HS	46.65599129	6.53677957	729.9189221
17	IMG_1161.JPG	Ixus_220HS	46.65597412	6.537632532	731.6156181
18	IMG_1162.JPG	Ixus_220HS	46.65593107	6.538445068	729.0176783
19	IMG_1163.JPG	Ixus_220HS	46.6559105	6.539240703	730.3558185
20	IMG_1164.JPG	Ixus_220HS	46.65589333	6.540133142	732.4464295
21	IMG_1165.JPG	Ixus_220HS	46.65585387	6.541005265	730.1693919
22	IMG_1166.JPG	Ixus_220HS	46.65582257	6.541814279	729.9750644
23	IMG_1167.JPG	Ixus_220HS	46.6557751	6.542657935	730.9176422
24	IMG_1168.JPG	Ixus_220HS	46.65578385	6.54347331	729.2365839
25	IMG_1169.TPG	Ixus_220HS	46.65533978	6.543660728	724.0927742

图 6-10　POS 数据格式

D　Smart3D Capture 三维模型生产

将经过预处理的影像数据、像控点以及转换为指定格式的 POS 数据导入 Smart3D Capture 软件中进行三维模型生产，主要包括技术步骤如下：

（1）空中三角测量处理。空中三角测量又称空三加密（简称空三，AT），核心思想是根据影像的像主点坐标（POS 数据）和地面像控点作为平差约束条件，利用投影中心点、像点和对应地面点三点共线空间关系作为条件，解算出所有影像待测点的外方位元素与坐标数据。

Smart3D Capture 软件中空三具体实现是，通过软件中加载的影像数据和像控点作为光束法区域网整体平差约束条件，中心投影共线方程作为核心平差公式，通过旋转和平移调整各个光线束，使得模型整体公共光线实现最佳交会效果，然后将相片区域转换到像控点坐标系，恢复相片中地物的真实空间坐标系，空三结果如图 6-11 所示。

彩色原图

图 6-11　空中三角测量结果示意图

（2）影像密集匹配。通过在连续多幅影像之间实现图像特征点的检测和匹配算法，实现航摄区域内同名点的关联匹配，然后从影像中提取所有满足要求的图像特征点组成密集点云，反映地物的几何特征细节。所以对于复杂的地物，提取的特征点云数量越多，点云密集程度越高；对于简单的地物，提取点云就相对较为稀疏。点云效果图如图6-12所示。

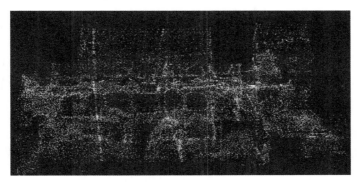

彩色原图

图6-12　点云结果示意图

（3）纹理映射。经过影像密集匹配后，恢复了相片包含地物的真实空间关系，且利用点云的疏密放映地物的几何特征，在此基础上利用点云构建三角TIN网，结果如图6-13（a）所示，再通过三角TIN网生成白模，成果如图6-13（b）所示，自动将纹理映射到白模上，结果如图6-13（c）所示，最后生成真实三维模型，如图6-13（d）所示。

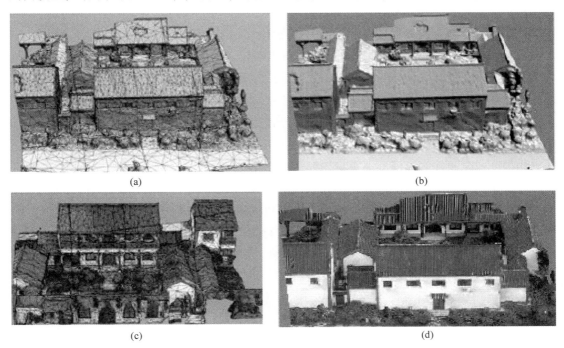

(a)

(b)

(c)

(d)

图6-13　纹理映射示意图

（4）并行计算。Smart 3D Capture软件可实现多节点并行计算，适用于大面积批量三维模型生产，通过并行计算提高生产效率，并行计算设置也较为简单，只需设置各子节点工作目录为共享文件夹，然后添加到设置中，即可参与运算。

（5）成果输出。Smart3D Capture 软件输出成果包括三维网格模型、正射影像（DOM）、数字表面模型（DSM）、点云数据（*.las 格式）等，其中三维网格模型输出的数据格式包括 s3c、obj、osg（osgb）、dae、3D tiles 等格式。

为方便后续模型格式转换为扩展的三维模型数据结构文件，可通过两种解决方案进行处理，一是利用 Smart3D Capture 生成 3D Tiles 格式数据，通过工具将 3D Tiles 数据转换为本书扩展的数据格式；二是利用 Smart3D 生成 OSGB 格式数据，之后通过转换工具将其转换为本书扩展的数据格式。

6.2.2.3 数据优化

基于 Smart3D Capture 自动建模生成的模型存在着空洞问题，部分区域模型缺失，影像浏览效果较差，建筑物和地物存在着局部扭曲的问题，与实际场景不符。针对上述问题，常用解决方案包括：

（1）对三维模型效果存在问题的区域重新影像采集，并与之前采集的影像进行局部单独建模，利用 Smart3D Capture 将生成的局部模型替换掉原模型中效果不理想的部分。该方案浪费人力物力，需要重新进行外业数据采集工作。

（2）通过专门的修模软件对几何特征不理想的模型进行手动修饰，局部效果较差的可以利用手工建模替换掉自动建模成果，最后导入 Smart3D Capture 更新合并，实现模型局部修饰的效果。该方案需要较多的手工内业操作，工作量较大。

通过 Smart3D Capture 软件进行数据重新建模较为简单，操作技术要求同上述建模过程类似，下面使用 Dp Modeler 修模软件进行三维模型局部优化，该软件可以编辑修饰效果较差的模型，也可以将效果较差的模型挖去，添加手动建模的三维模型到指定位置。目前该软件支持 osg、ive 等格式数据导入，所以 Smart3D Capture 软件也需要生成对应的格式。

Dp Modeler 软件修饰模型主要步骤包括：

（1）新建工程，导入模型。导入数据类型可以是 Smart3D Capture 软件生成的初始模型数据，也可以是地面街景、手持相机拍摄照片等辅助修饰模型数据。

（2）模型分离。将需要修饰的局部模型进行切割分离，从完整的网格模型中单独分离出来，方便处理。然后对分离出来的模型进行手工建模操作，然后进行纹理映射修饰，或者通过人工修饰进行贴图操作。

（3）模型融合。将修饰后的分离模型和整体网格模型进行融合，或导入 Smart3D Capture 软件中与分块数据进行融合，效果图如图 6-14 所示。

通过分析上述两种模型优化方案，都需要消耗大量的人力物力，无法通过软件自动化操作进行模型优化。基于 Smart3D Capture 自动建模技术所生成的三维模型，存在模型空洞问题，影响模型质量及应用效果，亟须开展倾斜摄影三维模型空洞识别与修补算法研究，通过软件自动识别修补三维模型中的空洞问题。

(a) 模型修饰前　　　　　　　　　　　(b) 模型修饰后

图 6-14　三维模型修饰效果图

——— 本 章 小 结 ———

　　变形监测是星载 InSAR 技术应用最为成熟的领域之一。在学习矿区地表沉陷的 InSAR 监测方法时，要深入理解 InSAR 和 D-InSAR 的基本原理，尤其要重点掌握地面形变数据处理流程，这是获得可靠结果的前提。同样，倾斜摄影测量也是近年发展起来的地表三维建模的颠覆性技术之一。在本项内容的学习中，需要了解倾斜摄影测量系统组成，掌握倾斜摄影三维模型的数据处理流程，为矿区地表三维建模奠定基础。

习　　题

1. 简述矿区环境灾害问题。
2. 地表的移动和破坏形式主要有哪三种情况？
3. 在采空区上方地表平坦、达到超充分采动、采动影响范围内没有大地质构造的条件下，最终形成的静态地表移动盆地可划为哪三个区域？
4. 简述干涉雷达的定义。
5. 用于航空摄影测量有哪些常见的飞行器？
6. 对倾斜摄影测量的初步结果如何进行优化？

7 智能矿山中的测绘技术

本章课件

本章提要

　　智能化是在信息化基础上涌现的生产力高级形态，它是随着移动互联网和大数据而到来的。本章介绍了智能矿山和智能测绘的相关内容，具体包括：智能矿山建设构想与智能测绘变革、矿山空间信息的智能采集以及矿山空间信息的智能处理分析。此外，以矿层地质空间三维建模软件为例，介绍了智能矿山测绘的典型应用。

7.1　智能矿山建设构想与智能测绘变革

7.1.1　数字矿山与智能矿山

7.1.1.1　数字矿山的缘起

　　数字地球和数字中国战略的提出，以及数字农业、数字海洋、数字交通、数字长江、数字城市等一系列数字工程的实施，不断激励广大矿业科技工作者去做关于矿山信息化和传统矿山创新发展的思考。

　　受数字地球与数字中国概念的启发，在矿山 GIS（Mine Geographical Information System，MGIS）研发与矿山信息技术推广应用的基础上，吴立新等一批中国学者开始形成了数字矿山的理念与设想。1999 年 11 月，在北京召开的"首届国际数字地球会议"上，吴立新教授率先提出了数字矿山的概念，并围绕矿山空间信息分类、矿山空间数据组织、矿山 GIS 等问题进行了分析和讨论。何谓数字矿山，简而言之，数字矿山是"对真实矿山整体及其相关现象的统一认识与数字化再现，是一个硅质矿山，是数字矿区和数字中国的一个重要组成部分"，如图 7-1 所示。

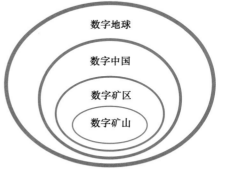

图 7-1　数字地球、数字中国与
数字矿山的关系

7.1.1.2　数字矿山的概念

　　数字矿山的定义为：基于统一时空框架的矿山整体环境、采矿活动及其相关现象的数字化集成与可视化再现，是一种"硅质矿山"，如图 7-2 所示。

　　据此分析可见，数字矿山概念的本质可概括为：以地测采、资安环、信系决为学科基础，以遥测遥控、网格 GIS 和无线通信为主要技术手段，在统一的时空框架下，对矿山地上地下整体、采矿过程及其引起的相关现象进行全面监控、统一描述、数字表达、精细建

(a) 井巷工程与地层、矿体的数字化集成   (b) 井巷内部的可视化再现

图 7-2 矿山数字化集成与可视化再现

彩色原图

模、虚拟再现、仿真模拟、智能分析和可视化决策，保障矿山安全、高效、绿色、集约开采和多联产，实现采矿自动化、智能化以至无人矿井，推动采矿科学与技术的创新发展。

数字矿山最终表现为矿山的高度信息化、自动化和高效率，以至无人采矿和遥控采矿。设想未来的数字矿山的基本模式如图 7-3 所示。

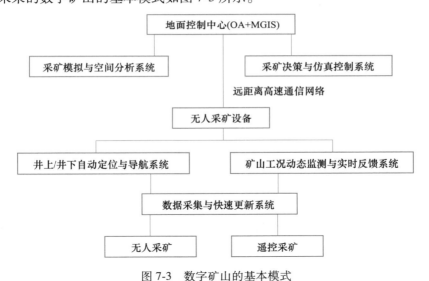

图 7-3 数字矿山的基本模式

7.1.1.3 数字矿山的特征

为帮助理解和加深认识，可以参照智能交通体系的模式，如图 7-4 所示形象地描述和概括数字矿山的六大基本特征为：以高速企业网为"路网"，以组件式矿山软件为"车辆"，以矿山数据与模型为"燃油"，以 3DGM 与数据挖掘为"过滤"，以数据采集与更新为"保障"，以矿山 GIS 为"调度"。

（1）以高速企业网为"路网"。要想信息化，就得先修"路"。数字矿山的建设与矿山信息化运行是以高速企业网（Intranet）为基础，高速企业网是数字矿山的基础设施。在矿山现有通信网的基础上改造提升，并与因特网（Internet）对接，逐渐建立宽带、高速和双向的通信网络，是实施数字矿山和确保海量矿山数据在企业内部、外部快速传递的

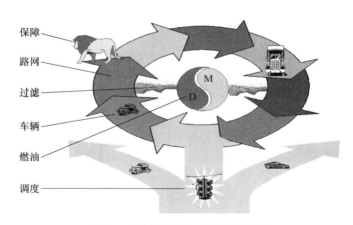

保障
路网
过滤
车辆
燃油
调度

图 7-4　数字矿山的六大基本特征

前提。该项工作要注意与 NSDI 及数字中国建设相协调，以利于矿山产品、经营、管理等社会经济化信息在 Internet 上的快速传递，促进矿山产品的市场营销和参与国际竞争。

（2）以组件式矿山软件为"车辆"。有"路"应有"车"，"车"型多样化。为满足不断扩展的矿山信息化需求和确保软件模块的复用性，必须采用组件式的软件开发思想，针对不同问题开发适合不同用户、具有不同功能的矿山应用软件，即需要制造多品种、多型号、多用途的"车辆"，如采矿 CAD（MCAD）、虚拟矿山（VM）、采矿仿真（MS）、工程计算（如矿山有限元、离散元、边界元和有限差分模型等，统称 EC）、人工智能（AI）和科学可视化（SV）等软件工具。利用这些软件系统，不仅可对采矿活动造成的地层环境影响进行大规模模拟与虚拟分析，对矿工进行虚拟岗前培训，提高矿工的安全意识和防灾减灾能力，而且可根据多样化需要随时组合、调整和强化矿山软件系统的功能。

（3）以矿山数据与模型为"燃油"。"车"子要想跑，全靠"燃油"好。软件的运行和发挥作用离不开数据，MSDW 构成数字矿山的核心。数字矿山的数据仓库由两部分组成，就像人的左右心室：一侧为数据仓库，管理矿山实体对象的海量几何信息、拓扑信息和属性信息；另一侧为模型仓库，管理为矿业工程、生产、安全、经营、管理、决策等服务的各类专业应用模型，如关于开采沉陷计算、开采沉陷预计、顶板垮落计算、围岩运动模型、储量计算、通风网络解算、瓦斯聚集分析、涌水计算等的计算公式、分析模型与关键参数等。数据的质量和模型的可靠性是确保"燃油"品质的关键，必须高度重视。

（4）以 3DGM 与数据挖掘为"过滤"。"燃油"分品质，关键是"过滤"。为了提高矿山数据的品质，提升矿山数据的集成度和共享性，必须按统一的数据标准和数据组织模式对多源异质的矿山数据进行多时空尺度的"过滤"和重组。"过滤"和重组的关键是真3D 地学建模（3D Geoscience Modeling，3DGM）和矿山数据融合与数据挖掘。3DGM 是基于钻孔数据、补勘数据、地震数据、设计数据、开挖揭露数据及各类物探、化探数据等，来建立矿山井田、矿体与采区巷道及开挖空间矢栅整合的真三维集成模型。在此基础上进行数据挖掘和知识发现，揭示隐藏的规律与信息，并进行矿床地质条件评估、地质构造预测、精细地学参数半定量分析、深部成矿定位预测、矿产资储量动态管理、经济可采性动态评估、开拓设计、支护设计、风险评估及开采过程动态模拟等，从而辅助矿山决策，确保矿山安全和投资回报。

（5）以数据采集与更新为"保障"。"燃油"有保障，系统运行才高效。多源异质和动态变化是矿山数据的基本特点。必须依靠矿山测量（遥感、全球定位系统、数字摄影测量、常规地面测量和井下测量等）、地质勘探（钻探、槽探、山地工程、地球物理物探、化探等）、工业传感（指各类接触式与非接触式矿山专用传感与监视设备/仪器采集系统，如应力传感、应变传感、瓦斯传感、自动监测、机械信号与故障传感、工业电视等）和文档录入（法规、法令、文件、档案、统计数据等）等综合手段，建立精确、动态和全面的矿山综合信息采集与数据更新系统。只有实现了矿山数据的动态采集与快速更新，才能源源不断地为数字矿山系统提供高质量的新鲜、充足的"燃油"，从而保障数字矿山的高效运行。

（6）以矿山 GIS 为"调度"。系统要高效运行，"调度"指挥不可少。在统一的时空框架下，调度、指挥和控制各类"车辆"的有序运行，以及"燃油"的采集、更新与过滤，是确保数字矿山系统高效运行的关键。矿山 GIS（MGIS）作为矿山信息化办公与可视化决策的公共平台，作为各类矿山软件集成和各类模型融合的公共载体，贯穿于矿山业务流的全过程，可以担任总"调度"的角色，是数字矿山的总调度系统。面向数字矿山的MGIS 系统，应该是一个能为采矿业提供海量矿山信息组织管理、采矿过程动态模拟、复杂空间实体分析，以及可视化决策支持的真三维 GIS。

7.1.1.4 数字矿山的框架结构

数字矿山作为一个复杂巨系统。基于图 7-4 所示的数字矿山基本特征分析和图 7-5 所示的数字矿山核心架构分析，可按数据流和功能流对数字矿山的基本框架进行同心圆层次剖分，如图 7-5 所示。数字矿山的框架结构由 5 部分组成，由外向里依次为：数据获取系统、集成调度系统、工程应用系统、数据处理系统和数据管理系统。

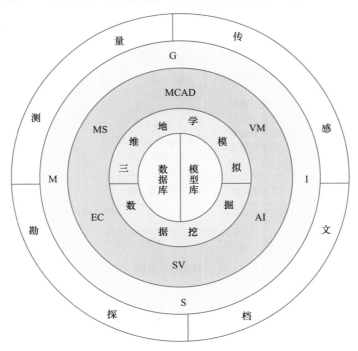

图 7-5　数字矿山的基本框架

（1）数据获取系统：负责数据的采集、处理与更新，包括测量、勘探、传感和设计（含文档数据）4 大类矿山基础数据。

（2）集成调度系统：作为矿山信息化办公与决策的公共平台和各类矿山软件集成和各类模型融合的公共载体的 MGIS，负责矿山实体对象的拓扑建立与维护、空间查询与分析、矿山制图与输出等 GIS 基本功能，并进行数据访问控制，调度和控制各类"车辆"的运行、"燃料"的采集、更新与过滤等。

（3）工程应用系统：即各种专业应用软件的集合，包括采矿 CAD（MCAD）、虚拟采矿（VM）、采矿模拟（MS）、工程计算（EC）、人工智能（AI）和科学可视化（SV）等，为矿山业务流程和决策所需的各类工程计算与应用分析提供功能服务。

（4）数据处理系统：负责多源异质数据的集成、融合和质量控制，通过集成和融合多源异质矿山数据，进行真 3D 空间集成建模，并通过数据过滤与重组机制进行数据挖掘和知识发现。

（5）数据管理系统：负责统一管理矿山数据和应用模型，由矿山时空数据仓库和矿业应用模型库两个子系统组成，是数字矿山的心脏或"油库"。

数字矿山系统在矿山企业中的业务化运作是基于企业的宽带、高速网络来实现的。矿山空间数据仓库中的数据组织以对象-关系型数据库为核心，负责对多源异质信息和矿业应用模型进行管理和维护。基于 4 层客户机/服务器的网络模式，数字矿山的 C/S、B/S 结构及其与网络化数据流如图 7-6 所示。服务器端由 GIS 服务器、功能服务器和数据与模型服务器 3 层组成。客户端、GIS 服务器、功能服务器和数据与模型服务器分别对应用户界面、GIS 应用程序逻辑、矿业功能模块调用逻辑、数据存储与矿业模型访问逻辑等任务。

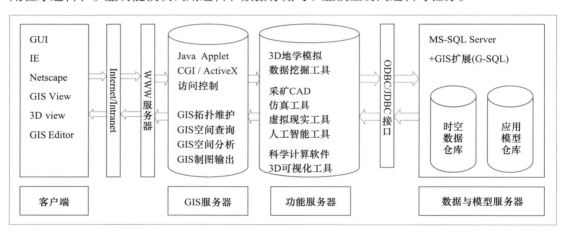

图 7-6　数字矿山的网络架构

以数字矿山的服务端组成、用户端层次结构为例，一个矿山级的数字矿山典型组织结构如图 7-7 所示。

7.1.1.5　数字矿山涉及的关键技术

基于数字矿山理念、内涵、功能与体系，以及中国矿山信息化现状和数字矿山建设目标，分析认为：现阶段实施数字矿山战略，必须需要围绕以下 10 项关键技术进行研究和攻关：

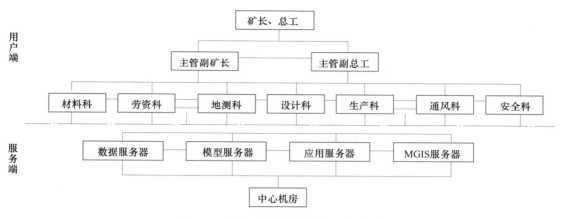

图 7-7 矿山级数字矿山的典型组织架构

（1）矿山数据仓库与数据更新技术：针对矿山数据与信息的"五性四多"（复杂性、海量性、异质性、不确定性和动态性，多源、多精度、多时相和多尺度）特点，为在统一的时空框架下组织、管理和共享矿山数据，必须研究一种新型的矿山数据仓库技术，包括矿山数据组织结构、元数据标准、分类编码、空间编码、高效检索方法、高效更新机制、分布式管理模式等，以及便捷的数据动态更新（局部快速更新、细化、修改、补充等）技术。

（2）矿山数据挖掘与知识发现技术：由于矿山数据与信息的"五性四多"特点，为了从矿山数据仓库中快速提取有关的专题信息、发掘隐含的规律、认识未知的现象和进行采动影响的预测等，必须研究提出一种更为高效、智能、透明的符合矿山规律、基于专家知识的数据挖掘与知识发现技术。

（3）真三维矿山实体建模与虚拟采矿技术：在矿山数据仓库的基础上，集钻孔、物探、测量、传感等数据于一体，进行真 3D 矿山实体建模和大规模多细节层次的矿山虚拟表达，才能对地层环境、矿山实体、采矿活动、采矿影响等进行直观、有效的 3D 可视化再现、模拟与分析。

（4）监测数据可视化与空间分析技术：矿山监测数据多源异构、动态变化、特征复杂，需要在矿体围岩与井巷工程的三维模型中进行定位表达与可视化展现，以利于矿山监测数据的可视化查询、分析、预测与应用。为此，需要以矿山实体数据与监测数据的统一组织与有机联系为基础，解决矿山监测数据的效用与空间分析难题。

（5）组件化矿山软件与复用技术：矿山数据的处理与分析、矿山工程的模拟与分析、矿山安全的评估与分析等，均以各类矿山软件与分析模型为工具。为此，需要为不同需求、不同服务研制各类可扩展、可复用、跨平台的组件化矿山软件（即各类组件式"车辆"），形成一套便捷的矿山软件复用技术。

（6）可视化矿山 Office 技术：为实现全矿山、全过程、全周期的数字化与可视化管理、作业、指挥与调度，需要基于矿山空间数据仓库与数字矿山基础平台，并无缝集成自动化办公（OA）和指挥调度系统（CDS），开发可视化矿山 Office 系统（Mine Office），为矿山日常工作提供一个全新的生产管理、安全监控与决策指挥的协同办公平台。

（7）井下快速定位与自动导航技术：基于 GNSS 的露天矿山快速定位与自动导航问题已基本解决，而在卫星信号不能到达的地下矿井，除传统的陀螺定向与初露端倪的激光扫描与影像匹配技术之外，尚没有足以满足矿山工程精度与自动采矿要求的地下快速定位与自动导航的理论、技术与仪器设备。

（8）灾变环境下井下通信保障技术：在矿井通信方面，除井下网络、无线传输之外，如何快速、准确、完整、清晰、双向、实时地采集与传输矿山井下各类环境指标、设备工况、人员信息、作业参数与调度指令，尤其是在矿山灾变环境下如何保障井下通信系统继续发挥作用，以便支持救灾救援工作，是亟待研究的关键技术。

（9）智能采矿机器人技术：采矿机器人技术是无人采矿与遥感采矿的关键，需要从采矿设备与作业流程的自动控制、自适应调整、自修复的角度，去研究和设计新型的智能采矿机器人。

（10）井下无人采矿系统技术：在矿山自动化方面，要突破采矿机器人的个体概念，要从矿山系统与采矿过程的角度，去研究、设计和开发井下无人采矿系统技术，如采矿机器人协同配合技术、采矿机器人"班组"作业技术等。

7.1.1.6 现代矿山面临的智能化需求

国内外矿山存在着工业化水平的不同，集中表现在装备水平、管理模式等方面的差异。因而，在矿山数字化、智能化的问题上，国内外采用不同的形式来表达现代信息技术与采矿工业之间的技术融合与应用拓展，但是最终都统一到了矿山企业的智能化建设这一核心问题上，涵盖了包括资源管理数字化、技术装备智能化、过程控制自动化、生产调度可视化及生产管理科学化等在内的矿山企业生产、经营与管理等方面的诸多内容。

与国际先进矿山相比，我国矿业在数字化与智能化建设方面还普遍存在以下问题：

（1）矿山的自动化系统主要以远程监视为主、遥控操作为辅，重点在人工干预，无法实现设备的全面自主运行以及作业无人少人化。

（2）各个系统的应用仍出现局部性和条块性。其中最为突出的是矿业软件应用的局部性问题，表现在初步实现了可视化地质资源展示，但没有可视化管理，更没有可视化设计。

（3）矿山生产过程数据的采集与集成应用成为瓶颈。一方面，由于现有矿山自动化系统的数据采集采用自动和人工录入相结合的方式，但在自动控制信息采集不及时的情况下，录入工作量大，数据的准确性也难以保证；另一方面，矿山的自动化系统仍具有主要以单体系控制、非集群化协同的特征，集成平台没有实现全面接入。因此，导致集成平台无论在工业数据提供还是在系统集成上，都无法满足生产管理的要求。

（4）数据的后续分析与利用问题。现场实时采集的生产过程与设备状态数据还主要应用于报表管理和基础的经济分析，没有被深层次地挖掘与应用，更没有通过集成化的信息加工处理和统一的信息服务平台，全范围地服务于企业的生产经营智能分析诊断与决策。导致底层的生产过程自动化与管理经营层面之间出现断层，投入大量精力建设完成的各个自动控制系统没有充分发挥出其建设优势，在矿山整体上没有形成更为显著的效率提升与成本优化控制。

我国经济已由高速增长阶段转向高质量发展阶段，正处在转变发展方式、优化经济结构、转换增长动力的攻关期，矿业也面临着诸多新的形势与需求：

（1）矿山普遍面临着更为恶劣的新生产条件和更加沉重的生产任务。易采资源被迅速消耗，多数矿山逐渐进入深部开采阶段，生产条件恶化；生产规模不断扩大，井下的生产组织日益复杂，施工单位众多且技术装备水平不一，安全保障压力加大等。

（2）新技术的广泛应用带来了新的生产模式。随着工业 4.0、物联网、大数据、人工智能等新平台、新技术、新工具与矿山的结合越来越密切，矿业生产模式不断更新：采矿工业向规模化、集约化、协同化方向发展，采矿工程迈入遥控化、智能化乃至无人化阶段；选冶过程全面实现自动化，逐步拓展到智能化阶段；从勘探数据到储量数据，从产量数据到运营数据，矿山大数据也正逐渐展露出强大的生产力。

（3）生产经营的不确定性对于矿山生产经营效果的影响尤为突出。矿产品市场的不确定性使矿山面对外部市场波动时相对被动。资源接续吃力，资源的不确定性已经使常规挖潜增效手段很难产生较大的效果等。

（4）管理理念与管理水平的提升需求。先进的管理理念，匹配的数字化管理模式，精炼高效的组织机构，以及广泛普及的安全与生产企业文化，是现代矿山企业改变与革新的具体支撑。这些标志着矿山软实力、发展潜力以及企业可持续的因素，决定着先进的技术装备能否在矿山的生产与经营综合运转并发挥最大效能。更为重要的是，管理水平的提升与方法革新不但复杂、涉众性广，而且是一个动态的、长期的、与生产方式紧密耦合的过程，必须随着企业的数字化与智能化革新、生产方式的变革、先进技术装备的引进而同步提升。

当前，全球矿业正经历着一场新的革命，全面进入了以资源全球化配置为基础，以企业国际化经营为保障，以跨国合作为手段，以绿色、生态、智能、和谐为目标的全新历史阶段。这一现状加深了矿山企业对数字矿山的依赖程度，同时也对数字矿山提出了新的智能化要求。矿山企业需要在现有建设成果的基础上，立足于解决当前出现的问题、科学应对面临的形势与困难，充分考虑矿山未来的发展，进一步展开智能化建设，对数字矿山从智能化的角度加以提升优化。

7.1.1.7 数字矿山的智能化提升途径

智能矿山是一种发展中的概念，是现代信息技术持续应用于矿山企业所带来的矿山运作模式不断升级，是矿山信息化发展的新阶段。因此，从本质上说，智能矿山是数字矿山的智能化提升。提升的方式则主要体现在两个层面：一是生产环节中的各个部件的自主化和智能化运转；二是矿山的整体运营的自主调节与智能优化。与之相对应，产生不同主题的智能化提升方向与建设侧重，前者重点表现在自动化与远程控制，后者则是实现管理与决策优化。由此可见，从数字矿山到智能矿山的提升，可以从三个方面加以描述，即生产、管理和决策的全面智能化提升，见表7-1。

表 7-1 数字矿山的智能化提升途径

智能化提升内容	数字矿山的建设成果	智能化提升内容
智能生产	基础网络 生产自动化 固定设施的在线监测与远程操控设备 状态在线采集	智能采集：无人少人化、设备自主运行 智能控制：智能控制算法 智能运输：泥石流可视化 智能安全：智能识别与预警
智能管理	矿山生产管理信息系统 办公自动化系统 矿山经营管理系统 生产运营的统计、评价与分析	生产任务智能分配 可视化设计与智能排产 生产跟踪与实时调节 生产运营评价与智能反馈
智能决策	积累大量的生产运营数据 数据库与数据仓库的建立 优化模型与算法	大数据分析 数据挖掘 人工智能 模型的自学习

7.1.2　智能矿山的系统架构、基础平台

7.1.2.1　智能矿山的建设定位

矿山企业的智能化建设该如何开展，是当前矿业界讨论的热点问题。作为传统的资源开发与加工型企业，矿山长久以来被视为高消耗、高投资、高危险、高污染、劳动密集的生产型企业。矿山在完成传统企业的现代化转变过程中，由于其自身的生产流程、加工工艺、作业对象、市场与原料等方面存在着诸多特殊性、不可知性和不可控性，使得矿山企业的智能化建设在定位和目标上尤其难以把握。这主要是决定于我国矿山的信息化建设现状：

一方面，我国的矿山企业信息化建设起步较晚，在地质资源的数字化、生产过程的自动化以及生产经营与决策的智能化等方面，与矿业发达国家的矿山具有较大的差距；另一方面，由于信息技术的迅猛发展，使得矿山企业，尤其是现代矿山企业直接面对了信息技术发展的前沿技术和最新的管理理念，但这些先进的技术和理念与我国矿山企业的融合却成为最大的瓶颈。由此可见，硬件系统、自动控制系统、网络系统等可以快速与国际接轨，而软件系统、系统集成与规划、管理理念的提升与管理过程的规范化则仍需要做大量的工作。所有这些都决定了我国矿山智能化建设内容复杂，架构庞大，规划相对困难，但同时也反映出国内智能矿山的高起点、新技术、先进设备等一系列特征。

两化融合则为解决这一问题提供了一个新的思路。两化融合是指以信息化带动工业化、以工业化促进信息化，是信息化和工业化的高层次的深度结合。推动两化深度融合是党中央、国务院做出的重大战略决策，在两化融合的指导思想下，新兴工业化的进程融入了信息技术的推进作用，而信息技术的发展使得工业生产发展在更为高效安全的同时，弥补了大规模的投资和大量资源消耗所带来的高消耗、低效益等。因此，两化融合与智能矿山息息相关，可以说，将信息化与工业化深度融合、用信息技术改造传统矿业，是打造智能矿山的智力支持；而智能矿山是矿山技术变革、技术创新的一种必然，是两化融合战略在矿业的具体体现。

2015年，国务院正式印发了我国实施制造强国战略第一个十年的行动纲领《中国制造2025》，其后工业和信息化部、财政部于2016年联合制定了《智能制造发展规划（2016~2020年）》。"中国制造2025"、德国"工业4.0"以及美国的"工业互联网"实际上是异曲同工，都是以信息技术和先进制造业的结合，或者说互联网+先进制造业的结合，来带动整个新一轮制造业发展，发展的最大动力还在于信息化和工业化的深度融合。

我国矿山企业正处于全面转型的关键时期，无论是矿业自身的发展，还是更好地融入"中国制造2025"，智能矿山建设都是大势所趋。制造业智能化是全球工业化的发展趋势，也是重塑国家间产业竞争力的关键因素。结合矿业发展来看，两化融合为智能矿山建设与"中国制造2025"搭建起了良好的纽带，契合"中国制造2025规划"，只有将数字化、智能化等新的工具手段引入到传统的矿山企业中，将信息化和工业化这两个现代企业不可忽视的发展方向相互融合、相互推进，使它们一体化地在矿山企业的生产、经营、管理中发挥作用，才可以真正地实现跨越式发展，对建设以"生产要素智能感知、生产设备自主运行、关键作业无人少人、生产系统自我诊断、生产经营智能决策"为核心内涵特征的智能矿山具有重要意义。

7.1.2.2 智能矿山的系统架构

智能矿山建设是一项复杂的系统工程，它不仅需要针对矿山企业的生产经营特点，从目标和功能上整体规划、系统建设，更为重要的是深入分析矿山企业的个性化特征，本着实用性和先进性相结合的原则，量身定制企业的智能矿山建设方式与内容。

围绕建设定位与核心内涵，智能矿山的系统架构如图7-8所示。

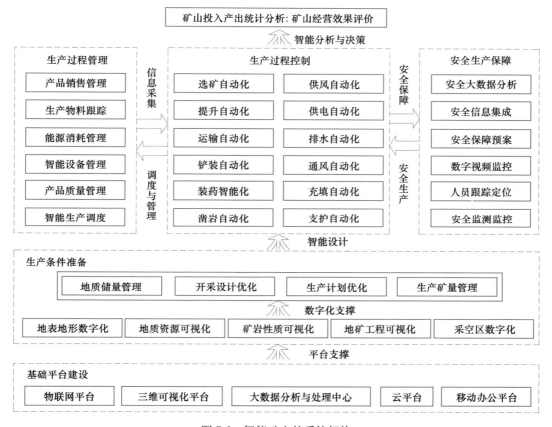

图 7-8　智能矿山的系统架构

7.1.2.3 智能矿山中的基础平台

基础平台搭建是智能矿山建设的首要条件，它决定了应用开发的技术路线和功能扩展，也决定了各子系统的建设和维护难度。为保证智能矿山建设的整体性和集成性，需要进行以下基础平台的搭建：

（1）物联网平台。搭建物联网平台，是为了满足设备精确定位与导航的要求。在数字矿山的基础之上，将网络的布局布点、覆盖范围与感知能力等方面进行提升。物联网平台建设完成后，在智能矿山中发挥的作用以及所需要达到的性能要求体现在如下4个方面：

1）无盲点网络：物联网的覆盖范围应更为广泛，实现地面与井下的无障碍通信。

2）满足大批量人员与设备的精确定位要求：井下智能生产、精确的位置跟踪、远程遥控与现场无人作业、全方位安全生产保障的前提，是人员与设备的精确定位。这些都需要高速稳定的物联网平台。

3）满足对矿山井下大量人员和移动设备进行实时控制的要求：在精确定位的基础上，基于智能生产的要求，为人员与设备的实时控制提供基础环境。

4）满足大批量实时工业数据的采集与传输要求：智能生产过程必将伴随着大量的生产与监控数据，物联网需要精确采集并实时传输这些数据，以满足矿山生产管理的要求。

（2）三维可视化平台。在地表、井下虚拟漫游的基础上，进行多元数据融合与信息集成，使三维可视化平台在矿山的安全生产中发挥更重要的作用，并可作为紧急状态反应期的综合调度平台。所集成的信息主要包括三维管线和其他隐藏构筑物与设施；安全生产六大系统的集成展示；安全生产监测监控与预警；现场安全生产状态的集成管理；安全预案的实施模拟、效果评估与方案优化等。

（3）大数据分析与处理中心。建设大数据分析与处理中心，是为了支持海量生产数据的快速运算和大规模现场环境仿真模拟，进一步基于大数据分析计算资源搭建大数据分析软件，利用软件中封装的挖掘算法和分析模拟功能，对数据进行专业化处理，为矿山生产活动提供智能分析和决策支持。

（4）云平台。矿业云平台的搭建，需要从行业层面、区域领域、企业层面等诸多层次全面规划，从而形成公有云与私有云相集成的，包括云存储、云计算、云服务等体系在内的整体架构，为矿山的生产、安全、商品、市场等管理主题提供资源条件、科技技术、措施方案、分析模型、设备厂商、资源整合等功能，为智能矿山建设中的"地质资源""技术装备""安全管理"以及"智能决策"提供数据与模型服务平台。

（5）移动办公平台。在物联网与云平台的支持下，搭建广域的移动办公平台，实现远程的生产与经营监管，最终形成"生产现场+区域调度+广域监管+云服务"的四层安全生产调度与信息管理架构。

7.1.3 智能化测绘科技基本形态变革

智能测绘硬件及测绘技术的发展将使测绘科技的基本形态发生巨大变革。从数字化到信息化，测绘科学简化了复杂的仪器作业、信息采集流程，但仍然是以测绘作业流程为基础。上述智能化发展将推动测绘科技的业态发生本质变化。

7.1.3.1 内外业测绘颠覆

20世纪90年代以前，受限于技术发展，模拟测绘一直占主导地位，作业时间长，成果形式单一。20世纪90年代至21世纪初，3S技术和信息技术使测绘学科向数字化测绘转变。自2000年开始，微电子机械系统技术得到大规模使用。互联网和信息技术使中国测绘进入一个新的阶段——信息化测绘。随着传感设备的精确性和可靠性越来越高，勘测类及数据采集工作将由各类智能仪器及传感器来完成。同时，航天航空技术和摄影测量遥感技术的逐渐成熟扩展了测绘的观测对象。测绘领域从地表延伸到空间、整个地球系统乃至深空，测量周期逐渐按照人们需求实现实时观测。

然而，尽管信息化测绘背景下内外业工作的界限、分工逐步模糊，但其仍遵循线性思维，分为外业测量和内业处理的工作模式。GNSS等技术的出现仍然不能使测绘完全脱离外业作业。无人机摄影测量虽然可以大幅降低外业工作量，但内业数据量及处理难度也成指数增加。因此，在快速发展的云计算、"测绘大脑"的设想以及分布物联网技术支撑下，智能化测绘在测绘地理信息行业已经呈现出广泛的应用前景。智能化测绘时代外业工作可能彻底消失，颠覆传统内外业的思维。未来智能化的滑坡监测、基坑监测、桥梁监测系统或许将不需要外业测量工作。

7.1.3.2　专业测绘转向泛化

智能化背景下，测绘工作将表现出高科技、操作简单化、行业多样化的特征。一方面对研发类测绘人才要求越来越高；另一方面，从事实际测绘操作方式更为简单，非专业人员即可完成专业人员难以完成的测量工作。可以预见，单独就人才需求的变化而言，一些从事智能设备与测绘类产业的深度融合工作和企事业机关单位的测绘管理工作的复合型人才需求将会大量增加，一线工作的应用型测绘人才需求也会呈上升趋势。新的市场模式对应用型测绘人才的基础能力、实践能力、服务能力、适应能力提出了更高的要求。同时，位置服务等新的学科内涵将拓展测绘工作的内容，无人驾驶、室内测图、智慧城市等新的领域将提供广泛的测绘市场，并将进一步增加如手机测绘、众包测绘等新的测绘工作内容与工作方式。

7.1.3.3　数据产品转向服务

测绘是采用最新的仪器装备采集多尺度、海量异构数据，并采用概率论、数理统计等多种数学手段进行分析处理，为自然资源监测、市政工程、矿产勘查、海洋生产等提供基础时空数据产品的科学。随着各行各业需求的丰富、学科发展的交融，测绘科技处理除提供数据产品外，将逐步关注基于数据产品的行业服务。智能化测绘技术的不断进步以及各行业的交叉，用户将更为关注测绘科技能给本行业提供服务的整体解决方案，而非数据产品本身。未来测绘数据采集智能化、智能测绘云分析将进一步为测绘服务提供理论与技术保证。互联网和北斗 BD-3 相结合将为全球用户提供稳定的应急搜救服务，为渔业、农业等领域提供常规服务。在智能测绘云的支持下，依托互联网、物联网、车联网、移动通信网、北斗网等网络交叉融合，可形成能实现覆盖全行业、一站式的智能化测绘服务系统。

7.2　矿山空间信息的智能采集

矿山的空间信息是指在矿山勘查、设计、建设和生产经营的各个阶段所涉及的矿区地面与地下空间、资源和环境及其变化的信息，其采集过程通过矿山测量工作完成。传统的矿山空间信息采集主要通过常规测量技术实现，采用水准仪、经纬仪、全站仪等仪器设备及相应的测量方法，效率和精度都有待提高，且所采集的数据最终输出均为二维结果，无法满足矿山智能化的要求。为实现空间信息的智能化采集，需要借助新的技术与手段。

7.2.1　卫星平台

7.2.1.1　GNSS 卫星

随着全球卫星导航定位技术和实时动态差分（RTK）技术的发展，卫星测量仪已成为矿山空间信息采集的重要设备。目前，卫星测量仪在矿山测量中，主要用于矿区地表移动监测、水文观测孔高程监测、矿区控制网建立或复测、改造等，实现对目标物的实时、动态监测。

卫星测量系统主要由三部分组成：设置在具有较高精度控制点的基准站、数据传输系统以及收集数据的流动站。基准站接收卫星发送的数据后，将相关数据通过数据传输系统快速传递给流动站。流动站不仅要接收基准站数据，还要接收同一卫星发出的卫星观测数据，对观测的数据进行精细化处理后，最终根据相对定位原理，通过计算机实时计算，显示出目标物的三维坐标和测量精度。

运用卫星测量仪对矿区进行空间信息采集，可以得到每一个测点的三维坐标，形成采集点的数据库，并采用数据、图形和位置等不同的表现形式反映到不同的应用环境中。通过对数据库数据格式的转换、编辑，采用管理软件可以形成地形图件、管理工矿设施坐标及对已知坐标进行放样，对于图形的数字化管理和使用也起到了促进作用。

卫星测量不仅具有全天候、高精度和高度灵活性的优点，而且与传统的测量技术相比，无严格的控制测量等级之分，不必考虑测点间通视，无需造标，不存在误差积累，可同时进行三维定位，因此在外业测量模式、误差来源和数据处理方面，是对传统测绘观念的革命性转变。

7.2.1.2 遥感/雷达卫星

20世纪70年代，美国成功发射第一枚地球资源卫星，标志着卫星遥感时代的到来。随着传感器技术的不断革新，以遥感技术为基础的雷达遥感测量仪在矿山地质测绘方面扮演着越来越重要的角色。

遥感依据不同物体电磁波特性的不同来探测地表物体对电磁波的反射和发射，从而提取这些物体的信息，完成远距离物体识别，得到的遥感图像具有直观性、宏观性、综合性、真实性的特点，是一种成本低、反应灵敏且信息收集量大的信息采集方式。

应用遥感测量仪，可以得到瞬时的遥感成像，获取矿区实时、动态、综合的信息源，从而获得大面积矿区真实可靠的地形地貌、矿区实况以及地质构造，为区域地质分析、地质构造机理研究、矿产勘探、灾害预测等，提供实时、丰富的信息。

遥感地质调查从宏观的角度，着眼于由空中取得的地质信息，即以各种地质体对电磁辐射的反应作为基本依据，结合其他地质资料及遥感资料的综合应用，分析、判断一定地区内的地质构造情况。与传统的地质调查方式相比，采用遥感资料进行大面积多幅联测方式，在岩性识别、断裂解译、侵入单元、超单元划分及中新生界地质研究方面，都显示出优势，提高了地质调查的数字化与智能化水平。

矿产资源调查方面，由于遥感影像中所观测的目标地物不同，其所反射或发射的电磁波信号强弱也存在一定的差异，在矿山环境中，矿产资源、非矿产资源两类地物所辐射的热度也不同，借助雷达遥感测量仪可以敏感地获取并区分这种差异，并将其差异以图像的形式直观地体现出来。因此，借助遥感技术可以高效地获取大面积范围内、可达性较差的矿山区域中矿产资源的分布情况，并以像素（栅格）为单元，以像素值为目标地物的辐射亮度值，直观表达矿产资源在遥感成像时间内的矿产资源空间分布状况；通过遥感测量仪进行电磁波信号的不断采集，可以反映长时间序列下的矿山矿产资源时空演变情况。

在地表沉降监测与分析方面，结合合成孔径雷达差分干涉测量技术（D-InSAR）和高分辨率卫星遥感技术以及地质调查，通过区域监测可以分析由于采矿干扰和不同岩体下陷速度加快或延缓导致的区域差异沉降特征，从而实时监测地面沉降，提高地表形变信息获取技术及信息处理的智能化水平。

7.2.2 飞机平台

由于矿山涵盖的空间范围较小，无人机平台应用较多。无人机航测技术，即无人机航空摄影测量与遥感技术，是指通过无线电遥控设备或机载计算机远程控制飞行系统，利用搭载的小型数字相机作为遥感设备，使无人机在一定的空域内飞行，获取高分辨率的数字航片的测绘技术。

我国对无人机航测的研究起步较晚，直到 20 世纪末，我国的第一架无人机才由中国测绘科学院牵头研制成功，并完成无人机的关键性试验，随后逐步引入到矿山的环境监测、测绘、地质地形建模、储量动态监测等工作中，能够实现矿山的地形信息提取、地理高程建模、高分辨率正摄影像获取、宏观场景查看等。

采用无人机进行矿山空间信息采集的工作流程主要包括影像数据采集和内业数据处理两部分。无人机在经过飞行技术设计之后，进行航拍测绘获取图像数据，回到地面后将图像导出。由于导出的是一系列的单张图像，需由地面工作站进行行业内图像数据处理、质量检查等流程，最终完成模型构建与成果输出。

无人机以在云下低空飞行的能力，弥补了卫星光学遥感和普通航空摄影易受云层遮挡影响的缺点，具有巨大的应用潜力。无人机航测具有体积小、成本低、机动灵活、成像分辨率高、响应快速等特点，可在恶劣环境、危险性高的矿山开采区域开展作业，结合现代化数据通信技术、卫星定位技术、遥测遥控以及传感技术等手段，可实现矿山空间信息的智能化采集，特别是与三维扫描技术和 SLAM 技术（即时定位与地图构建技术）相结合，能够更好地实现三维点云数据采集，并将无人机航测应用于无卫星导航信号的矿山井下作业环境中。

7.2.3 地面平台

常规的测绘设备多数都需架设在地面的三脚架等平台上。地面平台便于仪器设备的架设和操作，运行成本较低，非常适合矿山尺度的测绘作业。同时，地面平台对通视条件要求较高，在地形起伏较大的矿区常面临困难。

7.2.4 井巷平台

矿山三维地质建模中常用的地质数据包括钻探数据、地质图等，工程数据包括井巷数据、硐室数据、石门数据、竖井数据等。这些数据是基于井巷平台采集的，按照解释程度归纳为两个大类（直接观测数据、地质解译数据）和六个子类。分类结果如下：

7.2.4.1 直接观测数据

矿山的直接观测数据定义为通过勘探或测量手段获取的、未经修饰的空间数据。其不能直接用于三维地质建模，但是经过简单处理后可以获得空间数据及地质解释。本书涉及的直接观测数据有：

（1）钻孔数据：数据源一般为钻孔施工记录手簿和设计图纸。钻孔主要分为井上钻孔和井下钻孔两类。其中，井上钻孔是为勘探资源在地表开孔并向下钻探的钻孔。井下钻孔则有两种，一种是为瓦斯抽排放而在煤层中钻探产生的，孔深及孔径相比井上钻孔更小；另一种是为揭露煤层位置开孔的钻孔族。井上钻孔数据一般包含两个部分：钻孔孔口数据和地层信息数据。孔口数据记录钻孔的平面坐标、孔口标高、钻孔类型、孔径、深度等；地层信息数据描述地层深度、类型（直孔/斜孔）、名称以及地层的主层和亚层编号等。

（2）地球物理探测数据：是指运用地球物理探测手段，如高分辨率三维地震勘探技术获取到的地质数据，简称物探数据。该类技术比传统地面钻探方法经济、快捷，且获取的数据地质信息丰富、地质结构方向控制严密，在我国煤田勘探中有着广泛的应用。但受投入生产时间尚短、矿山地层物性条件复杂的限制，其原始数据空间信息精度尚未得到验证，经过解释可获得更可靠的平/剖面图数据。

（3）井巷测量数据：数据来源于矿山井下测量工作。主要包括岩巷、煤巷以及竖井测量导线数据。数据精度高，可作为其他数据记录过程的参照（如绘制工作面回采地质素描图）和建立井巷工程三维模型的基础数据。

7.2.4.2　地质解译数据

地质解译数据可定义为地质人员从直接观测数据中解译获得的空间结构数据。该类数据通常在数据空白区域依据地质人员经验添加推测数据。本书涉及的此类数据有：

（1）煤层采掘工程平面图：采掘工程平面图是反映开采煤层或分层内采掘工程现状、采掘计划和地质资料的综合性图纸，是矿山生产建设中最基本最重要的图纸。由于通过稀疏钻孔数据绘制的煤层底板等高线图精度较低，且无法反映生产区域内的小型地质构造，因此需要记录井筒、巷道的掘进以及采煤工作面的开采等活动中实际探测揭露的成果，并依据采掘活动对等高线进行修正。从该类图件中提取到的等高线是煤层地质空间三维建模所需的重要数据。还可从该类图件中提取边界信息作为三维建模的边界约束，如矿山井田、煤层采区、风氧化带、保护煤柱区、报损区和积水区边界等。

（2）地质剖面图：在矿山资料中，地质剖面图是沿地表某一方向，以假想的竖直平面与地形相切所得的断面图。该类图件按一定比例尺，表示兴趣区域在指定剖面上的地质现象（如地层、地质结构、井巷工程）及其相互关系。地质剖面图主要描述剖面方向、地形及地层的岩性、厚度、时代及产状，它可表现出褶皱形态、断层性质和矿体的形态，并可表示它们的位置和规模等。通过与地质图的配合，可以从地质剖面图获得地质构造的立体概念。数字化后的地质剖面图常作为三维地质模型创建的直接参照。

（3）其他地质解释数据：如石门巷道见煤点（简称石门点）数据。石门巷道不用于揭露煤层，在井下主要起联络作用。将石门巷道与煤层相交获得的煤层空间位置和厚度信息称为石门点数据，可作为地质离散点参与煤层三维建模，提高煤层模型准确性。

7.3　矿山空间信息的智能处理与分析

空间信息的智能化处理是指在智能化采集的基础上，运用计算机图形技术、遥感图像解译处理技术、三维建模技术、虚拟现实技术、三维可视化显示技术等，将矿山生产建设的空间数据规律生动形象地展示出来，并对这些图形携带的大量信息进行分析研究。主要内容包括：采用矿业软件进行地质资源的精细化建模与储量估算；基于三维 GIS 技术等实现地表三维可视化模型的建立，提供矿区及周边近邻地区有关信息资料的存储、查询和表述；精确定位矿山地下地上各种管线的空间位置，并附加属性信息，从而实现三维管线及其他隐藏构筑物的智能化管理等。相对于地理空间数据，地质空间数据的获取难度更高，因此以地质空间数据为例介绍其智能处理与分析方法。

7.3.1　地质空间数据预处理

以煤层为例，典型的空间数据包括点（位置）、线（边界）、面（区域）等。针对典型矿山数据，给出数据预处理方法，获取研究对象的离散几何表达。

7.3.1.1　地层数据预处理

矿山主要关注的地层为基岩和矿层，其三维建模任务的数据获取来源主要有两种：矿山历史数据及矿层开采活动产生的新数据。前者的典型代表为勘探钻孔数据，此外还包括可提取矿层线、等高线数据的地质剖面图及平面图等。后者的典型代表为工作面回采时绘制的地质素描草图、井下钻孔勘探等。

以煤层三维建模任务为例，针对其获取的数据主要包括离散地质采样点（简称离散地质点或地质采样点，包含煤层底面位置和该位置的煤层厚度等属性）和煤层边界、界限数据。本节简要给出了钻孔数据分层处理及剖面图（包括地质剖面图、地质素描草图）提取煤层数据的方法。

A　钻孔数据分层处理

不同勘探方法都有各自的应用范围，且在获取地质信息时都会有精度损失。在诸多勘探方法中钻探提供的地质数据最精确，是描述岩体展布特征的重要资料，在三维地质构模中起到重要作用。岩土工程勘察时，钻孔布孔通常是有规律的，常选择沿着勘探线进行布设以形成剖面。但有时为了特定需求，如寻找更精确的地层边界或对某一区域需进行详细勘察，钻孔会布设在人们所感兴趣的位置。钻探方法获得的现场资料为钻孔编录数据，它详细记录了孔号、钻孔时间、钻孔的位置（孔口坐标，用大地坐标记录）、孔口高程、孔深及地层信息。记录地层信息是按照钻孔进尺从上往下编录，即越靠近地表层的深度越小。

钻孔数据的处理主要是通过计算钻孔资料，提取对应每个地层上的离散点，并将其按层组织为各地层离散采样点。在此过程中还可推测并获得断层、尖灭等地质资料。钻孔数据层化处理得到的地层离散点、断层数据、岩层边界等数据，散乱地分布于研究区范围内，可用作地层三维建模的输入数据。

B　地质剖面图煤层数据处理

矿山常见的地质剖面图包括勘探线地质剖面图、巷道素描图、采矿工作面地质素描图等。其中，勘探线剖面图根据同一勘探线上的工程资料和地表地质的研究结果逐步整理而成，是反映矿床勘探工作成果的一种基本图件。主要表示内容有岩层、构造、蚀变现象、矿体及不同自然类型或工业品级矿石的分布情况等。它可用作说明矿体的赋存条件及变化情况，反映勘探工作进度，指导下一步探矿工程的布置，并作为储量计算、矿山建设设计和编制其他综合性图件的基本依据；巷道、采煤工作面地质素描图是参照巷道测量导线位置由地质人员绘制的剖面草图，其用于描述煤层回采过程中工作区域煤层、巷道以及构造（主要是断层）分布情况，同时反映煤层与巷道的空间位置、煤层开采丢底与留顶情况等，是煤炭开采过程中推断局部地质条件和计算资源储量的主要依据。

上述各类地质剖面图均描述了煤层在特定位置和方向上的纵剖面轮廓线，可从该类图件中提取煤层顶板、底板轮廓线。图7-9（a）为工作面煤层回采示意图，采面素描图绘制的即为图纸回采收尺线位置的地质情况。一个典型的采面素描图基本元素如图7-9（b）所示，其中的参数包括制图剖面方向 θ（方位角）、起始位置测量点坐标 $S_0(x_0, y_0, z_0)$，以及每个观测位置的煤层厚度 h、俯仰角 α（底板）、俯仰角 β（顶板）、斜距 d 等。

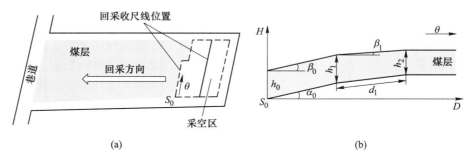

图7-9   某矿种地下开采示意图

（a）煤矿采区平面布局；（b）素描煤层剖面示意图

由图7-9可知，煤层底板位置采样点 S_{i+1} 的坐标可通过公式（7-1）计算。计算获得的煤层顶、底板空间位置可以作为离散点参与煤层三维建模。其他剖面图件的煤层线也可通过类似方法提取。

$$
\begin{pmatrix} x \\ y \\ z \end{pmatrix}_{S_{i+1}} = \begin{pmatrix} x \\ y \\ z \end{pmatrix}_{S_i} + \begin{pmatrix} d_i\cos\alpha_i\cos(\pi/2 - \theta) \\ d_i\cos\alpha_i\sin(\pi/2 - \theta) \\ d_i\sin\alpha_i \end{pmatrix}, \ i = 1, \ 2, \ \cdots, \ M \tag{7-1}
$$

C   其他数据处理

此外，针对规划、生产和资源管理过程中对煤层三维精细模型的需求，从井巷工程平面图、煤层构造平面图中可以提取等高线数据，离散后可作为地质离散点，参与煤层三维建模；还可从平面图中获取煤层和断层边界数据来约束煤层表面模型。其中，断层关系采煤安全，是生产活动中重点关注的数据。

7.3.1.2   断层数据预处理

断层建模过程中可以使用的两种数据包括断层离散点数据和断煤交线数据，下面介绍其获取和计算流程。

A   断层离散点数据

矿山断层数据来源基本有三种：钻孔数据、生产数据和物探数据。勘探阶段，断层走向、倾向、倾角等产状信息可以从单个钻孔数据层位缺失、地层尖灭等来推断获得，并且可根据产状信息推断获得的离散数据是否属于同一条断层（带），从而进行断层的连接。通过该方法获取的断层具有落差大、范围广、控制精确等特点。由精查钻探获得的一个断层产状数据表见表7-2。在生产阶段，断层数据可以从地质工作中获取，例如煤层回采时，可以在工作面进行断层观测和素描草图绘制。此外，地球物理探测技术也常用于断层数据获取。但受使用时间短、矿山地层物性条件复杂的限制，其探测精度尚待验证。

表 7-2　钻孔获取到的区域断层数据

钻孔	构造点坐标			断层产状		
	X/m	Y/m	Z/m	倾向/(°)	倾角/(°)	落差/m
K24	4054.62[①]	7055.89[①]	−619.91	S67W	49	32
K30	3977.13[①]	7117.39[①]	−586.08	S67W	49	47
K31	4079.21[①]	7295.64[①]	−349.69	S67W	49	27
K51	4922.54[①]	6385.73[①]	−857.55	S67W	49	5

① 由于保密需求，坐标已经经过处理。

B　断煤交线数据

断层面与煤层面的相交线称为断煤交线，其通常由两部分定义：上盘线（即由断层上盘截断的煤层终止线）和下盘线（即由断层下盘截断的煤层终止线）。由于煤矿对除煤层外的地层关注度较低，因此在开采过程中获取到断层原始数据后，地质人员多将其解释为特定煤层上的断煤交线，以错断等高线的方式表达断层对该煤层的影响，并用其指导后续工程建设和资源开采过程的安全隐患防控。假设提取自钻孔或地质素描图的原始断层数据为同一断层在多个位置的断层倾向、倾角和落差，则断煤交线的计算方式如下：

a　断层中心线计算

从断层点 f 的观测点集 $\{O_i(x_i, y_i, z_i), i = 1, \cdots, n\}$ 得出断层中心线，并以推测延伸扩展该点集以获得起点 O_0 和终点 O_{n-1}。对于每个点 $O_n (x_n, y_n, z_n)$，有倾角方向 α，倾角 β，落差参数 h 和三维坐标。为了获得 $O_{n+1}(x_{n+1}, y_{n+1}, z_{n+1})$，有：

$$\begin{bmatrix} x_{n+1} \\ y_{n+1} \\ z_{n+1} \end{bmatrix} = \begin{bmatrix} x_n \\ y_n \\ z_n \end{bmatrix} - \begin{bmatrix} 0 \\ 0 \\ h \end{bmatrix} + L \begin{bmatrix} \cos(\alpha + \pi/2) \\ \sin(\alpha + \pi/2) \\ 0 \end{bmatrix} \tag{7-2}$$

式中　L——f 的线性轮廓线，$L = ch$；

c——比例系数（见图 7-10）。

彩色原图

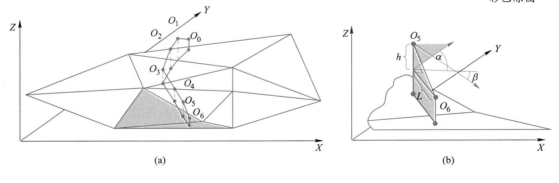

图 7-10　计算断层中心线

（a）断层点和 TIN 的位置；（b）从观测点（O_5）计算出的断层尖灭点位置（O_6）的坐标

然后使用光线三角形相交算法（Ray-triangle Intersection Algorithm）将点投影到 TIN，

以获得断层中心线的有序点阵列 $O = \{O_i'(x_i', y_i', z_i'), i = 0, \cdots, n + 1\}$（见图 7-11）。

b   计算断煤交线

断煤交线上点的坐标是利用断层建模中心线上的一系列断层点位置和断层参数，通过以下公式计算获得：

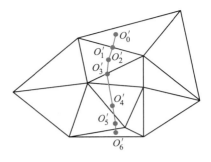

图 7-11   TIN 上的断层中心线

$$\begin{cases} X = \sin\alpha_2(\pm cl)/\tan\alpha_1 + x \\ Y = \cos\alpha_2(\pm cl)/\tan\alpha_1 + y \\ Z = z \pm cl \end{cases} \quad (7\text{-}3)$$

式中 X，Y，Z——已知断层中心点的坐标值；

          α_1——倾斜角；

          α_2——倾向角；

          l——该点对应的断层落差；

          c——断层落差在上下盘的分配系数，可用于表征脆性断层破坏带中观察到的不对称性。计算获得的断煤交线如图 7-12 所示。在建立三维煤层模型过程中添加断煤交线约束可形成拓扑不连续区域来表达断层。

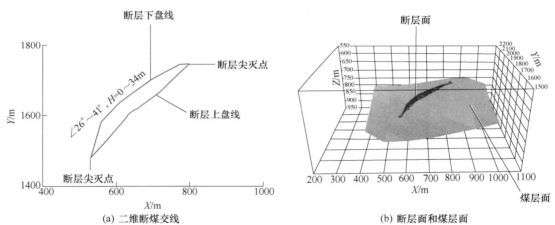

图 7-12   断煤交线数据

彩色原图

7.3.2   矿山地质的三维建模

矿山地质三维建模包括矿床建模和环境地层建模两类，前者仅对矿床本身进行建模，后者要对矿床及其环境地层（如煤层的底板、上覆岩层，乃至表土层）进行整体建模。其中，矿床模型是借助于计算机、地质统计学等技术建立起来的关于矿体的分布、空间形态、构造以及矿山地质属性（如品位、岩性等）的数字化三维矿化模型，它是实现储量计算、计算机辅助采矿设计、计划编制、生产管理以及采矿仿真的基础；环境地层的三维数字模型是矿山开采设计、采动影响分析、矿山安全评价的数字化基础环境。矿山工程是一项不断获取、分析和处理数据的过程，具有工程隐蔽性、地质条件复杂多变性等特点，需要对工程的勘察、设计和施工过程中获取的各种各样的数据和信息进行快速处理、可视化建模和分析，以便指导采矿规划、设计与开采活动。

7.3.2.1　三维地质建模的模型分类

由于地质空间对象分布的不连续性、复杂性及不确定性，适合于规则、连续、相对简单及确定性空间对象的三维空间建模方法并不能够完全适合 3D 地质空间建模。自 20 世纪 60 年代初出现了块段（Block）模型至今，地质三维建模理论与技术的研究已有 40 余年的历史，由地矿领域提出、或由其他领域提出但适合于地矿领域应用的空间建模方法约 20 余种。可将上述空间模型按单元维数分为面元模型（Facial Model）、体元模型（Volumetric Model）两大类，建模方法则分为单一的三维建模（Single 3D Modeling）、混合三维建模（Compound 3D Modeling）和集成三维建模（Integral 3D Modeling）3 类。据此，三维地质空间模型分类见表 7-3。

表 7-3　三维地质空间模型分类

单 一 构 模			混合构模	集成构模
面元模型	体元模型		混合模型	集成模型
	规则体元	非规则体元		
表面模型 (Surface)　不规则三角网（TIN）	结构实体几何（CSG）	四面体格网（TEN）	TIN+Grid 混合	TIN+CSG 集成
格网（Grid）	体素（Voxel）	金字塔（Pyramid）	Section+TIN 混合	TIN+Octree 集成（Hybrid 模型）
边界表示模型（B-Rep）	针体（Needle）	三棱柱（TP）	Wire Frame+Block 混合	
线框（Wire Frame）或相连切片（Linked Slices）	八叉树（Octree）	地质细胞（Geocellular）	B-Rep+CSG 混合	
断面（Section）	规则块体（Regular Block）	非规则块体（Irregular Block）	Octree+TEN 混合	
多层 DEMs		实体（Solid）		
		3D Voronoi 图		
		广义三棱柱（GTP）		

注：斜体部分为栅格模型；多层 DEMs 当采用 TIN 建模时为矢量模型，若采用 Grid 建模，则为栅格模型；其他为矢量模型或矢栅混合、矢栅集成模型。

7.3.2.2　基于面元模型的三维地质建模

面元模型有多种实现形式，除了地形建模常采用的等高线模型、表面模型（Grid 模型、TIN 模型）之外，还有线框模型、序列剖面模型和多层 DEM 模型等多种方式。面元模型侧重于地质体的表面表示，如矿体表面、地质层面、断层面、褶曲面等，所模拟的地质体表面可能是封闭的，也可能是非封闭的，视地质体的空间形态而定。在地质建模时，表面模型也称曲面模型，是由若干块小曲面单元（格网或三角形曲面元素）拼接而成，能够满足面面求交、线面消隐、明暗色彩图等可视化需要，但模型的内部属性及模型的内外关系不清楚，不能进行地质统计和空间分析。

A 线框模型

线框（Wire Frame）模型利用约束线来建立一系列解释图形，如线段、曲线、多边形，以表达矿体边界。其实质是把矿体轮廓上两两相邻的采样点或特征点用直线连接起来，形成一系列多边形；然后拼接这些多边形面形成一个多边形格网来模拟矿体外部轮廓。某些系统则以TIN来填充线框表面以生成体表面，并避免面定义的模糊性，如英国的DataMine采矿软件系统。当采样点或特征点沿环线分布时，所连成的线框模型也称为相连切片（Linked Slices）模型或连续切片模型，如图7-13所示。

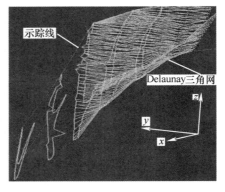

图 7-13 相连切片线框模型

彩色原图

线框模型输出的图形是线条图，符合工程图习惯，适合于从任何方向得到三视图、透视图；数据结构简单，数据存储量小，对硬件要求不高，易于掌握，便于修改。但是，由于线框模型只有离散的空间线段，所构图形含义不确切，不能进行物体几何特性（体积、面积等）计算，不便于消除隐藏线，无法表示实体拓扑关系。

B 序列断面模型

传统地质制图的手工方法是用一系列平面或剖面图模拟矿床的，序列断面（Series Sections）模型的实质正是传统地质制图方法的计算机实现，即通过平面图或剖面图来描述矿床，记录地质信息，如图7-14所示。其特点是将三维问题二维化，地质描述方便，使用性强；但是，断面建模难以完整表达三维矿床及其内部结构，往往需要和其他建模方法配合使用。此外，由于采用的是非原始数据而存在误差，其建模精度一般难以满足工程要求。

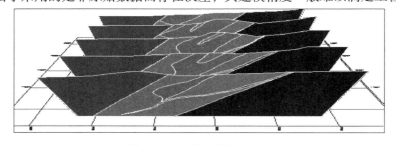

彩色原图

图 7-14 序列地质剖面实例

C 多层 DEM 模型

多层 DEM（Multi-DEMs）模型原理为：首先基于各地层（尤其是控制性地层或关键地层）的界面点按 DEM 的方法对各个地层进行插值或拟合；然后以断层为约束，根据各地层的属性对多层 DEM 进行交叉划分处理，形成空间中严格按照岩性（或土层性质）进行划分的三维地层模型的骨架结构，如图7-15（a）所示；考虑各层的厚度变化，可以得到各地层的上、下层面的 DEM，将上、下层面之间的侧面封闭，即可得到地层体模型，如图7-15（b）所示。

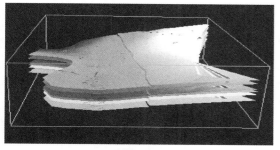
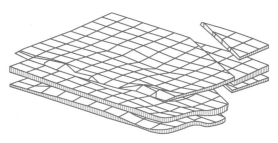

(a) 5个煤层的层面模型　　　　　　　　　　(b) 3个煤层的层体模型

图 7-15　多层 DEM 建模实例

彩色原图

7.3.2.3　基于体元模型的三维地质建模

体元模型是一种基于三维空间的体元分割的真三维实体表达方式，体元的属性可以独立描述和存储，因而可以进行三维空间操作。体元模型可以按体元的表面单元数分为四面体（Tetrahedron）、五面体（Pentrahedron）、六面体（Hexahedron）和多面体（Polyhedron）共 4 种基本类型。也可以根据体元的规整性分为规则体元和非规则体元两个大类。综合两种分类体系，并对各模型进行数学描述，结果见表 7-4。

表 7-4　三维地质空间建模体元模型的综合分类

面数	规则体元		非规则体元	
	模型名称	数学描述	模型名称	数学描述
4	—		TEN	$\text{Node}_i(x_i, y_i, z_i)$
5	—		Pyramid, TP	
6	Voxel	$\Delta x = \Delta y = \Delta z = C$	Geocelluar	$\begin{cases} \Delta x = \Delta y = C \\ \Delta z = V_{ij} \end{cases}$
	Needle	$\Delta x = \Delta y = C;\ \Delta z = V_{ij}$		
	Octree	$\Delta x = \Delta y = \Delta z = 2^n \cdot C$		
	Regular Block-Ⅰ	$\Delta x = C_1;\ \Delta y = C_2;\ \Delta z = C_3$	Irregular Block	$\begin{cases} \Delta x = V_1 \\ \Delta y = V_2 \\ \Delta z = V_3 \end{cases}$
	Regular Block-Ⅱ	$\Delta x = C_1;\ \Delta y = C_2;\ \Delta z = V_k$		
	Regular Block-Ⅲ	$\Delta x = V_i;\ \Delta y = V_j;\ \Delta z = V_k$		
n	—		Solid, OO-Solid	$\text{Node}_i(x_i, y_i, z_i)$
			GTP	
			3D Voronoi 图	$\text{Center}_i(x_i, y_i, z_i)$

注：i, j, k 分别为体元的行，列，层号；C 为常数；V 为变量；n 为整数变量（$n \geqslant 3$）；Node 为非规则体元的边界节点；Center 为 3D voronoi 体元的中心点。

A　规则体元模型

规则体元包括结构实体几何（CSG）、三维体素（Voxel）、针体（Needle）、八叉树（Octree）和规则块体（Regular Block）共 5 种模型，如图 7-16 所示，通常规则体元用于水体、污染和环境问题建模，也可用于地下油矿床建模。

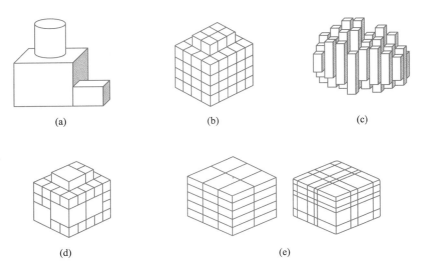

图 7-16　规则体元模型

（a）CSG；（b）Voxel；（c）Needle；（d）Octree；（e）Regular Block（Ⅰ，Ⅲ）

CSG 模型原理是首先预定义好一些形状规则的基本体元，如立方体、圆柱体、球体、圆锥及封闭样条曲面等，这些体元之间可以进行几何变换和正则布尔操作（并、交、差），由这些规则的基本体元通过正则操作来组合成一个物体。CSG 模型描述结构简单的三维物体时十分有效，在 CAD/CAM 领域已形成了产业规模，但对于复杂不规则三维地物尤其是地质体，CSG 模型很不方便，效率大大降低。

Voxel 模型的实质是 2D Grid 模型的三维扩展，即以一组规则尺寸的三维体素来剖分所要模拟的空间。基于 Voxel 的建模法有一个显著优点，就是在编制程序时可以采用隐含的定位技术，以节省存储空间和运算时间。该模型虽然结构简单，操作方便，但表达空间位置的几何精度低，且不适合于表达和分析实体之间的空间关系。当然，通过缩小 Voxel 的尺寸，可以提高建模精度，但空间单元数目及储量将成 3 次方增长。

Needle 模型的原理类似于结晶生长过程，用一组具有相同截面尺寸的不同长度或高度的针状柱体对某一非规则三维空间、三维地物或地质体进行空间分割，用其集合来表达该目标空间、三维地物或地质体。该模型的特点是适合对单一地质体进行三维建模，可以很准确地逼近形体边界。与 Voxel 相比，相当于在 Z 方向对 Voxel 的单元数进行压缩，即根据所模拟的空间对象来决定单元的起始位置与终止位置，因而可以节省单元数，同时减少存储量。

Octree 则是对 Voxel、Needle 模型的进一步改进，即在 X、Y、Z 这 3 个方向同时对 Voxel 单元数目进行压缩。Octree 既可以看成是四叉树方法在三维空间的推广，也可以说是用 Voxel 模型的一种压缩改进。Octree 模型将三维空间区域分成 8 个象限，且在树上的每个节点处存储 8 个数据元素。当某一象限中所有体元的类型相同时（即为均质体），就将该类型值存入相应的节点数据元素中；若非均质，对该象限进行下一次细分，并由该节点中的相应数据元素指向树中的下一个节点，如此，直至细分到每个节点所代表的区域都是均质体为止。

Regular Block 模型是把要建模的空间分割成规则的三维格网，称为 Block，每个块体在计算机中的存储地址与其在自然矿床中的位置相对应，每个块体被视为均质同性体，由克立格法、距离加权平均法或其他方法确定其品位或岩性参数值。编制程序时 Regular Block 模型可采用隐含的定位技术以节省存储空间和运算时间。该模型用于属性渐变的三维空间（如侵染状金属矿体）建模很有效，但对于有边界约束的沉积地层、地质构造和开挖空间的建模，则必须不断降低单元尺寸以求精确表达地质体几何边界，从而引起数据急速膨胀。

  B　非规则体元模型

常用的非规则体元包括四面体网络（TEN）、金字塔（Pyramid，为五面体 Pentrahedron 的特例）、三棱柱（Tri-Prism，TP）、地质细胞（Geocellular）、不规则块体（Irregular Block）、实体（Solid）、3D Voronoi 图和广义三棱柱（Generalized TP，GTP）等 8 种模型，如图 7-17 所示。这些非规则体元模型均是有采样约束的、基于地质地层界面和地质构造的三维空间模型。

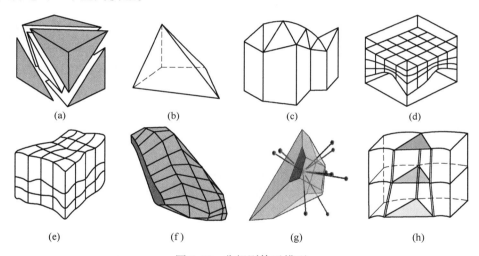

图 7-17　非规则体元模型

（a）Tetrahedron；（b）Pyramid；（c）Tri-Prism（TP）；（d）Geocellular
（e）Irregular Block；（f）Solid；（g）3D Voronoi；（h）GTP

TEN 模型是在 3D Delaunay 三角化研究的基础上提出的，是一个基于点的四面体网络（Tetrahedral Network，TEN）的三维矢量数据模型。它以四面体（Tetrahedron）作为最基本的体元，将任意一个三维空间对象剖分成一系列邻接但不交叉的不规则四面体，是不规则三角网（TIN）向三维的扩充。其基本思路是对三维空间中无重复的散乱点集用互不相交的直线将空间散乱点两两连接形成三角面片，再由互不穿越的三角面片构成 TEN。其中四面体都是以空间散乱点为其顶点，且每个四面体内不含有该点集中的任一点。

Pyramid 是五面体（Pentrahedron）的特例（五面体的另一个特例是三棱柱），即由 4 个三角面片和 1 个四边形封闭形成。Pyramid 模型建模原理类似于 TEN 模型，由于其数据维护和模型更新困难，一般很少采用。

TP 模型是一种较常采用的简单三维地学空间建模技术。由于 TP 模型的 3 条棱边垂直平行，因此要求采样钻孔必须垂直。这在钻孔较浅和地质条件比较简单的情况下是近似成立的，但在实际钻探过程中，由于地质条件的作用和特殊施工要求，钻孔的偏斜是不可避免的。

Geocellular 模型的实质是 Voxel 模型的变种，即在 XY 平面上仍然是标准的 Grid 剖分，而在 Z 方向则依据数据场类型或地层界面的不规则变化而进行实际划分，从而形成逼近实际地质界面的三维体元空间剖分。因此，Geocellular 模型的精度得以提高，可以更好地处理地质界面的约束问题。此外，由于 Geocellular 模型在 X、Y 方向上仍然是规则剖分，故可在一定程度上继承 Voxel 模型中体元隐含定位的特性，有利于数据组织。

Irregular Block 不仅能表示品位或质量的细致变化，而且能较好地模拟地质体的几何边界。Irregular Block 与 Regular Block 的区别在于：后者 X、Y、Z 三个方向上的体元尺度互不相等，但保持常数（如 OBMS 系统）；而前者 X、Y、Z 三个方向上的体元尺度不仅互不相等，且不为常数。Irregular Block 建模法的优势是可以根据地层空间界面的实际变化进行模拟，进而提高空间建模的精度；缺点是数据组织比 Regular Block 模型复杂，基于体元的空间检索与查询不便。

Solid 模型是在表面模型的基础上，增加了面的方向和实体存在于面的哪一侧的信息。即面的正向为物体由内部指向外部的方向，依照右手法则，各线段按逆时针方向排列，大拇指所指方向即为面的正向。Solid 模型采用多边形格网来精确描述地质体和开挖边界，同时采用传统的块体模型来独立地描述形体内部的品位或质量的分布，既可保证边界建模的精度，又可简化体内属性表达和体积计算，适合于矿体结构分析、体积运算、立体显示和经济评价。加拿大 Lynx 系统中提供的三维元件建模（3D Component Modeling）以相邻剖面中同一地质体轮廓线的相应连接，自动或交互式地模拟生成由地质体分表面（Sub-Surface）或开挖边的界面，组合构成三维地质形体，称作元件（Component）。相邻元件相连成组即为一个地质或开挖单元，其实质就是一种 Solid 模型。Solid 模型"所见即所得"，适合描述复杂断层、褶皱和节理等精细地质结构。

3D Voronoi 图是 2D Voronoi 图的三维扩展。3D Voronoi 图模型的实质是基于一组离散采样点，在约束空间内形成一组面-面相邻而互不交叉（重叠）的多面体，用该组多面体完成对目标空间的无缝分割。3D Voronoi 图模型最早起源于计算机图形学领域；近年，人们开始研究其在地学领域中的可行性，试图在海洋、污染、水体及金属矿体建模方面得到应用，如图 7-18 所示。

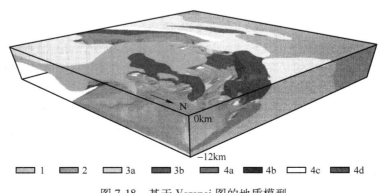

| ▨ 1 | ▨ 2 | ▨ 3a | ▨ 3b | ▨ 4a | ▨ 4b | ▨ 4c | ▨ 4d |

彩色原图

图 7-18　基于 Voronoi 图的地质模型

GTP 模型建模原理：用 GTP 的上下底面的三角形集合所组成的 TIN 面来表达不同的地层面，然后利用 GTP 侧面的空间四边形面来描述层面间的空间邻接关系，用 GTP 柱体来表达层与层之间的内部实体。GTP 建模的基本单元如图 7-19 所示，其中黑粗的柱体代表钻孔，三角形代表 TIN 面，由于由上、下不平行的两个 TIN 三角形面和三个侧面空间四边形面（不一定是平面）所组成的空间单元，与 TP 近似，但又不是 TP（TP 的侧面是平面），故称为 GTP。

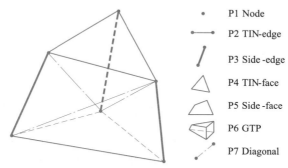

•	P1 Node
•—•	P2 TIN-edge
▮	P3 Side-edge
△	P4 TIN-face
▱	P5 Side-face
◪	P6 GTP
-·-	P7 Diagonal

图 7-19　GTP 单元的组成要素

GTP 建模单元由 6 类基本元素组成：结点（Node，P1）、TIN-边（TIN-edge，P2）、侧边（side-edge，P3）、TIN 面（TIN-face，P4）、侧面（side-face，P5）和 GTP（P6）。此外，为了空间操作方便，在 GTP 建模单元中还引入了对角线（diagonals，P7），其目的是在空间切割与计算时将一个 GTP 切割为 3 个四面体。因此，一般情况下，一个 GTP 包含：3 个上结点、3 个下结点、3 个上 TIN 边、3 个下 TIN 边、1 个上 TIN 面、1 个下 TIN 面、3 条侧边、3 个侧面和 3 条对角线。

由于钻孔偏斜，侧面的 4 个结点不一定共面。引入对角线的目的，就是为了处理这种情况：对角线将每一侧面分割为两个三角形，并将一个 GTP 单元切割为 3 个四面体，从而便于空间操作和空间分析，包括体积计算、空间剖切、包含查询及地质统计分析等。为了减少数据冗余，对角线数据并不在数据库中存储，只是当需要进行空间操作与空间查询时动态生成。

GTP 模型具有以下特点：

（1）基于采样数据：直接利用钻孔采样数据，而无须进行空间内插，即可通过钻孔采样数据以 TIN 的形式来模拟和表达地层界面的基本空间形态，可最大限度地保障三维地学建模精度。

（2）开放式建模：当有新的钻孔数据或通过物探、化探、测量等手段获得新的地层空间信息时，只需局部修改或扩充，无需改变模型整体结构，使得 GTP 的局部细化与动态维护很方便。

（3）有拓扑描述：以 GTP 为基本的体元建模单元，便于进行三维拓扑描述与表达。

（4）基于 TIN 的 2.5D 建模为其子集：同一地层 GTP 集合的上下界面为 TIN 结构，因此基于 TIN 的 2.5D 建模可以看成基于 GTP 的 3D 建模的一个子集。

（5）Pyramid、TEN 模型为 GTP 退化：如图 7-20 所示，当某一侧边收缩为一个结点时，GTP 退化为 Pyramid；当某一 TIN 收缩为 1 个结点时，GTP 退化为四面体。该特点非常适合处理地层尖灭、分叉、断层切削等复杂情况。

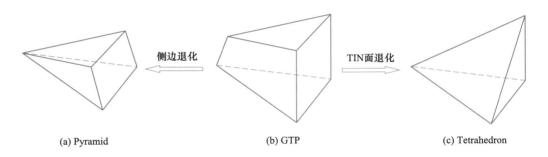

(a) Pyramid   (b) GTP   (c) Tetrahedron

图 7-20   GTP 的两种退化模式

基于 GTP 的三维地学构模过程如图 7-21 所示。图中，结点代表由钻孔揭露的地层界面点，为初始的 0D 要素；TIN 边和侧边分别为连接沿界面或界面之间结点的 1D 要素；TIN 面和侧面则为由 TIN 边和侧边闭合而成的 2D 要素；TIN 面、侧面封闭形成三维要素 GTP。一组具有相同属性的 GTP 组合在一起（侧面相邻和/或 TIN 面相邻），生成 1 个地质体，如地层、矿体、地质结构等。若干地质体组合起来，即形成研究区域的三维复杂地质模型。

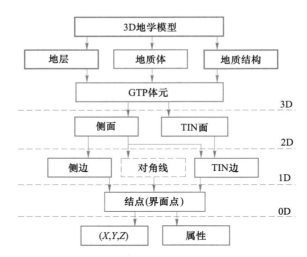

图 7-21   基于 GTP 的三维地学构模过程

7.3.2.4   基于混合模型的三维地质建模

基于矢量的面元模型虽然精度较高，但不能解决矿（岩）体品位、岩性等内部非均匀的非几何属性描述问题；体元模型可以存储非几何属性，表面描述精度也较高；栅格数据能进行逐点处理和块操作，具有较强的空间分析和操作能力，但无法满足精度要求。混合三维模型的目的是综合利用两种以上的面元模型和/或体元模型来对同一地质空间实体进行三维建模，以便综合两种模型的优点，取长补短，更完整地描述矿体形状、更好地表达矿体的空间结构，如用两种面元模型、两种体元模型、一种面元模型加一种体元模型，或者利用面元模型来描述地质体的几何轮廓、用栅格模型来存储地质体的非几何属性，从而使得数据结构具有很强的灵活性和适应性。典型的有断面-三角网混合模型（Section + TIN）、线框-块体混合模型（Wire Frame + Block）和八叉树-四面体混合模型（Octree + TEN）。

A　断面-三角网混合模型

断面-三角网（Section + TIN）混合模型的原理为：在 2D 的地质剖面上，主要信息是一系列表示不同地层界线的或有特殊意义的地质界线（如断层、矿体或侵入体的边界），每条界线赋予属性值，然后将相邻剖面上属性相同的界线用三角面片（TIN）连接，这样就构成了具有特定属性含义的三维曲面，如图 7-22 所示。其建模步骤为：（1）剖面界线赋值；（2）2D 剖面编辑；（3）相邻剖面连接；（4）三维场景的重建。与 Section 模型一样，由于采用的是非原始数据而存在误差，其建模精度一般难以满足工程要求。

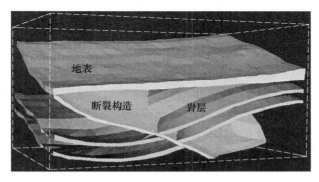

彩色原图

图 7-22　断面-三角网混合模型应用实例

B　线框-块体混合模型

Wire Frame-Block 混合模型进行三维地质空间建模的原理为：以 Wire Frame 模型来表达目标轮廓、地质或开挖边界，以 Block 模型（当该 Block 为规则化、正则化的立体单元时，就成为三维栅格，即 Voxel）来填充其内部。为提高边界区域的模拟精度，可按某种规则对 Block 进行细分，如以 Wire Frame 的三角面与 Block 体的截割角度为准则来确定 Block 的细分次数（每次可沿一个方向或多个方向将尺寸减半）。该模型实用效率不高，即每一次开挖或地质边界的变化都需进一步分割块体，即修改一次模型。

C　八叉树-四面体混合模型

八叉树模型虽然具有结构简单、算法简单、操作方便等特点，并能够表示地质对象内部属性的空间变化，但随着空间分辨率的提高，八叉树模型的数据量将呈几何级数增加，且八叉树模型始终只是一个近似表示，原始采样数据一般也不保留；而四面体模型则可以保存原始观测数据，具有精确表示目标和表示较为复杂的空间拓扑关系的能力，但其模型较八叉树复杂，不便于详细描述地质对象内部的属性变化。对于一些特殊领域，如地质、海洋、石油、大气等，单一的八叉树或四面体模型均很难满足需要，例如在描述具有断层的地质构造时，断层两边的地质属性往往是不同的，需要精确描述。因此，可以将两者结合起来，建立八叉树-四面体混合模型。

该模型以八叉树做整体描述，以四面体做局部细化描述。八叉树一般采用低分辨率，这样就可以大大减少八叉树的数据量，而对于需要精确描述的部分，如地质对象的边界，以单个八分体为单位，建立局部的四面体模型，图 7-23 为一个简单实例。

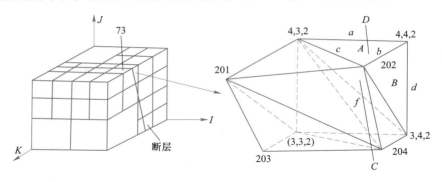

图 7-23　八叉树-四叉树混合模型原理

7.3.3　井巷工程的三维建模

7.3.3.1　井巷工程特征与三维建模要求

井巷工程是指在地下进行各种采矿活动所形成的开挖实体，如立井、斜井、井底车场、巷道、硐室等。井巷工程与自然地质体一样都是三维的，在空间上都占有一定的位置与范围，具有一定的形态和属性，并与自然地质对象紧密联系。此外，井巷工程一般都是按照预先设计的要求在地质体中施工形成的，因而其空间特征、属性特征和空间关系特征等方面有独自的特点。

空间特征又称几何特征或定位特征，表示空间对象所处的空间位置与空间分布形态。井巷工程的几何形状一般比较规则，空间位置描述也比较精确。如巷道类似于一个柱体，其空间位置的数据获取和描述方法是先沿纵向测定剖面中心或底顶板的空间坐标，然后每隔一定距离测出柱体横断面特征点的坐标。而地质体的形态通常是不规则的，也难以详细、精确地描述其空间位置。

属性特征表示井巷工程的各种性质特征，如工程体的开掘方式、支护形式、用途，以及开挖前工程体内的地质体特性（岩性、含水性、力学强度）等。工程体的这种属性特征与其掘进的地质体属性密切相关。

空间关系特征表示空间实体之间存在的与空间特性有关的关系，如拓扑关系、度量关系、顺序关系、方向关系等。工程开挖体的空间关系主要是拓扑关系和度量关系，如工程开挖体之间及工程开挖体与围岩地质体之间的相邻、相离、包含关系等。

可见，井巷工程是地下空间域内需要进行几何、属性和拓扑信息统一表达的一类特殊空间实体。井巷工程的真三维建模，必须既能体现工程体的空间、属性与拓扑特征，并考虑它与围岩地质体的联系，以及对工程体进行真三维数值模拟的要求。井巷工程的三维空间建模是一项重要而实用技术，其主要目标要求包括：

（1）能够实现工程体的任意三维显示，既可独立显示工程体的位置与形状，又可与围岩地质体联合显示，以便观察工程体在地质体中的空间分布，即工程体与地质体是一个整体模型；

（2）能够进行工程体内部的虚拟漫游，观察工程体开挖揭露的地质体情况，即工程体模型与地质体模型真实切割；

（3）能够进行相关计算与分析，如工程体开挖量计算、工程开挖对周围地层环境的影响等，即工程体模型必须具有支持有限元数值模拟分析的能力；

（4）要求工程体模型与地质体模型具有拓扑一致性，能够进行拓扑查询，如工程体处于什么地层内，工程体沿上下前后左右前进一定距离会遇到什么地质体，掘进头距离透水岩体多远等。

7.3.3.2 井巷工程三维建模方法

由于井巷工程体形状一般比较规则，可以采用传统的 CSG、Wire Frame 模型，也可以引用管线几何模型，来进行井巷工程建模与可视化表达。

A CSG 与 Wire Frame 模型方法

CSG 用于井巷工程建模的缺点是开挖体的点、边、面等边界几何元素隐含在 CSG 体素中，不利于空间分析和显示。

Wire Frame 可进行较精细、准确的地下巷道和硐室建模，如图 7-24 所示。但 Wire Frame 不能将井巷工程的几何模型与模型属性相关联，且不存储拓扑关系，不能进行相关结构分析、体积计算与剖面切割。根据地质剖面图对隧道三维建模及可视化时，也可对巷道内壁进行真实感纹理处理，如图 7-25 所示。但是，这种模型只能满足可视化要求，巷道内部表现的不是真实穿越的地层情况，不能进行巷道与围岩的相关分析。

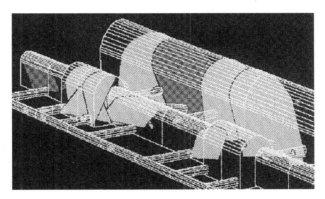

图 7-24　井巷工程的 Wire Frame 模型

彩色原图

图 7-25　井巷工程纹理渲染

B 管线几何模型方法

管线几何模型采用管线断面与体面三角剖分拟合的方法重构管线及管件，如图 7-26 所示。设 S 为垂直于管线中心线的断面，T 为体面剖分三角形，则管线的三维可视化模型可以由一系列断面和体面剖分三角形共同构成，表示为 $\{S_i \cup T_j \mid i, j = 1, 2, \cdots\}$。管线有直管、弯管、变径管、三通、四通等多种类型。直管最简单，其中心线为一条空间线段，直管模型唯一地由起点断面与终点断面确定，中间没有变化，其建模过程可分解为局部坐标系计算、中心线的生成、管线断面数据计算、断面数据构建等过程。弯管的中心线为一条空间折线，可以内插为一条近似连续的曲线，如图 7-27 所示，弯管模型由起点断面、中间断面和终点断面共同构建，弯管线也可视为首尾相连的直管线集合，其建模步骤主要包括弯曲管线中心线插值计算、断面数据计算、弯管模型构建等。变径管线可以看作是一种管径变化的直管，具有两个端口口径和多个变径点，如图 7-28 所示，变径管线三维模型构建主要包括变径点插值计算、断面数据计算和变径管线模型构建。三通、四通管建模的关键是交叉点建模，这也是管线建模的技术难点，要通过局部坐标系计算、交叉点处断面位置确定、交叉点断面处理、交叉点断面构建等复杂过程来实现。

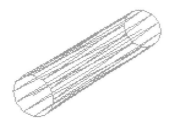

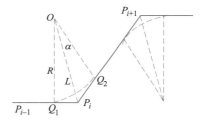

图 7-26 管线体面三角剖分   图 7-27 弯管中心线内插拟合

可将管线模型扩展应用到井巷工程建模，区别仅在于断面类型不同。管线的断面多为圆形，而巷道的断面多为拱形（见图 7-29）。设拱形半径为 R，起拱高度为 H，拱形剖分拟合数为 n，则断面拟合计算公式为：

$$\begin{cases} x_i = R\cos(\alpha i) \\ y_i = R\sin(\alpha i) \quad (\text{其中，} \alpha = \pi/n) \\ z = 0 \end{cases}$$

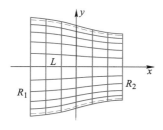

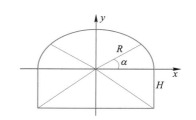

图 7-28 变径管示意图   图 7-29 巷道断面图

依据管线构建三维模型的算法及原理，构建的各类巷道断面，如图 7-30 所示。

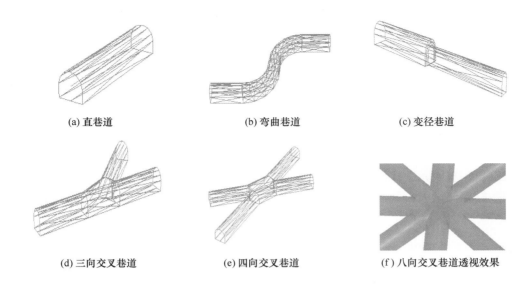

(a) 直巷道　　　　　　　(b) 弯曲巷道　　　　　　　(c) 变径巷道

(d) 三向交叉巷道　　　　(e) 四向交叉巷道　　　　(f) 八向交叉巷道透视效果

图 7-30　基于管线模型的巷道模型图

7.3.4　井巷工程与地质体的集成建模

工程开挖体的建模除应满足自身可视化这一基本功能外，还应与周围岩层和地质体融合成一个整体，一方面支持工程开挖设计与查询分析，另一方面为有限元计算提供空间数据支持。

7.3.4.1　集成建模的一般方法

迄今为止，国内外学者研究提出了多种地质体与采掘工程的集成建模的方法，包括：

A　基于四面体的集成建模

首先采用 3D Grid 模型对地层进行建模，然后剖分成非结构化格网 TEN。井孔和隧道则以六角形柱体段进行三维建模，以钻井、隧道等工程体的外围轮廓作为约束条件，将轮廓上关键约束点逐点插入到地层 TEN 中，进而按 3D Delaunay 法则局部细化成 TEN，以保持地层和工程体的几何一致性，如图 7-31 所示。这种建模主要用于有限元模拟，如井孔

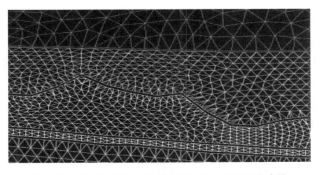

彩色原图

图 7-31　基于 TEN 的地质体与采掘工程集成建模

和隧道周围气体和水流的有限元模拟。其建模过程是静态的，工程体并不与地层真实切割，并且也不存储拓扑关系，不能进行拓扑空间查询与分析。

B　基于 TP 的集成建模

在地质体 TP 建模的基础上，以 5 个平面围成隧道周边，模拟在地层中进行开挖，并显示开挖后的隧道及其内部地层分布，如图 7-32 所示。这实际上只是隧道的简化表示，没有拓扑关系，只能满足简单可视化要求。

C　基于不规则 3D Grid 的集成建模

采用不规则 3D Grid（实质为 Irregular Block）对开挖体和围岩进行集成建模，并将建模结果输出到有限元进行模拟分析，如图 7-33 所示。3D Grid 模型虽然对有限元前处理有利，但数据存储量大，采样数据需要经空间内插，精度有损失，且实体之间不建立拓扑关系。

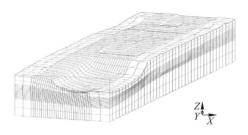

图 7-32　基于 TP 的地质体与　　　　　图 7-33　基于 3D Grid 的地质体与
采掘工程集成建模　　　　　　　　　采掘工程集成建模

D　基于 Solid 的集成建模

首先，以剖面加中心线的方式完成隧道的几何建模，并采用交互式建模技术以 Solid 模型进行地层建模；然后，进行隧道模型与地层模型的体体求交运算，求出隧道穿越地层的位置及相应位置的岩性。这种建模方式开挖体与地层真实切割，可计算开挖量和进行有限元模拟，但开挖体与地层不存储拓扑关系，无法进行拓扑空间查询。或者，先基于钻孔和测井曲线用 Solid 模型对地层建模，然后用序列 Section 模型对隧道进行初始化并转化为不规则 3D Grid 模型，以便用于三维有限元分析，如图 7-34 所示，缺点是同样没有描述拓扑关系。

彩色原图

E　基于似直三棱柱的集成建模

将工程开挖体比拟成地层，认为巷道和地层是一个整体，建模时有机结合。将巷道底板看作一个曲面，除底板以外的其他各个面看作另一个曲面。因此，巷道就和地层相对应，由上、下两个曲面组成，如图 7-35 所示。然后选取巷道的形状控制点与钻孔点求并集，统一进行似直三棱柱（Analogical Right Tri-Prism，ARTP）剖分。该模型虽然能实现巷道建模与地层建模的静态耦合，相互之间可以进行拓扑查询，但难以进行巷道动态开挖模拟，离工程实用还有较大距离。

7.3.4.2　集成建模的 GTP 方法

工程开挖体的建模不仅要与周围岩层和地质体融合，产生整体可视化效果，而且应保持几何无缝和拓扑一致，即实现地质体与工程开挖体的几何无缝集成和拓扑一致性集成。

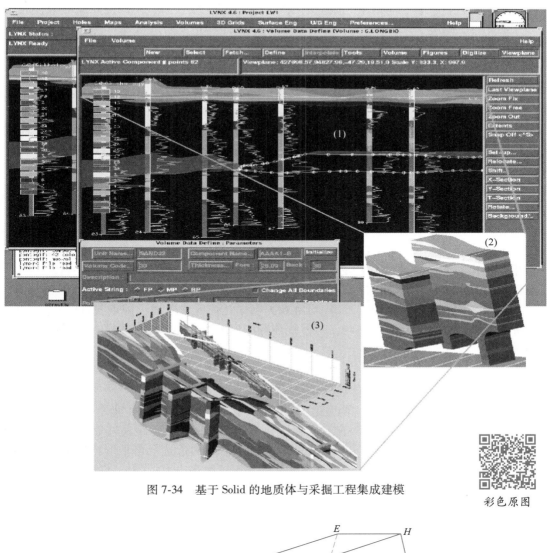

图 7-34　基于 Solid 的地质体与采掘工程集成建模

彩色原图

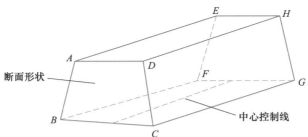

图 7-35　基于 ARTP 的地质体与采掘工程集成建模原理

针对地下工程开挖体的基本特征及其真三维几何无缝集成建模要求，在广义三棱柱（GTP）模型的基础上进行扩展，提出采用工程 GTP（Engineering GTP，E-GTP）模型来构建地下工程开挖体的真三维模型。通过与其围岩地质体的 GTP（Geological GTP，G-GTP）模型的耦合，实现了基于 GTP 的围岩地质体与工程开挖体的一体化真三维几何无缝集成空间建模。该模型将地下三维空间实体抽象为点、线、面、体四类几何对象，通过结点、TIN 边、侧边、TIN 面、侧面和 GTP 体元共 6 个构造元素进行统一表达。

A E-GTP 建模原理

地质体的 G-GTP 是以真实偏斜钻孔所揭露的地质资料为数据源，沿钻孔方向作为棱边构建 GTP；而 E-GTP 则是对 GTP 模型的一个拓展。它与 G-GTP 的区别在于：

（1）数据来源不同：E-GTP 的数据主要来源于工程测量和设计，是一些精确的约束性控制数据，数据分布比较规范；而 G-GTP 数据来源于真实钻孔，控制数据少且分布不规则；

（2）建模精度不同：E-GTP 表达的工程体比较精细，通常需要厘米级的精度；而 G-GTP 则一般为分米级和米级；

（3）空间尺度不同：E-GTP 3 条棱边距离很有限，一般不超过数 10m；而 G-GTP 的 3 条棱边相距一般很远，有时可达千米以上；

（4）空间分布不同：E-GTP 的 3 条棱边可以按工程体控制中心线的方向任意与地层相交或平行；而 G-GTP 的 3 条棱边必须沿钻孔方向，且只能与地层相交而不能平行。

E-GTP 和 G-GTP 的共同点在于：

（1）基本几何形状上相似；（2）均由 6 类基本几何元素组成，即点、TIN 边、棱边、TIN 面、侧面和 GTP 体。这为实现工程开挖体与围岩地质体的一体化建模提供了理论与技术保障。

B E-GTP 建模方法

a 横断面形状不变的开挖体建模

对横断面形状不变（尺寸可能改变）的工程开挖体，采用 E-GTP 建模方法比较简单。其过程如下：（1）首先，根据测量和工程体建模需要，每隔一定距离选取一个特征横断面；（2）根据横断面的形状确定控制中心线点，并沿其周边选取若干形状约束点；（3）将这些形状约束点两两相连形成工程体横断面的外围轮廓多边形；（4）多边形顶点与控制中心线点相连形成横断面的三角形簇；（5）最后，将两个横断面的三角形簇的对应顶点相连则形成了构成工程体的 E-GTP 簇。

以图 7-36 所示横断面为圆形的一段隧道为例：O_1、O_2 分别为前后断面的圆心；R_1、R_2 分别为前后断面圆形半径（两者可以不等）。在 O_1 所在断面圆周上等间距取 n 个形状控制点，两两相连后分别与 O_1 连接，则形成 n 个三角形面将断面剖分成 n 个三角形。由于前后断面形状相同，同样可将 O_2 点所在断面剖分成对应的 n 个三角形。两两连接对应三角形的对应顶点，即构成了一个 E-GTP 体。将两个断面上 n 个三角形顶点分别对应相连，则可得到 n 个这样的 E-GTP 体，其外侧平面相连则构成工程体近似表面，即为工程开挖体与地质体切割的平面集合。

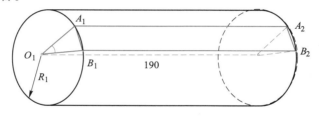

图 7-36 圆形隧道的 E-GTP 建模原理

工程开挖体横断面的形状除圆形外，还有拱形、矩形和梯形等多种形状。断面走向控制线的测定在实际施工放样中有的沿断面形状中心，有的沿断面顶板、底板和两侧，甚至有的沿顶底板和两侧混合量测，即断面走向控制线点的位置并不确定。对此，首先要根据横断面形状重新确定一致的走向控制线，该线的选取既要有利于横断面三角剖分，又要有利于测量数据向其换算。如图 7-37（a）所示拱形断面，控制中心线点应选在顶面弧段所在圆的圆心，上半部圆弧断面的三角剖分与圆形断面相同，下半部断面则剖分成 3 个三角形；图 7-37（b）所示矩形断面，控制中心线点选在其对角线交点，断面剖分成 4 个三角形；而图 7-37（c）中梯形断面，控制中心线点选在中位线与上下边平分线的交点，断面也剖分为 4 个三角形。这种经过换算后选取一致性控制中心点的好处是：在可视化过程中，当显示比例尺缩小到一定程度，即可用控制中心线来代替隧道、井巷等走向分布较长的工程体，从而加快图形显示，有利于多细节层次（LOD）构模的实现。

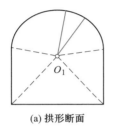  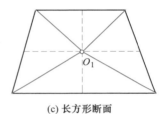

    (a) 拱形断面   (b) 矩形断面   (c) 长方形断面

图 7-37　不种形状工程开挖体断面的三角化

b　横断面形状变化的开挖体建模

实际工程开挖，横断面的形状可能因围岩地质条件约束或支护设计需要而改变，如由圆形断面过渡到拱形、拱形断面过渡到梯形等。此类开挖体建模的关键是段的分割及分段建模。原则是：（1）要在断面形状发生显著改变处进行分段；（2）两相邻断面控制中心线要相互连接；（3）相邻断面的顶底部断面形状控制点要对应连接；（4）形状控制点的数量由复杂度较高的断面来决定。

以图 7-38 所示拱形断面过渡到梯形断面为例说明其建模方法。图中 O_1 和 O_2 分别为拱形和梯形断面控制中心线点，A_1、B_1 为拱形断面底部两个形状控制点，C_1、D_1 和 E_1 分别为拱形断面圆弧两端点和顶点；A_2、B_2、D_2、F_2 为梯形断面 4 个顶点。根据上述建模原则，将 O_1O_2 相连，A_1、B_1 与 A_2、B_2 对应相连。对拱形断面 C_1、D_1 两点，由于在梯形断面没有对应连接点，而其所在断面复杂度高于梯形断面，因此以 C_1、D_1 两点距离底板的高度相应确定梯形断面的辅助控制点 C_2、D_2，然后对应连接。如此，将 A_1、B_1、C_1、D_1 与 O_1 点相连，A_2、B_2、C_2、D_2 与 O_2 点连接，则将该过渡段的拱形和梯形断面的下部分别剖分成 3 个三角形。对于拱形断面与梯形断面的上部，由于形状不匹配，拱形断面顶点 E_1 在梯形断面上没有对应的连接点，可根据控制点连接以高复杂度断面控制低复杂度断面的原则，由 E_1 点确定梯形断面顶端中心辅助控制点 E_2。同时，为拟合拱形断面上部弧段形状，可在弧段上等间距增加两个辅助控制点 D_1、F_1，分别与梯形断面 D_2、F_2 点相连。显然，下部 3 个 E-GTP 的剖分方式是固定的；上部 4 个 E-GTP 体的剖分虽然是不固定的（可根据精度需要选择剖分精度），但 E_1 与 E_2 两点的连接是不变的。

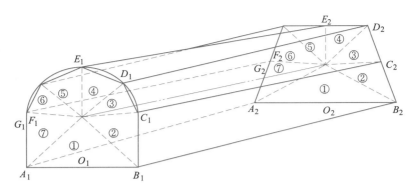

图 7-38   一段断面形状变化的隧道 E-GTP 建模实例

此建模方式可扩展到其他断面过渡方式，如拱形向矩形断面过渡时，矩形断面可看作梯形断面的特例；圆形向拱形断面过渡时，圆形与拱形的下部建模类似于拱形与梯形的上部建模。

　　c　工程体转弯连接处建模

除直线段外，实际的非直线状工程体还存在如图 7-39 所示的转弯处的圆弧连接（如隧道、巷道转弯连接处等），图 7-39（a）为两个圆弧段的反向连接，图 7-39（b）为单个弧段连接。此类工程建模的关键是横断面的划分。可根据圆弧中心和连接处断面的特征，将内外圆弧平均分为 n 段，内外圆弧对应点连线即为工程体划分横断面所在位置，工程体各横断面延伸线交于圆弧中心，如图 7-39（c）所示。此时，所剖分的 E-GTP 体的两个 TIN 面是不平行的。

(a) 反向两个圆弧段连接　　　　　(b) 单个圆弧段连接　　　　　(c) 圆弧段横断面划分

图 7-39   工程开挖体转弯连接处断面分割

　　C　基于 GTP 集成数据模型

为有效表达三维地学空间对象及其拓扑关系，可采用面向对象思想、从几何学角度将地质三维空间对象抽象为点、线、面和体等 4 种表达地质体和工程开挖体基本实体，并通过构建 G-GTP 与 E-GTP 的 6 类构造元素，即点、TIN 边、棱边、TIN 面、侧面和 G-GTP（E-GTP）体元来表达这 4 类实体。其一体化数据模型如图 7-40 所示。

　　点状实体：它是零维（0D）空间对象，如钻孔点、断面形状控制点等。点状实体对应结点元素，有相应的属性编码和属性表，具有空间位置信息，即（X，Y，Z）坐标。

　　线状实体：它是一维（1D）空间对象，如断裂线、钻孔迹线、轮廓线等，由 G-GTP 或 E-GTP 的一系列 TIN 边与棱边构成。

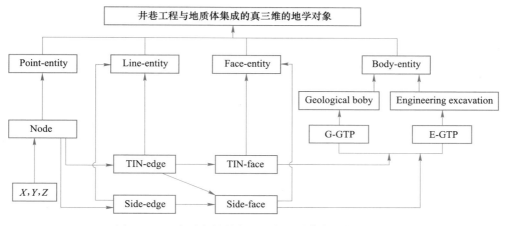

图 7-40　面向对象的井巷工程与地质体集成数据模型

　　面状实体：它是二维空间对象，如层理、地层界面、不整合面、工程体横断面等，可用 G-GTP 或 E-GTP 的 TIN 面与侧面来表达，面状实体也有属性编码和属性表。

　　体状实体：它是三维空间对象，如地层、矿体等地质体以及隧道、井巷等工程开挖体。任意一个地质体或工程开挖体都可剖分成一系列邻接但不交叉的 G-GTP 或 E-GTP 体元的集合。用 G-GTP 和 E-GTP 表达地质体和工程开挖体时，如果不需考虑该实体的内部信息，则可简单地用构成该实体的边界来表达。体状实体作为一个整体带有属性描述信息，它所对应的 G-GTP 或 E-GTP 体也可有自身的属性描述信息。

　　基于以上原理，即可实现基于 GTP 地质体和工程开挖体集成建模，如图 7-41 所示。

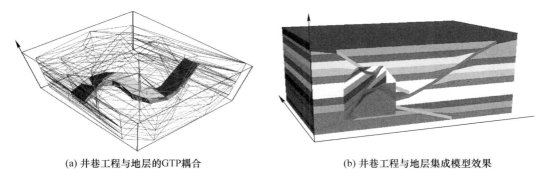

(a) 井巷工程与地层的GTP耦合　　　　　　　　(b) 井巷工程与地层集成模型效果

图 7-41　井巷工程与地质体集成建模实例

彩色原图

　　三维地质建模技术可以构建科学的地质空间的几何及拓扑，为地下资源分布与工程构筑物的直观可视化和资源开发决策提供保障。因此，煤层地质空间三维建模及空间分析方法的研究已成为助力数字矿山、智能矿山建设与发展的研究热点。煤层地质空间三维建模技术的关键问题是如何将从矿山地质、勘探、测量等工作中获得的离散数据准确地映射为三维结构化的几何模型。经过几十年的发展，三维地质建模已经成为了地质统计学、计算机图形学、地理信息系统等多学科交叉的研究热点，且依托上述学科的发展，取得了众多研究成果。

（1）煤层三维建模方面。煤层三维地质建模是插值地质离散数据获得煤层分布，并将其结构化的过程。异质异构数据处理是这个过程中研究的重点。1）对于异质数据：从多源数据中提取到的离散地质数据，往往具有地学各向异性、空间分布非均匀性等数据异质特性。因此，如何在煤层建模过程中，顾及数据的地学各向异性、空间分布的非均匀性等异质特性，对建立精准煤层三维模型具有重要意义。2）对于异构数据：煤矿断层数据在结构上与煤层地质离散点形式不同，往往更依赖线性数据（如断煤交线）或高阶约束数据（如断层的产状信息）。在对煤层进行建模时，断层数据作为主要的异构数据，破坏了插值方法空间连续变化的原始假设。如何处理数据异构性，是完成煤层地质空间三维建模的一个重要挑战。

对于煤层三维建模，重点关注插值数据的异质异构特征。建模采用的主要思路是在煤矿地质空间多源数据上应用插值方法，获取煤层表面的分布函数，建立煤层地质三维精细模型。在此过程中：

1）对于数据的各向异性，尝试计算其空间各向异性并减轻其对插值结果精度的影响；对于数据的非均匀分布，拟引入带有空间自适应多尺度分层的插值方法，在不同粒度的分层空间内获取相对均匀的数据逐层插值，减少不均匀数据分布对煤层插值方法精度的影响。

2）对于异构数据，主要针对煤层地质离散点数据和断煤交线数据，拟通过引入 CD-TIN 结合两种数据，并应用其拓扑结构限制传统插值方法的邻域搜索过程，以这种方式在煤层插值中加入断层影响。

（2）断层三维建模方面。在结构地质模型内构建断层往往需要通过在连续网格上构建拓扑不连续区域实现。该过程：1）忽略断层位移衰减或使用落差（标量）表示位移（向量），将会影响建模结果的准确性；2）对于更加精细的断层结构如侧翼结构的重建需要关注；3）对跨越多个地层的大型断层，按地层顺序逐层构造相交断裂的方法比较低效，且建模结果缺乏整体性。

针对断层的三维建模，主要关注其建模过程中结构特征的力学、运动学因素。断层的表达采取在连续地层中构建拓扑不连续区域的方式，对于构造目标和构造方式，主要关注三个方面：

1）对于单一地层上的断层，计划通过使用向量而非标量来定量化描述位移，通过对位移向量的插值获取地层各点更准确的断裂位移。复杂交叉断层的建模应可通过指定断层构造顺序逐步构建。

2）对于精细断层结构，如断层侧翼结构，拟在煤层离散网格上引入网格变形方法，尝试通过煤层断裂前后与断层交界处的空间姿态变化，控制网格上高阶参数（例如梯度）的传播，来生成断层侧翼结构模型。

3）对于跨地层的断层，尝试以断层几何和产状信息为约束，为断层建立局部参考坐标系，并将断层位移传播模型引入局部坐标系内，为多个相交地层计算地层的断裂和位移。

（3）矿山复杂巷道网络三维建模方面。巷道网络三维建模中，需要解决曲线巷道交叉口等复杂情况的无缝建模问题。因此，如何基于现有的导线测量数据，通过分析巷道的网络特征和结构特征，提出针对曲线巷道、交汇巷道等复杂巷道网络的三维自动建模方法，是煤层地质空间三维建模面临的另一个挑战。

对于从巷道导线出发重建复杂巷道网络三维模型的问题，拟通过两个步骤解决。首先，分析巷道三维模型的结构，尝试找到其建模的最小结构单元（基本组件），以将复杂巷道网络（含圆弧巷道、交汇巷道）的三维建模问题简化为基本组件划分问题；其次，拟引入计算机图论知识对由导线获取的巷道中心线网络建模和分析，并将巷道网络划分为基本组件的集合，然后对基本组件进行三维建模以解决复杂巷道网络的三维建模问题。

7.4 矿层地质空间三维建模软件研发应用

在矿层地质空间三维建模方法研究的基础上，本节设计并实现了矿山三维精细化建模系统 GeoMS3D。该系统包含数据管理、三维建模、二维制图、二维/三维空间分析等基础功能模块，并针对矿山实际生产运营应用场景，对各功能模块进行整合。以钱家营矿地质与井巷工程资料为原始数据，建立了煤层地质空间整体三维模型，并在此模型上进行可视化、空间分析及工程设计与管理等操作。

7.4.1 软件系统总体设计与功能

矿山三维地质空间建模软件系统（GeoMS3D）基于 MFC 单文档模式开发，软件功能采用菜单和工具条驱动。系统通过数据库存储、管理空间数据并应用三维建模方法完成结构化建模，最终实现数据的二维、三维可视化。

7.4.1.1 系统开发与运行环境

GeoMS3D 使用面向对象的程序开发语言 Visual C++和三维图形应用程序接口 OpenGL，基于 Windows 环境从底层开发实现。软件后台数据库采用 SQL Server2008。Visual C++ 是 Microsoft 公司开发的基于 C/C++的集成开发工具，是一种面向对象的程序设计语言，具有开发灵活、代码精练、运行速度快等特点；OpenGL 作为一种高性能图形和交互场景处理的图形标准，在开发系统的通用性及显示效率、开发成本等方面具有很大优势，可简化系统编程，较好地满足实验开发的要求；SQL Server2008 是一种基于服务器/客户的关系型数据库管理系统，它使用 Transact-SQL 语言传输请求和答复，具有图形化管理、编程接口丰富、多线程系统、良好的并发控制等优势。

系统运行环境包含客户端和服务器端，客户机端硬件配置要求为 CPU 1GHz、内存 512MB、硬盘 4GB 以上，系统要求为 Windows XP 或 Windows7 及以上；服务器端使用 IBM System x3650 M4 机架式服务器（配有英特尔至强 E5 CPU，8GB 内存，1TB 硬盘，以及 4 端口千兆网卡），操作系统为 Windows Server 2003 系统。

7.4.1.2 系统界面与功能设计

A 系统界面设计

系统界面是系统与用户进行信息交互的窗口，其设计要求直观、易于使用，在屏幕布局、格式和颜色上要力求简洁统一。图 7-42 展示了 GeoMS3D 的可视化界面，窗口风格与 Windows 系统的总体界面风格相似，包括视图区、菜单栏、工具条、控制区、状态条等。视图区是图形显示、用户交互的主要区域；菜单条为用户提供具体功能操作的入口；工具条一般是一组图形操作命令的集合，并通过简洁的图形设计进行功能标示；控制栏提供操作信息反馈与文字命令输入；状态条反映各类操作的实时参数、数据状态等信息。

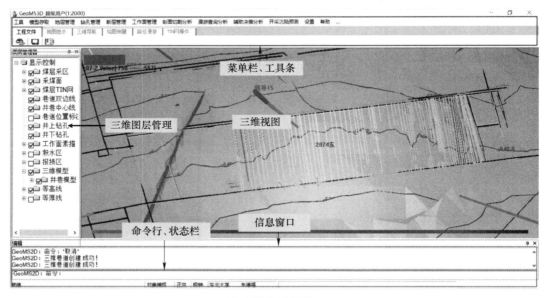

(a) 三维可视化界面

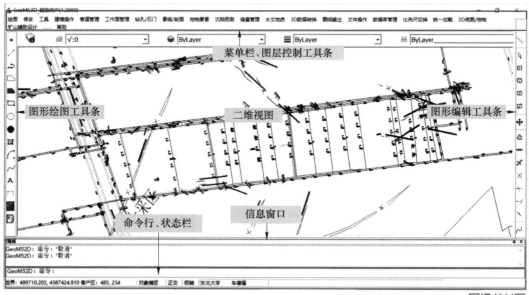

(b) 二维可视化界面

图 7-42　GeoMS3D 界面

彩色原图

B 系统功能设计

软件中通过梳理地质、测量等多个生产部门相关的数据和生产运营需求，建立了数据层、平台层、业务层三个系统层次。数据层是后台操作，主要提供数据的存储和管理。平台层面向开发者，提供数据管理、数据建模、空间分析及相关功能接口。应用层则面向软件用户，针对性地设计开发了矿山日常生产运营业务相关的应用模块。软件中每个层的典型功能如图 7-43 所示。

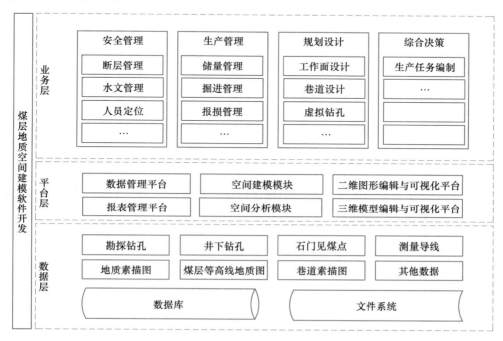

图 7-43　软件平台功能设计

C 平台层功能模块

a 空间数据管理

系统中的空间数据通过数据库和文件系统进行存储和管理。三维空间数据主要用数据库进行管理，文件系统支持 AutoCAD 的 .dxf 格式和自定义二维、三维空间数据格式。

数据的输入分为空间数据和属性数据两方面，空间数据可以通过鼠标、数据导入或空间数据提取的方式获取，属性信息通过键盘、数据导入或对话框界面录入。对于不满足建模数据格式的钻孔数据表等，可以通过对应表项之间的转换实现从原始数据到建模数据的转换。对于文件数据，可采用松散耦合的方式实现不同格式数据文件之间的转换；数据的提取包括属性信息提取和空间信息提取两部分；空间数据的交互编辑则利用二维/三维空间交互技术进行，包括增加、修改和删除等多种交互编辑操作，使地质建模数据源更丰富。

b 二维矢量图形编辑与可视化

二维矢量图形系统是 GIS 系统的重要组成部分，其功能强大但交互量巨大，也是开发和实际应用中的一个重点。不同领域的二维矢量图形系统功能有差别，但都要求系统具有丰富的图形元素、丰富的线型、巨大的存储容量、完善的输入和输出功能、强大的地图编辑功能。

此外，将二维矢量图形系统与三维建模平台相结合，对同一组三维空间数据或模型完成不同操作，更要求具有二维/三维数据同步操作所需要的二维/三维属性绑定、模型投影/剖切、叠置数据处理等功能。

c　二维空间分析

二维空间分析包括对象缓冲区分析、对象间拓扑分析、图形叠置分析、网络连通性分析、网络最短路径分析等功能模块。缓冲区分析能够给定指定属性的影响范围；拓扑分析可用于计算二维图形元素间的空间关系；通过叠置分析可以很好地表达二维图形元素在空间的压叠关系，可用于巷道等二维图形的表达；而连通性分析和最短路径分析则能为安全救援、避灾避险提供方法支持。

d　三维煤层地质空间建模与可视化

系统中实现了前述煤层地质空间三维建模方法。三维可视化主要包含模型分层分级显示、多种渲染模式、OpenGL 模型动态剖切、路径导航漫游等。同时也支持三维内对 TIN 网模型静态查询、编辑功能，以实现对模型的手动精细编辑。

e　三维空间统计分析

三维空间统计主要通过 GIS 空间分析和计算机图论知识，为三维平台业务操作提供支持。统计功能可利用三维空间交互技术选择地质体空间模型内点、线段、三角面体元，对其相关的距离、面积、体积、开挖量和属性进行查询与统计；三维空间分析功能包括缓冲区分析、拓扑分析、网络分析等。

D　业务层功能模块

a　地层与储量管理

地层主要包括煤层和其他标志层（例如基岩、地面等），地层管理提供的主要功能包括地层编辑与修正、地层信息查询和地层等值线构建等。地层编辑基于三维 TIN 网编辑功能，实现了地层的手动精细编辑；地层修正提供平面修正和剖面修正，可以根据二维平面数据或剖面数据反向修正三维地层；地层信息查询可实现地层的位置、厚度、体积等基本信息查询；地层等值线构建可以从三维地层模型自动生成地层等高线、等厚线、两个地层之间的等间距线等，为制图和分析提供支持。

b　巷道管理

巷道管理主要功能包括测量数据库管理、巷道数据编辑与可视化、巷道名称标注、巷道统计分析等。测量数据库的管理主要针对精细测量导线，分为前后视距附合导线、前后视距导线以及支导线成果的管理；巷道数据编辑与可视化主要包括从测量数据生成巷道双边线、避灾硐室添加、三维模型创建等功能；巷道统计分析可以给出多个边界约束条件下的巷道长度与体积；巷道名称标注可以自动在二维和三维巷道对应位置添加地点文本说明。

c　断层管理

系统中按影响范围将煤层断层分为小断层（落差 $\leqslant 1.0\mathrm{m}$）与大断层（落差$>1.0\mathrm{m}$）两种。小断层按位置分为顶板小断层与底板小断层；大断层按来源分为物探推测断层与素描实测断层。断层管理主要提供断层数据录入与管理、二维断层绘制、断层推测等功能。可以辅助地质人员进行断层形态推测与出图。

　　d　水文管理

　　水文数据主要包括矿井涌水、钻孔水位、采空区积水、历年降水量资料/蒸发量等，系统在数据管理入库基础上，针对实际应用需求制订一些专业功能，如统计报表输出、采空区淹没分析、钻孔水位的可视化分析、矿井涌水预测及影响域分析等。

　　e　地质辅助制图

　　由于矿山二维图纸使用习惯根深蒂固，且图纸方便印刷查看。因此本系统针对二维地质辅助制图功能进行设计开发。基本思路是在数据库和三维模型的基础上提取和生成二维数据。例如，煤层工作面地质平面图的制图步骤是通过数据库提取边界、巷道、煤层、断层、钻孔等一系列空间及属性数据，然后通过算法实时生成二维矢量图形，如通过煤层和断层模型计算煤层等高线、为巷道双边线数据执行叠置分析、为选定煤层计算钻孔符号化位置等。最后，通过线型和符号的变化，实现任意比例尺图形的成图，并对选定的区域执行裁切、加图框图例等一系列操作，生成地质图形。

7.4.2　钱家营矿矿层地质空间三维建模

　　以钱家营煤矿采集到的数据为基础，通过多种三维建模和分析方法的综合应用，在两个空间尺度上开展煤层地质空间的三维建模和统计分析。首先为整个矿区建立煤层三维地质模型；其次，对生产活动密集、数据动态产生的综采工作面，在全矿区煤层模型的基础上，建立动态更新的三维煤层精细模型。

7.4.2.1　钱家营矿介绍

　　唐山开滦（集团）有限公司钱家营矿业分公司位于中国唐山市东南约 15km 处，面积 88km² 。该矿地层倾角较小（一般为 10°～15°）、构造简单。其含煤地层属于上石炭统和下二叠统，基底地层是中奥陶统马家沟组的灰岩。含煤地层的总厚度约为 500m，包含十层以上的煤，总厚度为 19.79m，含煤量为 3.96%。该矿的开采始于 1989 年，可采储量为 6.89 亿吨，设计年生产能力为 400 万吨。

　　矿区内设计勘探线的平均间距约为 1km，共有勘探钻孔 300 多个，其中 259 个（见图 7-44）被用于煤层地质空间三维建模。矿区最小、最大和平均钻探深度分别为 176.48m、1410.86m 和 773.57m。整个矿区范围内有 26 个较大断层，其中 6 个断层的落差范围在 30～50m 之间，7 个断层的落差范围在 10～30m 之间，其他断层落差在 10m 以下。

7.4.2.2　矿区范围内的建模

　　该矿包含十层以上的煤，主要煤层有 5 煤层（C05）、7 煤层（C07）、8 煤层（C08）、9 煤层（C09）、11 煤层（C11）、12-1 煤层（C12a），其中 C07、C09、C12a 属复合结构的中厚-厚煤层。C08 仅局部可采，且煤厚变化较大、煤层灰分较高。C11 绝大部分不可采，属极不稳定煤层。建井至今回采煤层集中于 C05、C07、C09、C12a。煤层信息与三维建模计划见表 7-5。

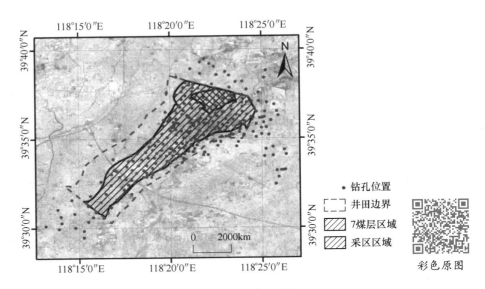

图 7-44　矿山位置及钻孔分布情况

表 7-5　钱家营矿待建模煤层发育情况

煤层	代码	发育情况	煤层建模	巷道建模
5	C05	时而变薄出现不可采地段	是	是
7	C07	沉积稳定，井田内主要可采煤层之一	是	是
8	C08	不稳定，大部分不可采。有少量煤巷，无回采工作面	是	是
9	C09	为井田内较稳定，可采的中厚煤层	是	是
11	C11	极不稳定，不可采面积较大	是	否
12-1	C12a	较稳定，为中厚~厚煤层	是	是

完成该煤田煤层地质空间三维模型构建，需要对五个煤层（C05、C07、C08、C09 和 C12）、26 个较大的断层、各煤层对应的巷道及岩巷网络进行三维建模。使用井上/井下钻孔数据、石门见煤数据、巷道/工作面素描数据、导线测量数据，采取煤层、断层及巷道三维建模方法，建立钱家营矿区煤层地质空间三维整体模型。

A　煤层和断层的建模

断层数据则分为两种，对于建模区域内可通过钻孔精查的 26 个大型断层，使用由钻孔获取的断层直接观测数据。对于开采过程中获取的素描断层数据，则获取其断煤交线数据。每个煤层上的断层数据分布见表 7-6。其中，由于大断层终止位置不一，导致在每个煤层上分布的个数不一致。此外，C11 煤层由于未计划开采，因此没有相应的大断层观测数据。除 C07 煤层外，在其他煤层上没有收集到素描断层的断煤交线数据。均为跨多个煤层的大断层分布，如图 7-45 所示。

表 7-6 钱家营矿区内各煤层断层分布

煤层	大断层数目	素描断层数目
C05	26	0
C07	26	105
C08	15	0
C09	21	0
C11	0	0
C12a	19	0

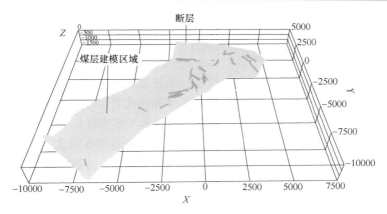

图 7-45 建模区域内 26 个跨地层断层分布

矿区煤层及断层建模分为两步。首先,对于煤层和位于单一煤层上的素描断层断煤交线数据,采用含断层煤层插值方法(CD-TIN-OK)直接构建煤层表面模型及内部断层。在此过程中,由于井田范围大,建立钱家营矿区煤层地质空间三维整体模型时可采用 100m×100m 的边长的格网进行建模区域划分,对数据较密集的区域可进行加密处理,以插值获取更加精细的表面模型。其次,对于建模区域内的跨多个煤层的大断层,采用参数化断层建模方法,在每个断层局部参考坐标系内为经过的煤层统一构建断裂和位移。

最终煤层高程和厚度插值结果如图 7-46 和图 7-47 所示。从图 7-47(b)可以较为直观地看出,C05、C08 和 C11 煤层厚度较薄,其中 C11 煤层最薄。而 C07、C09 和 C12a 煤层厚度较厚,适于开采。

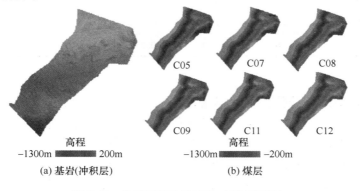

彩色原图

图 7-46 地层三维插值结果(高程渲染)

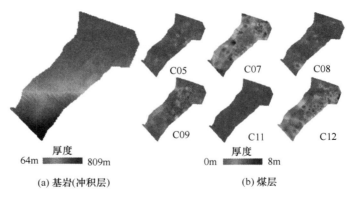

彩色原图

图 7-47　地层三维插值结果（厚度渲染）

为了掌握资源储量和开采情况，编制煤层开采计划，需要获取矿区范围内各煤层的厚度分布。传统方法中，通过统计多个位置煤层厚度（如钻孔取样的岩芯厚度）的平均值，地质人员可以粗略地估计煤层厚度信息。而矿区三维煤层地质模型是综合了勘探、地质、测量等数据源的综合建模结果，根据其可以更加精准地计算煤层的厚度信息。使用传统方法获取的统计结果（厚度范围和平均厚度）见表 7-7 第三列和第四列。通过三维模型统计获得的煤层厚度信息见表 7-7 第五列和第六列。通过对比可知，两者的厚度数据大体相同，可互为验证。

对煤层插值结果，由于插值的煤层属性既包括高程也包括厚度，因此可以对煤层底板 TIN 每个三角形的顶点进行厚度拓展，将三角形拓展为不规则三棱柱模型，则整个煤层也可由面元模型拓展为体元模型。基于体元模型，可统计模型单元体积获取通过传统方法难以计算的煤层体积数据（见表 7-7 第七列），为矿区资源管理提供更加全面、准确的信息。

表 7-7　煤层几何信息

煤层	修正前/m			修正后/m		煤层体积/m³
	统计点数	厚度范围	平均厚度	厚度范围	平均厚度	
C05	98	0~3.9	1.4	0.1~5.3	1.5	8.3×10^7
C07	113	1.7~7.2	3.2	0.3~8.0	3.4	18.0×10^7
C08	95	0~3.4	1.3	0.1~5.6	1.5	8.0×10^7
C09	101	0.4~4.4	2.2	0.2~9.5	2.1	11.4×10^7
C11	105	0~2.2	0.9	0.1~2.3	0.9	4.7×10^7
C12a	105	0.4~6.4	3.0	0.2~7.2	2.8	15.3×10^7

B　区域地质不整合建模

煤矿地质构造中，不同层之间的接触面通常表现为明显的沉积间断，呈现为区域性不整合面。不整合是地质升降和构造运动叠加的产物，是后期沉积作用对前期沉积地层的破坏和改造。这种"破老覆新"的复杂地层架构，对煤炭资源的产生及开采有着重要的影响。因此，其三维表达对煤层地质空间的建模同样具有重要意义。

根据不整合界面与上下地层的接触角度，可将不整合现象分为多种类型。根据地质界面不超出地形表面、上部地层覆盖下部地层的原则，基于建立的煤层底板界面 D-TIN 模型，对上述不整合区域进行计算，并构建考虑地质不整合条件后的煤层三维模型。

从几何结构角度考虑，煤层地质不整合建模是对上部煤层与下部煤层相交区域的处理。因此，建模算法的基本思路是将不整合表达为下部煤层底板界面 D-TIN 上的拓扑不连续区域。假设地层界面 S1、S2 存在地质不整合现象，其底板 D-TIN 分别包含三角形集合 $T_1\{t_1i, i = 1, 2, \cdots, m\}$、$T_2\{t_2i, i = 1, 2, \cdots, n\}$。若 S1 为上覆地层，则地质不整合建模步骤如下：

（1）利用空间三角形求交算法，依此计算 T_1、T_2 中三角形之间的交线 l，将其加入数组 $I\{l_i, i = 1, 2, \cdots, p\}$。并在 I 中加入煤层边界线段，以确保下一步获取到的地质不整合边界是闭合的。

（2）在 I 中随机选取线段 l_k。遍历数组 I，将其中与 l_k 起点或终点连接的线段取出，并与 l_k 拼接为多段线 pl_k。当 I 中不存在与多段线 pl_k 任意一端相接的线段时，遍历终止。pl_k 作为一个地质不整合边界加入数组 $B\{pl_i, i = 1, 2, \cdots, q\}$。

（3）重复（2）步骤，直至数组 I 为空，获取到所有地质不整合边界数组 B。

（4）将所有地质不整合边界 pl_i 插入到 S2 煤层底板界面 D-TIN，并删除界面上 pl_i 内部的所有三角形，完成地质不整合建模。

图 7-48（b）为对图 7-48（a）中所示的煤层 C07 和 C08 的地质不整合的建模结果。通过步骤（1）~（3），可对 C08 超出 C07 的部分计算获取对应的地质不整合边界，通过将边界插入 D-TIN，可以获得地质不整合区域，同时将这些不整合区域在煤层 D-TIN 上建模为拓扑不连续的区域。

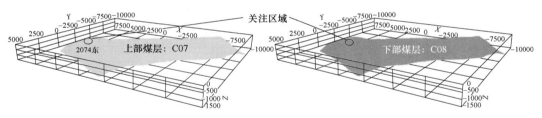

(a) 存在地质不整合的C07与C08煤层

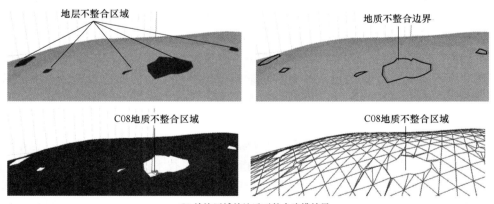

(b) 关注区域的地质不整合建模结果

图 7-48　煤层地质不整合现象建模

彩色原图

C　巷道网络三维建模

使用复杂巷道组件式建模（BCAM）方法对钱家营矿区岩巷和煤巷网络进行三维建模。生成的巷道双边线和基本组件建模结果如图 7-49（a）、（b）所示，由于 C11 煤层未提供巷道中心线信息，因此建模的煤巷仅包括 C05、C07、C08、C09 和 C12a 煤层的巷道。由此获得的巷道网络三维模型如图 7-49（c）所示。

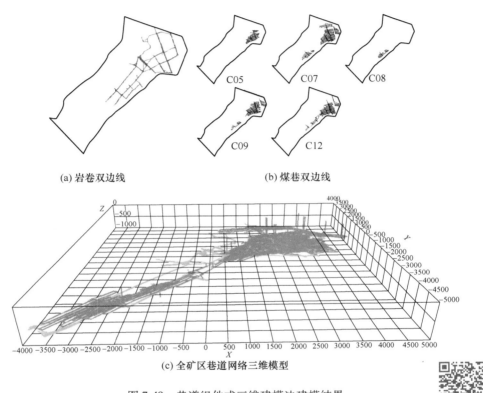

(a) 岩巷双边线　　　　　　　　　　(b) 煤巷双边线

(c) 全矿区巷道网络三维模型

图 7-49　巷道组件式三维建模法建模结果

彩色原图

D　矿区建模结果

结合整个矿区地层（基岩与煤层）、断层、巷道的煤层地质空间三维模型的建模效果如图 7-50 所示。图 7-51 则为近距离观察三维模型建模效果的局部透视图，图中标示出了地层、断层、巷道和钻孔的三维模型。其中断层表达为拓扑不连续区域。

7.4.2.3　工作面区域动态建模

综采主要是采用采煤机+综采支架+刮板输送机进行采煤作业的一种方式，也是现行比较常见的煤矿开采方法。综采工作面一般是指使用综采技术进行煤矿井下开采的作业面，是煤矿生产活动开展的核心。由于煤层开采持续进行，每 2~5 天，都会从综采工作面采集新的煤层开采数据（如工作面素描图），为充分运用数据，需要将这些数据加入煤层三维模型。但为了加入小区域、少量数据重新计算，整个煤层三维模型会在无更新数据区域产生冗余计算。因此，以矿区煤层三维模型为静态模型，提出了一种动态建模方法，以采用综采工作面数据对局部煤层三维模型进行动态更新，建立更加精细的煤层三维模型。在

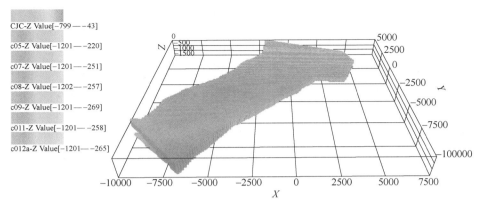

图 7-50　基岩、煤层及相关工程建模效果图

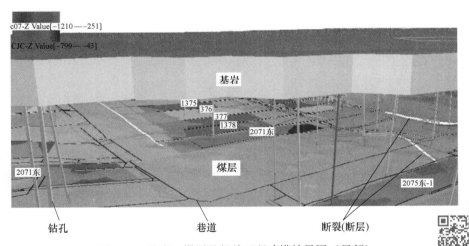

图 7-51　基岩、煤层及相关工程建模效果图（局部）

彩色原图

模型更新时，为保证格网的光滑，需要确定新加入数据的影响范围。对此，以象限法为基础，提出了一种象限与距离加权法确定更新范围的方法。

设包含更新数据的离散点集为 $P\{P(x_i,\ i = 1,\ 2,\ \cdots,\ m)\}$，分别计算 P 内点 x_i 与用于静态建模的点集 $Q\{Q(y_j,\ j = 1,\ 2,\ \cdots,\ m)\}$ 内点的象限与距离加权和，并对结果进行排序，取权值最大的 8 点加入数组 $R\{R(x_i)\}$。x_i 权值计算公式为：

$$W_j = 0.5\mathrm{index}_j + 0.5\left(\frac{1}{d_j}\right)d_{\min} \tag{7-4}$$

式中　d_j——y_j 到 x_i 距离；

　　　　$d_{\min}$——x_i 到点集 Q 内部点的最小距离；

　　　index$_j$——距离 d_j 在 y_j 所处象限中的距离排序位置。

获取到 R 之后，其凸包边界即为模型更新范围，将该范围内获取到的所有数据重新执行插值获得更新后的煤层表面模型。

根据上述动态数据更新方法，以 7 煤层 2074 工作面为例说明该方法动态建模效果。

从 2014 年 5~12 月，工作面范围内共新增地质离散点数据（井下钻孔、石门见煤点）19 个，带厚度的煤层线（采面素描图提取）82 条，断层 21 条（其中大断层 3 条），使用上述数据和提出的动态建模方法更新此范围内的煤层三维模型。图 7-52（a）、（b）显示为 2074 工作面修正前后的煤层模型，按照时间顺序加入的动态数据改变了该区域的高程及厚度趋势（见表 7-8）。通过表 7-8 可以看出，2014 年 12 月该区域模型的煤层平均厚度与高程较静态模型分别增加了 1.67% 和 17.14%。说明动态数据的合理运用，使得煤层三维模型更加接近实际情况，在进行开采设计或工作统计的时候，结果更加准确可靠。图 7-52（c）显示了该区域在 2014 年 12 月的建模结果，以及部分用于动态更新的数据。

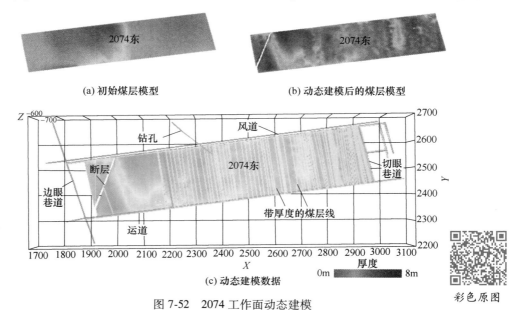

（a）初始煤层模型　　　　　　　　　　（b）动态建模后的煤层模型

（c）动态建模数据

图 7-52　2074 工作面动态建模

彩色原图

表 7-8　煤层属性随时间推进变化情况

模型更新时间	2014 年 5 月	2014 年 7 月	2014 年 9 月	2014 年 12 月
平均高程/m	−634.5	−627.1	−626.2	−623.9
平均厚度/m	3.5	3.6	3.9	4.1

7.4.3　钱家营矿三维模型潜在应用

基于建立的煤层地质空间三维模型，可以在三维环境下完成由于计算烦琐或计算手段缺乏而难以在二维开展的工作，辅助矿山生产与管理和决策。本节介绍了几个基于矿山实际工作需求可开展的三维模拟分析的潜在应用，以进一步说明三维煤层地质空间模型对辅助矿山生产运营的优势和必要性。

7.4.3.1　工作面采量计算

矿山实际生产中往往 2~5 天就需要在回采收尺线位置绘制煤层地质素描图，然后通过统计两次回采收尺线之间的煤采出量、动用储量、回采率等信息定量掌握当前工作面的采煤情况。传统上，地质人员使用近似法将工作面两次收尺间的煤层体视作简单的几何体来统计采出量：

$$Q = LWHd \tag{7-5}$$

式中　Q——两次收尺时间内采出煤量；

　　　L——回采工作面平均进尺；

　　　W——工作面面长及倾斜长；

　　　H——两收尺线间工作面平均采厚；

　　　d——煤的容重。

上述计算方法简单但精度较差。通过煤层建模可获得煤层底板格网的空间位置和厚度，并进一步拓展为似三棱柱体积模型。然后通过统计似三棱柱体积可以更精确地计算两次收尺线间的采出煤量。即：

$$Q = \sum_{i=1}^{n} d \times v_i \tag{7-6}$$

式中　v_i——工作面底板表面模型上经过三角形 i 三点上厚度拓展为似三棱柱后的体积；

　　　n——煤层模型包含似三棱柱的数目。

如图 7-53 所示，由于工作面为使用回采观测数据修正的、趋于真实煤层体的三维精细模型。因此，相较煤矿使用的其他近似算法，式（7-6）更能保证计算的采出量数据的准确性。

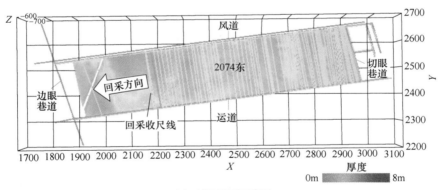

(a) 工作面回采示意图

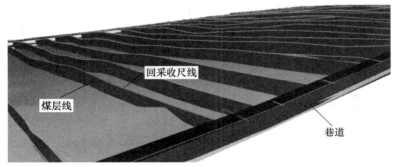

(b) 局部细节

彩色原图

图 7-53　三维工作面采煤示意图

7.4.3.2 矿井水文分析

矿井突水是煤矿五大灾害之一，给国家财产和人民生命造成了重大损失，预防矿井水害事故发生是煤矿安全生产工作的重中之重。煤矿水文地质条件随煤炭资源开采条件（尤其是煤层开采深度）的复杂化也变得日趋复杂。因此，矿井水害防治工作依然任重而道远。系统针对该现状，基于三维平台开发实现了煤矿水文管理功能，此处以矿井涌水量计算和采空区积水计算为例进行说明。

A   矿井涌水域分析

通常情况下，矿井涌水是持续地、缓慢地涌入井下，通过井下排水设备将其排至地面，不致影响矿井建设和生产的正常进行。然而，有些情况下这些水会在短时间内突然大量涌入井下作业空间，轻者冲毁设备造成局部区域生产中断，重者造成人员伤亡，甚至导致淹井事故，产生极为严重的后果。涌水影响域分析可提供对于该类事故的模拟，其结合空间分析和巷道网络分析确定涌水可能会影响的区域，有助于提前预防并降低事故损失。

矿井涌水影响域分析其本质为缓冲区分析。矿井涌水影响域分析主要统计某一水平下涌水影响域内受影响的巷道情况。在三维巷道网络模型的基础上，提供一种基于高程约束的矿井涌水量计算方法，具体方法步骤如下。

a   统计受影响的局部巷道网络

设矿井巷道内某点出现涌水，当添加高程约束 H 后，可统计受影响巷道网络信息。其计算方法为从涌水点巷道中心线出发，基于对巷道中心线网络无向图执行广度优先遍历，遍历至高程大于 H 的结点终止。在此过程中获取所有巷道中心线网络集合记录为 $R = \{r_i, i = 1, 2, \cdots, n\}$。

b   统计涌水影响域信息

涌水区域巷道长度和体积计算方法如下：

$$\begin{cases} L = \sum_{i=1}^{n} \lambda_i l_i \\ V = \sum_{i=1}^{n} \lambda_i V_i \end{cases} \tag{7-7}$$

式中 l_i，V_i——受影响的局部巷道网络中单条巷道中心线的长度和所属的 BCR 的体积；

            λ_i——比例系数，计算方式为巷道中心线高程小于 H 的线段长度占其总长度的比例。

图 7-54 为涌水影响域分析模拟展示（巷道颜色为水青色的即为受影响的巷道）。约束最高水平为 -535m，涌水点位置高程为 -536m，通过本书方法计算得到的矿井涌水影响半径为 38.5m，体积为 1485.5m^3，受影响巷道长度为 115.2m。

B   采空区积水计算

采煤工作面内形成采空区是主要的水害事故透水水源。随着矿井采动范围的增大，采空区积水区域日益增多，解除水患的工作量越来越大。该矿山近年来每年都有十多个工作面必须进行老塘或老巷探放水，积水量从几十立方米至几万立方米。

软件中针对采空区抽放水设计了煤层积水分析功能。可以计算指定区域的水位范围和

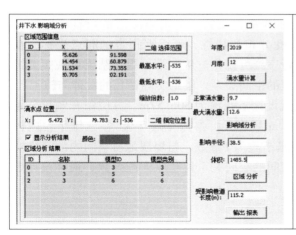

图 7-54 涌水影响域分析

彩色原图

积水体积，根据给出的抽放水位高程约束可以计算区域体积，然后根据式（7-8）可计算采空区积水量：

$$V = V_s c \tag{7-8}$$

式中　V——工作面积水体积；

　　　V_s——三维模型约束区域体积；

　　　c——积水系数。

以 7 煤层 2074 工作面为例，其煤层三维模型的高程范围为 $[-660.8\text{m}, -619.8\text{m}]$，以 -640m 为最高水位约束，其采空区积水计算结果如图 7-55 所示。图中左侧是计算参数及结果，最终计算获得的积水体积 108115.74m^3。右侧为积水水体与 2074 工作面区域煤层地质空间三维模型的联合可视化结果。

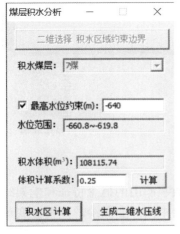
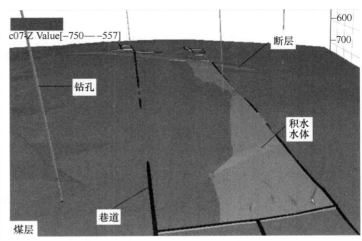

图 7-55 采空区积水分析

7.4.3.3   虚拟钻孔设计

虚拟钻孔设计可用于对钻孔设计提供分析与决策支持。为揭露断层的特征，包括产状、规模、断层带填充物的情况，并了解岩性分布和特性，可根据指定的起点坐标、孔深、方位角和倾角设计钻孔，并在系统中进行三维可视化。从三维可视化结果可观察二维系统内难以分析的钻孔与各煤层、地层、巷道的空间关系，辅助实际钻孔的设计与施工。

利用已建立的三维地质模型，在断层上盘设计了孔深为 806.57m、方位角和倾角分别为 74.05° 和 −59.27° 的钻孔，设计穿透断层 10m 后终孔。参数见表 7-9。在三维平台内根据上述参数设计虚拟钻孔。如图 7-56 所示，基于表 7-9 参数，与煤层地质空间内的三维实体模型执行布尔运算，可判断钻孔和各实体之间的空间关系并获取详细参数，最终设计虚拟钻孔在 753.73m 钻深处穿越 7 煤层。

表 7-9   钻孔设计参数

钻孔编号	开孔目的	开孔位置[①]	方位角/(°)	倾角/(°)	孔深/m
V001	揭露断层		74.05	−59.27	806.57

① 出于坐标保密需求，此处未列出具体参数。

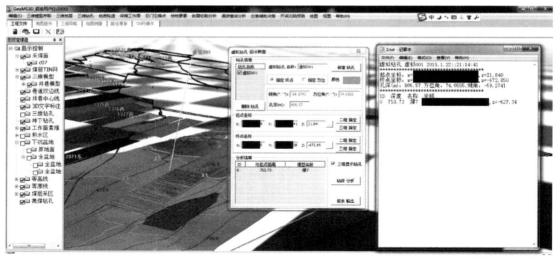

图 7-56   虚拟钻孔设计

彩色原图

———— 本 章 小 结 ————

智能矿山是在数字矿山的基础上发展而来的，系统了解数字矿山的概念特征和框架结构有助于理解智能矿山的系统架构。需要深入理解智能化测绘中内外业测绘的颠覆性变革及泛化转向，使测绘技术在智能矿山建设中发挥重要支撑作用。在矿山空间信息的智能采集平台中，要了解卫星和飞机等空天平台所能提供的测绘技术手段，要掌握地面和井巷等地基平台的数据特点。地质空间数据是矿山空间信息智能处理分析的重点，而地质体与井巷工程的三维建模又是重中之重，可以指导采矿设计与开采活动，需要重点掌握。最后的软件研发应用案例可供借鉴，以加深对相关理论的理解。

习　　题

1. 简述智能矿山的概念。
2. 简述数字矿山的建设内容以及研究意义。
3. 智能矿山的构建依赖于哪些基础平台？
4. 智能化测绘科技的变革包含了哪些？
5. 矿山空间信息指的是什么？
6. 有哪些新的技术手段可以实现矿山空间信息采集？
7. 空间信息的智能化处理主要包括哪些内容？
8. 简述三维地质建模的模型分类及其适用的数据源。
9. 如何进行井巷工程三维建模，它与矿山地质三维建模有何不同？

参 考 文 献

［1］ 张国良，朱家钰，顾和和．矿山测量学［M］．徐州：中国矿业大学出版社，2016．

［2］ 李国清．智能矿山概论［M］．北京：冶金工业出版社，2019．

［3］ 王李管．智慧矿山技术［M］．长沙：中南大学出版社，2019．

［4］ 赵兴东，徐帅．矿用三维激光数字测量原理及其工程应用［M］．北京：冶金工业出版社，2016．

［5］ 龙四春．矿山普通测量学［M］．北京：测绘出版社，2014．

［6］ 宁津生．测绘学概论［M］．3 版．武汉：武汉大学出版社，2016．

［7］ 潘正风，杨正尧，程效军，成枢，王腾军．数字测图原理与方法［M］．武汉：武汉大学出版社，2004．

［8］ 李泽邦．基于三维激光扫描技术在矿山采空区边坡变形监测中的应用研究［D］．昆明：昆明理工大学，2019．

［9］ 单文龙．倾斜摄影精细化三维模型构建及分析技术研究［D］．南京：南京林业大学，2019．

［10］ 郭达志．论"矿山空间信息学"——矿山测量的现代发展［J］．测绘工程，2006（3）：1-7，14．

［11］ 马小平，杨雪苗，胡延军，等．人工智能技术在矿山智能化建设中的应用初探［J］．工矿自动化，2020，46（5）：8-14．

［12］ 汪云甲，郭达志，邓喀中，等．我国矿山测量学科的发展与创新［J］．测绘通报，2005（2）：1-6．

［13］ 陈国良，顾和和，李钢，等．矿山测量应用型人才培养的实践与思考［J］．测绘工程，2008（1）：78-80．

［14］ 刘小平．陀螺定向测量在矿井生产中的应用及精度分析［J］．矿山测量，2015（1）：22-23，70．

［15］ 廉旭刚，蔡音飞，胡海峰．我国矿山测量领域三维激光扫描技术的应用现状及存在问题［J］．金属矿山，2019（3）：35-40．

［16］ 姜岩，高均海．合成孔径雷达干涉测量技术在矿山开采地表沉陷监测中的应用［J］．矿山测量，2003（1）：5-7．

［17］ 朱建军，李志伟，胡俊．InSAR 变形监测方法与研究进展［J］．测绘学报，2017，46（10）：1717-1733．

［18］ 张玉侠，兰鹏涛，金元春，等．无人机三维倾斜摄影技术在露天矿山监测中的实践与探索［J］．测绘通报，2017（S1）：114-116．